国家科学技术学术著作出版基金资助出版

中国石油大学(北京)学术专著系列

管道大数据决策支持技术

董绍华　张河苇 等　著

科学出版社

北京

内 容 简 介

　　本书从油气管道安全生产实际及管道大数据发展趋势入手,建立管道大数据决策支持理论体系,搭建管道大数据架构,形成基于大数据的全生命周期智能管网解决方案,分析管道缺陷大数据的相关性,提出大数据建模方法,建立管道系统大数据分析模型、管道缺陷预测预警随机森林模型、管道焊缝图像的缺陷识别分析模型和方法,形成系列管道大数据应用等技术,并开展基于大数据的洪水预测预警分析、管道第三方破坏防范技术研究。

　　本书可作为高等院校油气储运安全工程、机械工程、人工智能等专业本科生、研究生的教学用书,以及各级管道技术与管理人员的研究与学习用书,也可作为油气管道、运行维护管理人员的培训教材。

图书在版编目(CIP)数据

管道大数据决策支持技术 / 董绍华等著. —北京:科学出版社,2020.6
　(中国石油大学(北京)学术专著系列)
　ISBN 978-7-03-064863-1

　Ⅰ.①管⋯　Ⅱ.①董⋯　Ⅲ.①数据处理-应用-石油管道-管道工程-决策支持系统　Ⅳ.①TE973

中国版本图书馆CIP数据核字(2020)第064678号

责任编辑:万群霞　王　苏 / 责任校对:王萌萌
责任印制:师艳茹 / 封面设计:无极书装

科 学 出 版 社 出版
北京东黄城根北街 16 号
邮政编码:100717
http://www.sciencep.com
北京通州皇家印刷厂 印刷
科学出版社发行　各地新华书店经销
*
2020 年 6 月第　一　版　　开本:720 × 1000 1/16
2020 年 6 月第一次印刷　　印张:19　插页:10
字数:403 000
定价:168.00 元
(如有印装质量问题,我社负责调换)

丛 书 序

　　大学是以追求和传播真理为目的，并为社会文明进步和人类素质提高产生重要影响力和推动力的教育机构和学术组织。1953 年，为适应国民经济和石油工业发展需求，北京石油学院在清华大学石油系并吸收北京大学、天津大学等院校力量的基础上创立，成为新中国第一所石油高等院校。1960 年成为全国重点大学。历经 1969 年迁校山东改称华东石油学院，1981 年又在北京办学，数次搬迁，几易其名。在半个多世纪的历史征程中，几代石大人秉承追求真理、实事求是的科学精神，在曲折中奋进，在奋进中实现了一次次跨越。目前，学校已成为石油特色鲜明，以工为主，多学科协调发展的"211 工程"建设的全国重点大学。2006 年12 月，学校进入"国家优势学科创新平台"高校行列。

　　学校在发展历程中，有着深厚的学术记忆。学术记忆是一种历史的责任，也是人类科学技术发展的坐标。许多专家学者把智慧的涓涓细流，汇聚到人类学术发展的历史长河之中。据学校的史料记载：1953 年建校之初，在专业课中有 90%的课程采用苏联等国的教材和学术研究成果。广大教师不断消化吸收国外先进技术，并深入石油厂矿进行学术探索，到 1956 年，编辑整理出学术研究成果和教学用书 65 种。1956 年 4 月，北京石油学院第一次科学报告会成功召开，活跃了全院的学术气氛。1957~1966 年，由于受到全国形势的影响，学校的学术研究在曲折中前进。然而许多教师继续深入石油生产第一线，进行技术革新和科学研究。到1964 年，学院的科研物质条件逐渐改善，学术研究成果及译著得到出版。党的十一届三中全会之后，科学研究被提到应有的中心位置，学术交流活动也日趋活跃，同时社会科学研究成果也在逐年增多。从 1986 年起，学校设立科研基金，学术探索的氛围更加浓厚。学校始终以国家战略需求为使命，进入"十一五"之后，学校科学研究继续走"产学研相结合"的道路，尤其重视基础和应用基础研究。"十五"以来，学校的科研实力和学术水平明显提高，成为石油与石化工业的应用基础理论研究和超前储备技术研究，以及科技信息和学术交流的主要基地。

　　在追溯学校学术记忆的过程中，我们感受到了石大学者的学术风采。石大学者不仅传道授业解惑，而且以人类进步和民族复兴为己任，做经世济时、关乎国家发展的大学问，写心存天下、裨益民生的大文章。在半个多世纪的发展历程中，石大学者历经磨难、不言放弃，发扬了石油人"实事求是、艰苦奋斗"的优良作风，创造了不凡的学术成就。

　　学术事业的发展犹如长江大河，前浪后浪，滔滔不绝，又如薪火传承，代代相继，火焰愈盛。后人做学问，总要了解前人已经做过的工作，继承前人的成就和经验，在此基础上继续前进。为了更好地反映学校科研与学术水平，凸显石油科技特色，弘扬科学精神，积淀学术财富，学校从 2007 年开始，建立"中国石油大学(北京)学术专著出版基金"，专款资助教师以科学研究成果为基础的优秀学术专著的出版，形成"中国石油大学(北京)学术专著系列"。受学校资助出版的每一部专著，均经过初审评议、校外同行评议、校学术委员会评审等程序，确保所出版专著的学术水平和学术价值。学术专著的出版覆盖学校所有的研究领域。可以说，学术专著的出版为科学研究的先行者提供了积淀、总结科学发现的平台，也为科学研究的后来者提供了传承科学成果和学术思想的重要文字载体。

　　石大一代代优秀的专家学者，在人类学术事业发展尤其是石油石化科学技术的发展中确立了一个个坐标，并且在不断产生着引领学术前沿的新军，他们形成了一道道亮丽的风景线。"莫道桑榆晚，为霞尚满天"。我们期待着更多优秀的学术著作，在园丁灯下伏案或电脑键盘的敲击声中诞生，展现在我们眼前的一定是石大寥廓邃远、星光灿烂的学术天地。

　　祝愿这套专著系列伴随新世纪的脚步，不断迈向新的高度！

中国石油大学(北京)校长

张来斌

2008 年 3 月 31 日

前　言

　　管道运输对国民经济发展起着非常重要的作用，被誉为国民经济的动脉，截至 2018 年，我国油气管道里程总数达到 13.6 万 km。国家发展改革委员会和国家能源局制定的《中长期油气管网规划》中提到，到 2020 年，中国油气管网规模将达 16.9 万 km，其中天然气管道里程为 10.4 万 km；到 2025 年，中国油气管网规模将达 24 万 km，基本实现全国骨干线联网。

　　油气介质的易燃、易爆等性质决定了其固有的危险性，油气储运的工艺特殊性也决定了油气管道行业是高风险产业。近年来，国内外发生多起油气管道的重特大事故，造成人员伤亡、财产损失和环境破坏，社会影响巨大，公共安全受到严重威胁。管道的安全问题已经是社会公众、政府和企业关注的焦点，因此，对管道的运营者来说，管道运行管理的核心是安全和经济。

　　本书主要针对油气管道完整性，以油气管道危害因素识别、数据管理、高后果区识别、风险识别、完整性评价、高精度检测、地质灾害防控、腐蚀与控制等技术为主要研究对象，综合运用完整性技术和管理科学等知识，辨识和预测存在的风险因素，采取完整性评价及风险减缓措施，防止油气管道事故发生或最大限度地降低事故损失。以满足管道企业完整性技术与管理的实际需求为目标，兼顾油气管道技术人员培训和自我学习的需求。

　　全书共 10 章，紧紧围绕油气管道生产安全实际，首先总结管道大数据发展趋势，提出大数据分析需求，展望大数据行业发展技术路线图，分析管道缺陷大数据的相关性，提出大数据建模方法；其次建立管道系统大数据分析模型、管道缺陷预测预警随机森林模型、管道焊缝图像的缺陷识别分析模型和方法、基于大数据的完整性评价模型，基于大数据多因素分析，修正 ASME B31G 评价模型仅考虑内压条件的不足，建立以风险及大数据分析为基础的合理安全系数，形成系列管道大数据应用等技术；最后开展基于大数据的洪水预测预警分析、管道第三方破坏防范技术等研究。

　　本书开创性地建立大数据决策理论体系，系统研究大数据安全建模和决策支持应用，并以管材、环境、载荷、安全、行为等数据为基础，解决行业安全工程领域的核心问题和难点问题，建立基于完整性的管道行业大数据分析的新理论和新方法，为行业大数据技术发展和应用提供新的基础理论和方法支撑。

　　本书第 1 和 2 章由董绍华、张河苇、韩嵩撰写，第 3 章由董绍华、张河苇撰写，第 4 章由张河苇、董绍华、刘宗奇撰写，第 5 章由孙玄、谢书懿、董绍华撰写，第 6 章由陈一诺、董绍华撰写，第 7 章由凌嘉瞳、董绍华、张行撰写，第 8 章由李铁键、董绍华、吴夏撰写，第 9 和 10 章由董绍华、张河苇、张行撰写。全书由董绍华统稿。

本书得到了国家重点研发计划（YFC2017080058、YFC2016080021）、国家自然科学基金（51874322），以及中国石油天然气集团有限公司（简称中石油）重大科研项目"基于大数据的内检测决策支持模型研究"的大力支持，同时得到了中国石油大学（北京）安全工程系各位教师的大力支持和帮助，在此一并致谢。

由于作者水平有限，书中不足之处在所难免，诚盼广大读者批评指正。

作　者

2020 年 1 月

目　　录

彩图

第1章　管道大数据发展趋势及展望

我国管道行业已建立了较为完善的管道完整性技术体系，解决了油气管道重大安全隐患的发现、检测、监测、诊断等难题，建立了完整性评估技术体系，研发了高清晰度内检测装备、高精度变形检测及应变预警系统，开发了站场阀门内漏检测配套技术装备及大型压缩机组监测与故障诊断系统等，有力保障了管道本质安全。本章从管道完整性管理发展概况、管道完整性管理技术进展、管道企业大数据生产需求研究、大数据技术行业发展展望等四个方面详细解读我国管道大数据的发展趋势。

管道完整性管理与控制技术起源于20世纪70年代，欧美等地的工业发达国家在第二次世界大战后兴建的大量油气长输管道已进入老龄期，各种事故频发，造成了巨大的经济损失和人员伤亡，大大降低了各国管道公司的盈利水平，同时也严重影响和制约了上游油(气)田的正常生产。美国首先开始借鉴经济学和其他工业领域中的风险分析技术来评价油气管道的风险性，以期最大限度地降低油气管道的事故发生率和尽可能地延长重要干线管道的使用寿命，合理地分配有限的管道维护费用。经过几十年的发展和应用，许多国家已经逐步建立起管道安全评价与完整性管理体系和各种有效的评价方法。

1.1　管道完整性管理发展概况

1.1.1　国外研究进展

美国于1968年颁布了第一部与管道安全有关的立法《1968天然气管道安全法案》(Natural Gas Pipeline Safety Act of 1968)；于2002年颁布了HR3609号《关于增进管道安全性的法案》(The Pipeline Safety Improvement Act 2002，简称PSIA)，在PSIA的第14章中，明确要求管道运营商要在高后果区(high consequence area，HCA)实施管道完整性管理计划。基于PSIA，美国联邦政府运输部已发布了输气管道和液体危险品管道安全性管理的建议规则，美国联邦法典第49部第192部分(CFR49 Part 192)的天然气和第49部第195部分(CFR49 Part 195)的危险液体的管道运输中提出了完整性管理要求。2006年，美国又颁布了《2006管道检测、保护、实施及安全法案》，为管道完整性管理、腐蚀控制提供了法律保障。2011年2月3日，美国参议员向参议院商业委员会提交了《2011年管道运输安全改进法》议案，并得到批准，2011 年奥巴马签署颁布了《管道运输安全改进法》[1]。

在加拿大，主要由国家能源局(National Energy Board，NEB)制定加拿大各省的陆上管道规程，规程中明确要求"每个公司应制定管道完整性管理程序"。加拿大标准协会(Canadian Standards Association，CSA)制定发布了管道标准《石油天然气管道系统的设计、建造、操作及维护》(CSZ 662—2003)，标准中明确规定：运营公司应该制定及执行一个管道完整性管理程序[2]。

目前，美国、加拿大、墨西哥等管道工业发达国家的管道公司纷纷对油气管道实施了完整性管理策略，取得了显著的经济效益，提高了管道系统的本质安全性。

1.1.2　国内研究进展

在我国，中石油北京天然气管道有限公司于 2001 年制定了体系文件，将陕京管道完整性管理程序文件、作业文件纳入健康安全环境(health safety environment，HSE)体系中。于 2002～2003 年联合英国 Advantica 公司改造了中油管道检测技术有限责任公司(原中油管道技术公司)的油管道检测器，使其适用于天然气管道，在国内首次完成了陕京一线 1000km 高压大口径天然气管道的内检测。

2004 年 7 月，"陕京管道完整性管理模式与应用研究"(2004-1-08-R02)项目获得国家安全生产监督管理总局安全生产科技成果奖一等奖。2004 年 10 月，"陕京管道完整性技术与应用研究"(2004011601)获中国石油天然气股份有限公司科技进步奖一等奖。同年，我国引进 PII 公司的高清晰度内检测技术，并在储气库配套管线港清(复)线 711mm 上首次应用成功；引进英国超声导波公司的超声导波检测技术和方法，并在全国推广应用。中国石油管道科技研究中心也开始开展完整性管理研究，2006 年 9 月 24 日，该公司在卡尔加里国际管道会议上，发表了《陕京管道完整性管理最佳实践》的大会主题报告[3]。2007 年，我国引进 TNO-RISCURVE、ANSYS、ABAQUS 等管道力学分析方法。2009 年，中石油北京天然气管道有限公司建立了管道安全与材料测试实验室，获得中国合格评定国家认可委员会(China National Accreditation Service for Conformity Assessment，CNAS)证书。2009 年，中国石油天然气股份有限公司管道分公司(以下简称中国石油管道公司)牵头编制了中国石油天然气集团公司企业标准：《管道完整性管理规范》(Q/SY 1180.1—2009)，于 2009 年 1 月 23 日发布。2012 年 11 月，在第三届中国管道完整性管理技术大会上，姚伟[4]提出了全面推进完整性管理、保障管道本质安全的观点，引起行业关注。2015 年，中国石油管道公司形成了全生命周期的资产完整性(风险)管控手册，并牵头编制了《油气输送管道完整性管理规范》(GB 32167—2015)，该规范于 2015 年 10 月 13 日发布，标志着管道完整性管理成为管理者必须遵循的技术规程[4]。

1.2　管道完整性管理技术进展

目前，完整性管理体系已相对完善，该体系分别从管道线路完整性技术、站场设施完整性技术、油气储库安全保障技术和完整性系统平台技术四个方面出发，力求全覆盖[5]。同时，《油气输送管道完整性管理规范》（GB 32167—2015）的建立推动了管道行业的本质安全。该规范规定了油气输送管道完整性管理的内容、方法和要求，包括数据采集与整合、高后果区识别、风险评价、完整性评价、风险消减与维护、效能评价等环节；它适用于遵循《输气管道工程设计规范》（GB 50251—2015）或《输油管道工程设计规范》（GB 50253—2014）设计并用于输送油气介质的陆上钢质管道，但不适用于站内工艺管道[6]。目前，管道完整性管理技术存在如下标志性进展。

1.2.1　管道完整性评估理论体系

系统的管道完整性评估理论体系得到了建立，表现为建立了管道氢致开裂、焊缝、平面型缺陷、体积型缺陷、管道不同损伤状况的评估理论方法；研究了多种在线、离线管道评估技术，提出了氢致开裂断裂判据，建立了含 H_2S 管道安全评价模型和失效评定图，解决了管道完整性评估理论与生产实践脱节的问题[7]；建立了基于应力和应变双重判据的管道失效评估方法，发现并揭示了管道氢致开裂韧脆硬化分形扩展机理，重构了氢致开裂模型和评定图；针对管道地区等级升级风险评价问题，基于应力-强度干涉理论[8]，建立了不确定性条件下管道的失效概率模型。形成的新理论和新方法将评估准确性提高了 10 个百分点，如表 1-1 所示。

表 1-1　完整性评估技术发展对比表

对比项目	原有技术	最新技术
失效判定准则	应力判定准则	应力和应变双重判定准则
管材断裂判据	疲劳断裂模型	疲劳+环境断裂分形断裂模型
失效概率模型	确定性概率分布	基于不确定性概率的断裂分布
评估准确性	80%	90%

笔者研发了油气管道完整性超级评价系统 V3.0（Oil & Gas Pipeline Integrity Super Assessment System V3.0）软件包（图 1-1），适用于油气管道结构的适用性评估，具有较好的界面和良好的计算精度。该软件包包括 6 个模块，分别为 API579 软件模块、BS7910 模块、管道氢致开裂与寿命预测模块、焊缝评价模块、ASME/Restreng/DNV 腐蚀评价模块、内检测数据对齐与评价模块等。

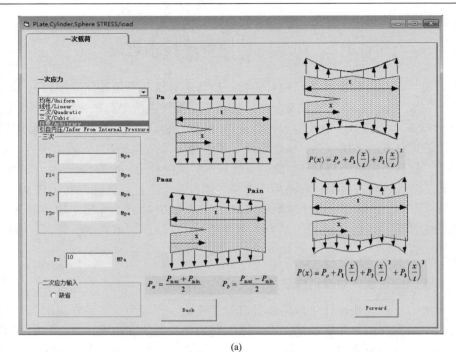

(a)

(b)

图 1-1　油气管道完整性超级评价系统 V3.0 软件包界面

1.2.2　管道三轴高清漏磁内检测系列装置

曹崇珍等[9]研发了管道三轴高清漏磁内检测系列装置。传感器采用 X、Y、Z

三维立体分布代替传统单轴分布，开发了新型集成固化耦合传感器和全数字化三维漏磁信号采集系统(图 1-2)，形成了检测器的系列化。国内检测技术指标因此大幅提升，检测缺陷深度精度门槛值由 20%壁厚提高到 5%壁厚(国际检测指标)，识别率(possibility of identification，POI)提高了 10 个百分点，达到 95%，如表 1-2 所示。

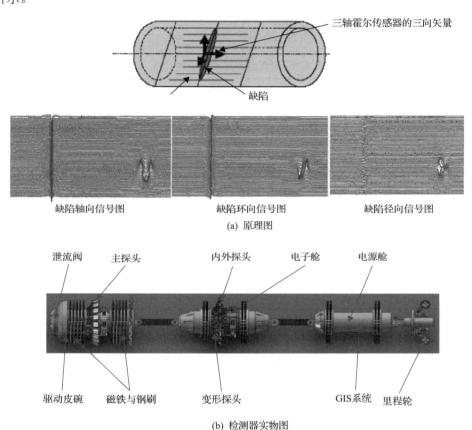

(a) 原理图

(b) 检测器实物图

图 1-2　全数字化三维漏磁信号采集系统原理示意图

表 1-2　三轴高清漏磁内检测技术发展对比表

	类型	最低轴向采样距离/mm	最低环向探测间距/mm	可探测最小缺陷深度/壁厚	深度尺寸测定精度	可信度水平/%	识别率/%
原有技术	标准清晰度检测技术	模拟记录	40~150	20%	±15%	80	85
	高清晰度检测技术	≥2	8~17	10%	±10%	80	85
新技术	三轴高清漏磁内检测技术	2	3~6.9	5%	±5%~±10%	85	95

1.2.3　多通道高精度变形检测装置和管道应变监测系统

曹崇珍等[10]发明了多通道高精度变形检测装置和管道应变监测系统，用高精度角位移传感器、抗抖探头摆动装置和拓扑算法代替原有直位移传感器和模拟算法，提高定位精度；采用振弦式高精度抗干扰传感器，实时精准监测高风险点管道应变，监测精度指标达到±10με，实现了管道应变数据采集策略的自动控制和远程维护。新旧技术对比如表 1-3 所示。

表 1-3　应变监测技术发展对比表

对比项目	国外原有技术	高精度监测新技术
监测参数	应变、土压	应变、温度、位移、土压
传感器类型	应变计、土压计	应变计、土压计、加速度计
位移范围	间接测量 0～0.5m	加速度计直接测量 0～10m
监测精度	±20με	±10με

中国石油大学(北京)、北京科力华安地质灾害监测技术有限公司、中石油管道科技研究中心等单位开发了管道地质灾害监测系统，开发了加速度传感技术(图 1-3)，建立了时域算法模型，首次实现管体大位移连续监测，目前已形成基于物联网的管道监测网。

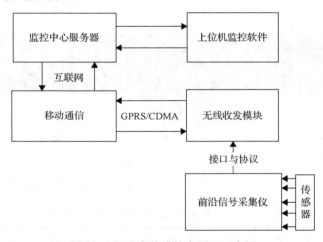

图 1-3　加速度传感技术原理示意图

1.2.4　管道地区等级升级风险评价与控制

董绍华等[11]提出了四类地区管道的目标失效概率，并将其按照低、中、高人口密度进行优化修正。基于应力-强度干涉理论，提出了管道应力与强度的概率分布规律模型，建立了地区等级升级管道失效概率的半定量风险评价模型和软件，提出了相应指标体系和控制措施。管道地区等级升级风险评价技术发展对比如表 1-4 所示。

表 1-4　管道地区等级升级风险评价技术发展对比表

对比项目	国内外原有技术	新技术
目标失效概率	未按地区等级划分提出	按照地区等级划分，提出量化指标
地区等级变化的风险评价模型	未有研究	提出地区等级半定量风险评价模型
指标体系的建立	未有研究	研究给出地区等级指标体系

　　基于我国城镇地区人口密度统计数据，董绍华等[11]提出了国内输气管道地区等级划分的可接受风险概率值，如表 1-5 所示。基于应力-强度干涉理论，如图 1-4 所示，即按照常规设计，管道的强度与所受应力之间留有一定安全裕量，当管道强度分布概率存在弱区域时，不满足应力要求，则应力和强度之间存在很小概率的干涉，即存在不安全的波动区域。基于此，董绍华等[11]提出了地区升级管道的失效概率的定量分析方法，量化了不确定性对管道失效概率的影响，实现输气管道地区升级的量化评估，提出其风险控制措施，开发了评估软件。

表 1-5　地区等级与人口密度失效概率研究结果

地区等级	失效概率值	人口密度*
1	10^{-3}	[0, 75]
2	10^{-4}	(75, 500]
3	10^{-5}	(500, 1000]
4	10^{-6}	(1000, 2000]

*沿管道中心线各 200m，长度为 2km 的范围内所包含的人数。

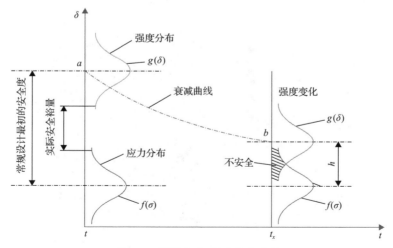

图 1-4　管道应力-强度分布曲线

δ 为安全度变量；a 为设计时安全度；t 为设计时间；b 为实际工作的安全度；t_x 为运行时间；
$g(\delta)$ 为强度分布函数；$f(\sigma)$ 为应力分布函数

1.2.5　站场安全保障技术

在站场安全保障技术方面，基于支持向量机（support vector machine，SVM）模型、声发射理论和现代传感与信号处理技术，李振林等[12]开发了双通道天然气管道球阀内漏检测装置及方法，最小可检测内漏流量达到 $0.04\text{m}^3/(\text{h}\cdot\text{in}^{①})$；张来斌等[13]提出了压缩机组组合式神经网络自适应故障诊断方法和耦合混合故障预警模型，将压缩机组故障诊断发现率提高了 15%，具体对比情况如表 1-6 所示。形成了压缩机振动监测与诊断管理平台，实时监测压缩机组运行。

表 1-6　站场安全保障技术发展对比表

对比项目	国外原有技术	新技术
球阀内漏检测精度	不能定量和定位	能够定量、定位、$\pm10°$，$0.04\text{m}^3/(\text{h}\cdot\text{in})$
球阀内漏数据提取模式	音频	音频、小波变换、支持向量机
压缩机组故障诊断预警	加速度信号阈值预警	神经网络自适应故障诊断、耦合混合故障预警
压缩机组故障诊断发现率/%	70	85

董绍华[7]创建了天然气站场超声导波检测数据库，优化了管道单环、双环和双台联测等检测技术方法，对埋地管线、穿墙管段、跨越管段等情况进行研究，解决了高水位、高黏土、沥青防腐层管线的检测等应用难题。

李振林等[12]研制出适合天然气管道特点的声信号采集和处理系统，开发了相应的信号分析、处理软件，开发出的天然气管道球阀内漏检测系统综合了现代传感技术、信号处理分析技术，解决了球阀内漏的检测问题，如图 1-5 所示。该装

图 1-5　待测阀门及检测仪器

---

① 1in=25.4mm。

备的单阀门检测时间小于 10min；最小可检测内漏流量为 0.04m³/(h·in)（或 0.67L/(min·in)）；最小检测流量满足石油行业 API-6D 标准。

张来斌等[13]发明了一种融合抑制边界振荡、消除频率混叠和信号降噪的隐含特征提取技术，即大型动力组早期微弱故障检测诊断技术，实现了微弱特征的提取和早期故障的诊断，其原理如图 1-6 所示。

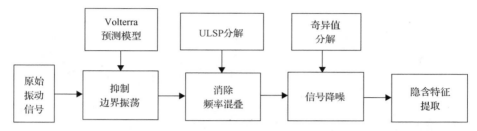

图 1-6　大型动力组早期微弱故障检测诊断技术原理示意图

如图 1-7 和图 1-8 所示，传统方法特征提取未见碰摩特征，而新方法特征提取可见碰摩特征。

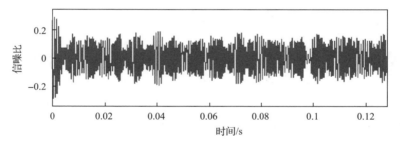

图 1-7　传统方法特征提取效果图

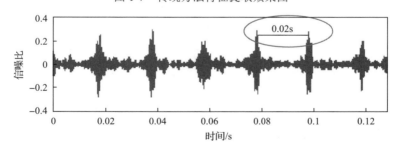

图 1-8　新方法特征提取效果图

1.2.6　管道腐蚀控制

在管道腐蚀控制方面，马卫锋等[14]发明了一套系统的输气管道黑色粉尘组成分析技术，分析仪器如图 1-9 所示，可分析腐蚀产物的化合物成分，研究了 H_2S、

CO_2 及微生物腐蚀机理,建立了以铁元素浓度变化表征管壁腐蚀速率的物理模型,开发了一种用于抑制天然气输气管道微生物硫细菌、铁细菌和硫酸盐还原菌腐蚀的杀菌剂,模拟仿真清管黑色粉尘在管内的运移特征,开发了射流清管器,应用效果良好,可以使粉尘量减少 90%。

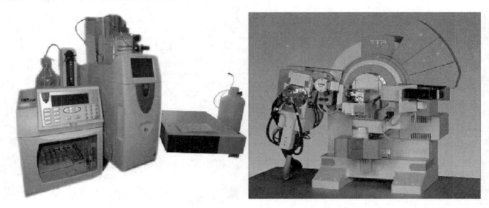

图 1-9　离子色谱仪及 X 射线单晶面探仪

1.2.7　储气库安全保障技术

在储气库安全保障技术方面,魏东吼等[15]建立了储气库完整性管理技术体系,系统研究了盐穴型、枯竭油气藏型地下储气库风险评估技术体系,储气库评价单元划分如图 1-10 所示,形成了储气库风险评估及注采井管柱、套管、水泥环的完整性评估技术方法,开发了储气库风险评估系统(图 1-11),提出了相应的风险控制措施,制定了储气库风险评估、储气库井安全评价标准,提出了储气库完整性管理流程如图 1-12 所示。

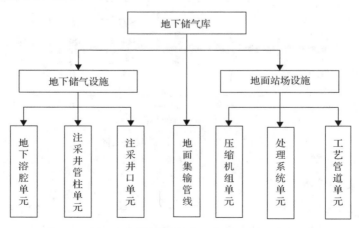

图 1-10　地下储气库评价单元划分

图 1-11　盐穴型地下储气库风险评估系统

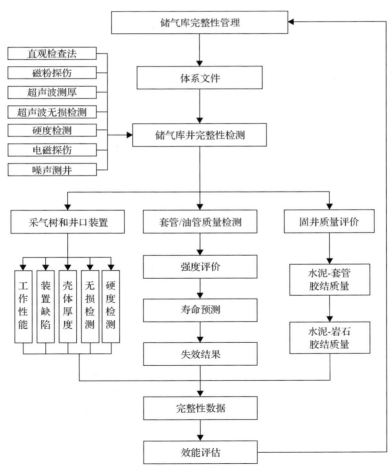

图 1-12　储气库完整性管理流程

1.2.8 完整性管理信息平台技术

在完整性管理信息平台技术方面，周永涛等[16]开发了管道完整性系统(pipeline integrity system，PIS)，建立管道数据字典，建成数字化管道应急决策支持地理信息系统(geographic information system，GIS)(图 1-13)，实现了应急情况下管道数据的及时调取，满足了应急指挥方面信息查询分析需求，一键式应急处置预案文档输出，实现了管道基本信息和竣工资料的关联与调取，搭建完成了管道地理信息基础数据库、管道运维动态数据库。

(a)

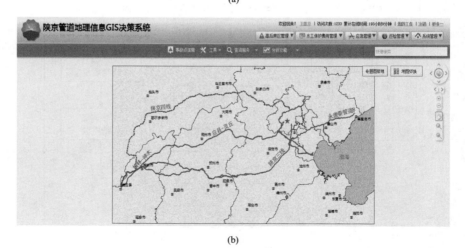

(b)

图 1-13　GIS 决策系统界面(文后附彩图)

1.3　管道企业大数据生产需求研究

1.3.1　国内外技术应用现状分析

大数据技术源于互联网的快速发展，就是从各种类型的数据中快速获得有价值信息的技术，其处理数据对象具有 4V[volume（大量）、velocity（高速）、variety（多样）、value（价值）]特征。大数据需要特殊的技术，包括大规模并行处理（massively parallel processing，MPP）数据库、分布式文件系统、分布式数据库、云计算平台、互联网和可扩展的存储系统等。目前，大数据技术应用最广泛的领域为互联网、金融、电信及设备管理等。

但在管道大数据模型方面，通过文献调研发现管道行业研究较晚，没有建立合适的大数据分析模型，针对油气管道领域的研究较少。目前，国内大数据分析在管道中的应用案例相对较少，仅限于在管道风险分析、内检测等方面的初步探索，大数据模型仍然没有实质性的突破，大数据的决策支持方面还没有起步，应用领域未有实质性进展。国内学者通过对管道建设、运行中的制管、铺管、外检测、内检测、风险评价、完整性评价过程的分析，证明了建立管道大数据的可行性，分析了管道大数据在克服完整性评价标准中的保守性、修正管道评价标准及预测管道未来安全状况等方面的应用。IBM 公司的 Watt[17]给出了一个大数据生态系统的模型，将大数据技术划分为 7 部分，包括数据产生、数据存储、数据处理、数据分享、数据检索、数据分析、数据可视化。随着管道物联网的发展，物联网逐渐与大数据的采集相结合，形成管道系统大数据的基础，两者的集成成为数据管控的新模式。

概率统计的思想是所有数据挖掘技术的基础。国际上，对于大数据分析模型，其相似度模型、表查询模型、朴素贝叶斯模型、多元回归、逻辑回归均在概率统计之列。它们在过去虽然被广泛使用，但存在明显的不足，尤其是变量的相互依存性会使结果发生偏差，近年来，出现了用于分类与预测的模型，如人工神经网络（artificial neural network，ANN）到 SVM，特征提取模型从主成分分析（principal component analysis，PCA）到独立成分分析（independent component analysis，ICA），聚类分析模型从 K-means 算法到核聚类与谱聚类，然后从图聚类到时间序列聚类，可对时间序列数据进行聚类分析，大大提高了大数据分析的精准性。董绍华和张河苇[18]通过对大数据分析模型进行研究，建立适合于业务发展的管道系统大数据管理架构模型，提出了基于大数据的管道数据算法模型，开发了各类大数据算法模型，如管道泄漏预警的 SVM 模型、管道腐蚀风险分析的聚类模型、用于地质灾害分析的逻辑回归模型等，获得了能耗控制、灾害管理、风险控制等综合性、全局性的分析结论。国内提出了一种基于 ICA 的时间序列多路归一化割谱聚类方法[19]，并给出了利用 ICA 对时间序列数据进行特征提取和降维的理论解释，可用于基于特征数据的天然气发动机实验时间序列预测。

针对大数据系统，国际上目前均采用 Hadoop 分布式数据计算平台，存储大量半结构化的数据集，数据可随机存放，单个磁盘的失效不会造成数据丢失，快速地跨多台机器处理大型数据集合，能够在节点之间动态地移动数据，保证各个节点的动态平衡，并在可用的计算机集簇间分配数据并完成计算任务，有效扩展到数以千计的节点中。Hadoop 技术架构如图 1-14 所示。

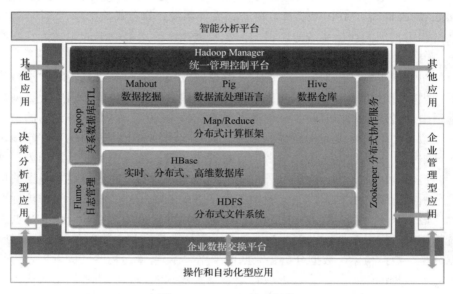

图 1-14　Hadoop 技术架构

目前，国外知名 IT 公司均发展各自的大数据技术。IBM 公司提供了全面的大数据解决方案，InfoSphere 大数据分析平台包括 BigInsights 和 Streams，为可靠性、安全性、易用性、管理性方面提供了工具，并且可与 DB2、Netezza 等集成；英特尔公司的 Hadoop 发行版着重对英特尔平台上的 Hadoop 进行优化，企业可即时实施，安装、配置都非常简单；微软公司在 Microsoft Windows Azure 平台上提供基于云端的 Hadoop 服务，同时在 Windows Server 上提供基于本地的 Hadoop 版本；EMC 公司的 Greenplum 统一分析平台(UAP)结合 Greenplum DB 和 Greenplum Hadoop 为企业构建高效处理结构化、半结构化、非结构化数据的大数据分析平台；甲骨文公司提供了大数据软硬一体优化集成解决方案——Exadata。Exadata 就是一个预配置的软硬件结合体，可提供高性能的数据读写操作。SAP 公司提供了一个基于大数据处理系统的高性能的数据查询功能，用户可以直接对大量实时业务数据进行查询和分析的软硬件一体化集成解决方案——HANA。

中石油北京天然气管道有限公司已开展了"基于大数据的管道系统数据分析模型及应用"课题研究，该成果主要针对管道数据进行分类和分析，提出基于大数据的管道数据算法初步模型，进一步完善了内检测数据管理模型，并正在实践与应用。

中国石油管道公司依托 PIS 项目，积累了 5 家管道公司的日常业务管理、内检测等不同类型的数据，并在 PIS 中定制了多项不同维度、粒度的统计功能，为管理决策提供支持。

广东大鹏液化天然气有限公司基于多次内检测的结果，开展了内检测数据分析对比研究，实现了管道可靠度的评估，并基于评估结果制订下次检测计划。

中国石油化工集团公司对内检测数据进行大数据分析，为现场开挖验证提供准确判定，对管道完整性基础数据进行了对齐整合，在此基础上开发了智能化管道管理平台。

1.3.2　生产需求

长距离输送管线里程长、分布范围广，新老管线并存，管道沿线环境复杂多变。经过多年的管道完整性管理，积累了管道建设竣工资料、运营管理、外检测、内检测、阴极保护、地质灾害监测及管道地理信息等海量数据。这些数据为管道安全管理、完整性管理及评价提供了数据支撑。这些海量数据采集于管道建设及管道运营管理的不同时期，其管理、采集、存储的内容及方式不一致，因此将数据存储于不同的数据库。在应用这些数据为管道完整性管理提供数据支撑时，存在管道数据海量、数据分散、存储形式各异、查找数据费时费力；管道建设期数据与运营期数据未进行对齐整合，没有统一的数据基准，无法进行数据关联分析应用；海量数据需要进一步深入分析，数据价值没有有效挖掘，需要利用海量业务数据辅助决策并优化风险管理、检测管理等问题。

1. 优化整合管道完整性数据管理

对各阶段完整性管理数据进行优化整合，实现建设期与运营期数据对齐整合、检测评价数据对齐整合、管道业务数据与管道基础数据对齐整合的目的。最终实现基于坐标、内检测焊缝数据的管道数据管理体系。现阶段主要在以下几方面实现数据管理突破。

(1) 管道建设期与运营期数据比对分析。目前，管道建设期数据与运营期数据未能自动进行校准、对齐、整合，人工对齐整理费时费力，部分管道竣工资料数据需人工整理纸质档案。需要关联展示的数据项还未明确，焊缝信息与竣工资料需要进行比对分析，竣工资料存在管节数据缺失、管节长度异常等问题，在对管道进行展示和完整性分析评价时缺少统一的基准，数据一致性和调用存在问题。

因此需要以竣工资料或内检测数据提供的各管节信息为基准，将管道施工数据、管道运营管理数据、内检测数据、阴极保护数据、地质灾害监测及 GIS 空间数据等关联起来，使各类数据均可以对应各环焊缝信息，形成统一的数据模型和数据库，最终实现将基于管节焊缝的所有数据信息关联查询，并可以将其全要素信息对应到管线走向图上进行展示。

(2)竣工资料数据评判技术手段与标准。目前施工单位提交的竣工资料中仅有中心线坐标、三桩等信息可以通过 GIS 数据处理后人工判断是否有数据偏移、缺失，再将判断结果反馈给施工单位进行整改，评判、整改过程耗时较长，且竣工资料中管节、焊缝等数据信息准确性无法判断。因此要研究竣工资料数据评判技术手段与评判标准，实现竣工资料中坐标、管节、焊缝等关键信息自动评判，缩短数据整改周期，提高竣工资料数据准确率。

(3)多次内检测数据比对分析。由于检测设备中的里程轮可能存在打滑现象，因此对于同一管道的同一缺陷点，其每次的检测里程或不同检测服务商的检测器的检测里程基本都不相同。仅仅依靠这些信息，不能为后期维修维护提供非常准确的定位坐标。因此需要对同一管道多次内检测数据自动进行对比分析。在多轮次检测数据对比匹配成功后，可以得到检测数据的数据集对比结果，并可以通过对比软件或匹配后的对应里程进行多轮次检测信号的对比。

(4)管道环焊缝射线探伤数据识别。目前，在国内，管道环焊缝在施工时会进行拍片检测，而施工中二级片或三级片重焊位置是管道上风险较大的位置，未对无损检测片进行数字化处理，在对重点焊缝进行评价分析时无法和无损检测射线底片进行比对分析。为了更加科学有效地开展管道焊缝评价与管理，需要对焊缝数据进行收集、归纳与整理，需要对无损检测片进行数字化处理，可通过计算机系统自动筛选可能的缺陷特征，如裂纹、未焊透、未熔合、气孔、球状夹渣及条状夹渣等。及早发现问题，找出评片过程中可能忽略的缺陷，并进行进一步分析，从而提升管道整体的安全水平。

2. 建立大数据辅助决策模型

目前，公司完整性数据管理仅限于业务查询，并未对大量完整性管理数据进行深入分析，数据价值没有被有效挖掘。需要建立大数据管理模型，利用大数据辅助决策并优化风险管理、检测管理、应急管理，切实为管道完整性管理提供决策支撑作用。需要通过业务数据对管理进行辅助决策的管理内容主要有建设期数据质量评估、管道内检测数据质量评估、多次内检测数据对比分析(含腐蚀增长分析)、特殊焊缝开挖检测计划优化、管道内检测计划优化、管道本体缺陷修复计划优化、管道防腐修复计划优化(含补口修复)、地灾风险控制方案优化、管道巡护方案优化、应急抢修决策支持。

3. 形成基于业务数据的管道完整性管理决策支持系统

运用大数据技术管理技术优化管道完整性业务数据是目前完整性管理的趋势，如何优化整合现有信息系统并完善功能，形成基于业务数据的管道完整性管理决策系统是需要解决的关键技术问题。

1.3.3　关键技术问题

针对管道完整性大数据采集和存储、管道完整性大数据分析系统搭建等问题，开展管道大数据分析模型与应用研究，其关键技术问题包括以下四点。

1. 管道完整性大数据采集、存储、分析技术

将各类数据从外部数据源导入大数据存储系统中，支撑外部数据源与大数据平台之间的数据交互，服务于后续的计算、分析过程。针对不同类型、不同时效要求的数据，需要采用多种不同的采集、传输与集成技术。

对于大量的结构化、半结构化和非结构化数据，在存储数据的效率、可扩展和安全性上提出了更高的要求，目前没有单一技术和平台能够满足大数据的存储，应采用混合架构模式。使用关系型数据库（如 Oracle）保证数据的安全性、可靠性；使用非关系型数据库（如 Redis、Cassandra）保证数据存储的灵活性；使用文件系统（如 Hadoop 的 HDFS）实现相关数据的分布式存储。

数据分析是从海量数据中发现隐含在其中有价值的、潜在有用的信息和知识的过程，主要包括统计分析、多维分析、挖掘算法库、数据挖掘工具等功能。

2. 管道完整性数据整合集成技术

结合管道运维与生产实践，建立数据收集和完善的渠道，构建一套针对管道建设及运营期数据集成的技术，从而实现从管道完整性数据的元数据层面构建管道完整性大数据库，提出管道完整性大数据分析系统建设方案，包括如何搭建分析环境，如何部署硬件和软件（如 Hadoop 集群、Hive 数据仓库、Hadoop 数据接口和顶级接收中间件）等，还包括如何实现配置管理、数据汇总的功能，如何部署 MySQL 集群实现数据的汇总和分析展示等。

3. 管道完整性大数据分析模型建模技术

建立和使用管道系统大数据辅助决策分析模型，使外因分析法向内因分析法转变，满足大数据时代随机样本向全体数据转变、精确性向混杂性转变、因果关系向相关关系转变的理念，进而改变管道企业管理理念。

4. 管道完整性大数据分析系统配置方案

研究 Hadoop 技术，通过部署组件 Hadoop 集群、Hive 数据仓库、Hadoop 数据接口和顶级接收中间件，实现配置管理、数据汇总，突出部署实现 MySQL 集群以进行数据的汇总和分析展示等功能。为来自不同数据库或数据源的内检测数据、地质灾害数据、焊缝数据、建设数据等提供在线平台。

1.4 大数据技术行业发展展望

自 2014 年以来，中国石油大学(北京)管道技术研究中心致力于全生命周期数据库及管理系统的开发，与中石油、中石化、中海油、城市燃气省级管网等多家单位共同研发管道全生命周期智能管网系统，如图 1-15 所示。

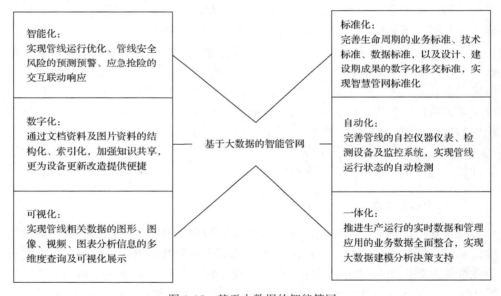

图 1-15　基于大数据的智能管网

1.4.1　基于大数据的长输管道系统决策支持研究

管道大数据平台建设需依托企业数据库已有的内外部、异构数据资源，基于油气管道应用场景进行数据抽取、转换、清洗、建模和挖掘，为生产决策提供支持[16]。同时，大数据平台的分析结果可以反馈到原有的业务信息平台中，实现数据应用的循环。基于大数据的长输管道系统决策支持研究主要包括如图 1-16 所示的主要步骤及功能。

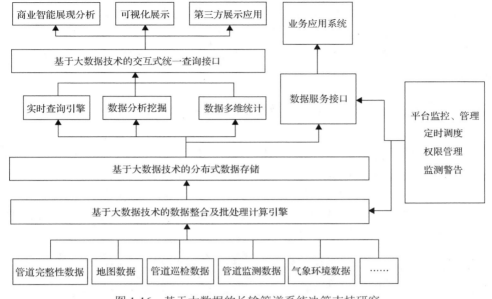

图 1-16　基于大数据的长输管道系统决策支持研究

1.4.2　基于大数据分析的管道数据质量分析

以内检测数据或中心线测量数据为基准，将所有数据整合到中心线上，逐一对应，按照里程对应的逻辑关系及竣工资料管段对应关系，找出竣工数据与内检测数据的差异性，判断质量情况。

针对焊缝、阀门、弯管特征的对齐，将所有管段数据与中心线典型特征(焊缝、阀门、弯管、三通等)一一对应，找出明显偏离中心线的点，确定其特征的准确性，从而准确分析得出管道数据结果。

针对管道焊缝射线底片与焊口的对应关系，通过焊缝射线底片焊口特征的提取，可找出螺旋焊缝或直焊缝与环焊缝的交口位置，从而实现了内检测原始信号数据相交点距离位置与焊口底片焊缝相交点距离特征的比对，找出焊口底片不相符特征情况，对焊缝射线底片符合性进行质量判定。

1.4.3　基于位置大数据的第三方破坏预警技术研究

第三方破坏是管道面临的重要风险。据统计，2001～2015 年国内管道事故中由于第三方破坏引起的事故占事故总量的 30%～40%；1984～1992 年欧洲国家的管道事故中，由于第三方损伤和破坏引起的事故占事故总量的 52%；2010～2016 年，美国共发生管道泄漏事故 702 起，其中 177 起是第三方破坏(第三方开挖或外力)引起的，占总数的 25.21%[20]。

位置大数据已经成为当前用来感知人类社群活动规律、分析地理国情和构建智慧城市的重要战略资源[20]。通过对位置大数据的处理分析，可从单纯的定位数据引申出人的社会属性及与环境的关系，形成一种智能化、社会化的应用。

位置大数据的处理步骤为预处理、局部位置数据特征提取、大数据的降维分析、特征关联与协同挖掘。

1.4.4 基于大数据的地质灾害洪水预测的技术

可以将不同地貌部位、不同子过程、不同坡-沟单元等特征汇总，形成数字河网，从而建立数字流域模型。数字河网可以存储模拟单元，表征流域拓扑，辅助并行计算。再根据欧洲、北美、英国、中国的气象预报或实测降雨数据，结合数字流域模型的并行计算功能，模拟计算河段的流量。再将基于汇水区的面状因子和基于河段的线状因子，统一映射到输气管段线状对象上，从而进行河网密布的管道静态风险评价，如图1-17所示。

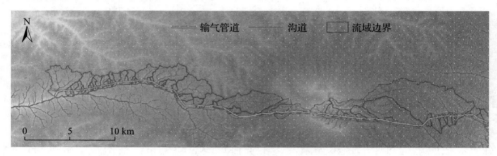

图1-17　临县管道洪水风险静态评价(文后附彩图)

1.4.5 油田集输管道、城市燃气大数据的研究

油田集输管道、城市燃气大数据的研究首先是对油田集输、燃气行业大数据进行调研，然后采集失效数据并应用 Hadoop 技术进行存储，在存储时需要考虑数据的标准、格式、硬件和软件的需求，在此技术的基础上进行失效数据统计分析，共包括室内入户失效和高低中管网及设施失效两部分内容，然后根据业务需求进行大数据建模，如第三方破坏模型、误操作模型、腐蚀模型和社会纠纷模型等，并验证模型的正确性。在上述理论的基础上开发大数据环境下燃气安全与失效预警决策支持系统，通过在企业中进行试用不断调整完善，最终形成一个完整的管理框架，梳理建设期与失效的关系、腐蚀与失效的关系、管道风险的演变和发展、人员误操作、纠纷与失效的关系和第三方破坏与失效的关系等。主要包括如图1-18所示的流程及内容。

1.4.6 管道内检测大数据分析模型

截至2018年年底，我国石油天然气管道总长度13.6万km，内检测数据信号总量达到数千 TB，因此分析管道内检测大数据意义重大。许多研究者对管道内检测大数据管理进行了分析，但仅对数据的因果性进行了分析，没有涉及相关性问题，考虑内检测数据与工程质量、腐蚀区域的非因果性因素的建模综合分析同等重要[21,22]，因此本书构建了基于大数据环境下的内检测数据管理框架，如图 1-19 所示。

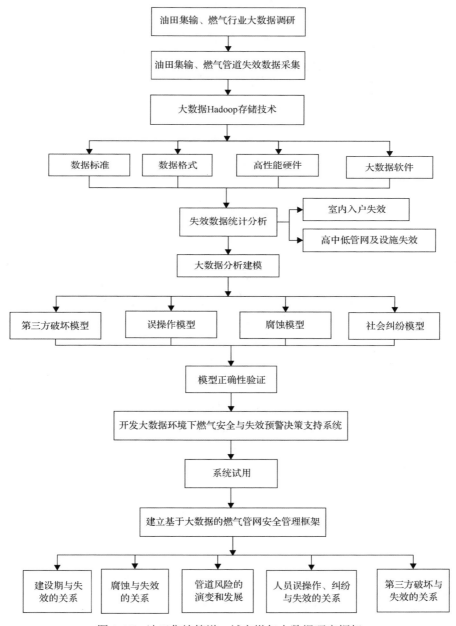

图 1-18　油田集输管道、城市燃气大数据研究框架

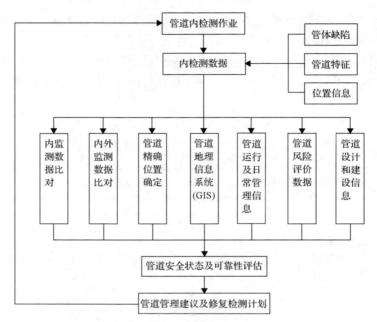

(a) 大数据环境下管道内检测数据模型图

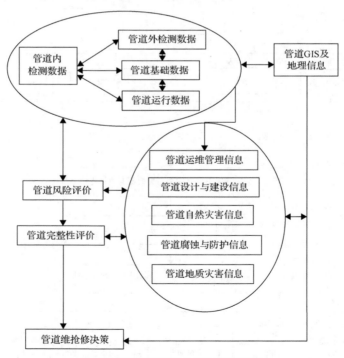

(b) 大数据环境下管道内检测数据管理流程

图 1-19 基于大数据的内检测数据模型与管理流程图

　　通过内检测大数据，我们可以分析全国管道建设的基本质量情况、全国管道的腐蚀总体情况、全国管道运行风险的演变和发展情况、管道阴极保护状况、管道焊接质量和补口质量，从而实现多轮内检测评价数据的正确对比。

1.4.7　管道焊缝大数据分析

　　焊缝是管道重要的特征之一，其质量直接影响管道的安全。因焊接质量差引起的事故很多，如涩宁兰复线的斜接焊缝漏气和 2011 年漠大线焊缝全开裂断裂漏油事故。焊缝引起的事故表现为管道碰死口；焊缝射线片不合格，隐藏有缺陷；焊缝射线底片与焊口对应不上。通过大数据分析的方式能够找出焊缝缺陷或隐藏的问题，找出碰死口位置的全部射线底片。

　　基于 X 射线的焊缝图像，实现对缺陷的特征提取和自动识别。首先，采用均值滤波和中值滤波相结合的方法对焊缝图像进行预处理。本书对比了两类图像增强算法，最后选择了直方图均衡方法进行图像增强，采用迭代阈值图像分割算法对焊缝区域进行分割，并对焊缝缺陷进行特征提取和特征选择，采用基于二叉树的 SVM 分类器方法对焊缝缺陷进行分类识别[23,24]。筛选可能的缺陷特征，如裂纹、未焊透、未熔合、气孔、圆形夹渣及条状夹渣等。

　　图 1-20 中，A 表示未熔合，B 表示未焊透，C 表示气孔，D 表示夹渣。通过前面的描述，得到了最有效率的 SVM 结构图。

1.4.8　管道腐蚀风险大数据模型-聚类分析模型

　　管道腐蚀风险因素较多，数据种类和分类繁杂。就引起管道腐蚀的风险而言，输送介质因素包括内部油气介质相态、内部输送介质温度过低、输送介质温度过高、介质的 CO_2 和 H_2S 的含量、输送压力、内涂层等；外部土壤因素包括土壤电阻率、土壤腐蚀速率、土壤酸碱度、土壤含水量、土壤温度、土壤矿化度、土壤含氧量、大气环境、土壤 Cl^- 和 Na^+ 含量等；机械制造因素包括管材应力、管道缺

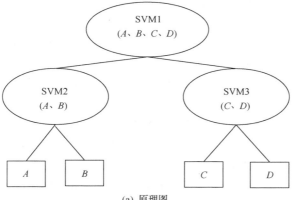

(a) 原理图

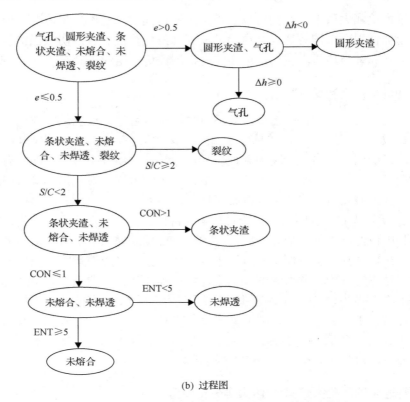

(b) 过程图

图 1-20　用于焊缝缺陷分类的二叉树 SVM 算法结构图

陷、管道防腐层质量、管道敷设温度、管道外部温度、环氧黏结力、环氧涂覆厚度；外部环境因素包括洪水、地质灾害、杂散电流区域、大气酸雨区域、雷电区域、干湿交替、滩海区域、地理条件、第三方损伤、人文环境等；运行管理因素包括巡检、维护施工、交叉施工、内检测、外检测、抢维修、改线等；管道设计因素包括警示带、高程、雷雨、地质滑坡、光缆、测试桩、建设单位、冬季试压、冬季投产等。

　　使用 K-means 算法将这些风险因素分类。K-means 是最简单的聚类算法之一，应用十分广泛，K 代表类簇个数，means 代表类簇内数据对象的均值。聚类，即根据相似性原则，将具有较高相似度的数据对象划分至同一类簇，将具有较高相异度的数据对象划分至不同类簇。

　　K-means 算法将距离作为相似性的评价指标，其基本思想是按照样本之间的距离将样本聚成不同的簇，两个样本的距离越近，其相似度就越大，它们越有可能在同一个类簇，从而得到独立的簇作为聚类目标。

　　腐蚀样本数据对象间距离的计算有很多种，K-means 算法通常采用欧氏距离来计算数据，最终解的精确度很大程度上取决于初始化的分组。该算法的速度很快，因此，常用的方法是多次运行 K-means 算法，选择最优解。但当多类腐蚀风险交织在一起时，可能产生不一样的影响度，因此使用 K-means 算法分析管道腐蚀相关度，发现了基于二维谱聚类的管道腐蚀因素聚类分布(图 1-21)。在管道运营过程中，对干湿交替、腐蚀环境、杂散电流干扰管段的外腐蚀应加强管理。

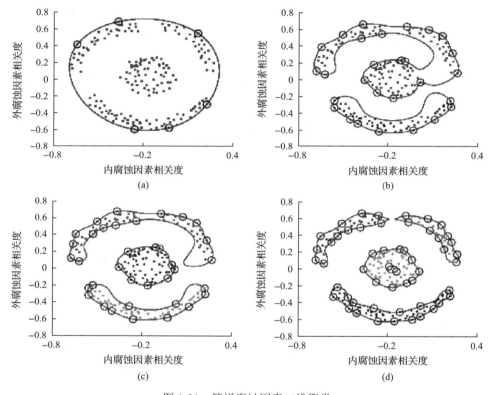

图 1-21　管道腐蚀因素二维聚类

从图 1-21 中可以看出计算结果在相关度聚类图中的初始位置，与核心(0,0)距离越近，相关度就越高，反之，与核心(0,0)越远，相关度就越低。由于内外因素相关性关联关系的变化，当内外部环境发生变化时，各类相关因素的相关度是可以互相转化的，具有流动的特征。

1.4.9　基于大数据的管道应急决策与支持

应急基础数据包括应急预案数据库、检测计划数据库、缺陷处置方案数据库、历史风险数据、设备资料数据、历史事故数据、航空遥感数据、管道设备数据、基础地理数据、工艺流程图数据、站场模型数据等。根据相应应急基础数据，可以建立应急决策支持系统。

当事故发生时，系统可将市政府信息中心及来自公安、消防、地震、气象、事发现场等的重要信息送至应急指挥信息中心后，对各有关部门汇总的相关图像和数据信息进行及时分类、处理，供决策指挥人员迅速掌握灾情，分析研究、决策指挥[25]。系统可自动计算疏散范围、安全半径，自动输出应急预案、应急处置方案等，通过抢修物资与抢修队伍的路由优化，实现一键式应急处置方案文档输出。输出数据包括管道基本信息、事故影响范围、应急设施、人口分布、最佳路由、应急处置方案等[18]。

参 考 文 献

[1] 尚秋谨. 城市地下管线运行管理的美国经验. 城市管理与科技, 2012, (4): 78-81.

[2] 董绍华, 杨祖佩. 全球油气管道完整性技术与管理的最新进展——中国管道完整性管理的发展对策. 油气储运, 2007, 26(2): 1-17.

[3] Dong S, Gu B, Yao W. Best practices for pipeline management: Shaan-Jing pipeline integrity management and practice//2006 International Pipeline Conference. American Society of Mechanical Engineers Digital Collection, 2006: 903-912.

[4] 姚伟. 管道完整性管理现阶段的几点思考. 油气储运, 2012, 31(12): 881-883, 967.

[5] 秦金, 郝点, 宋军舰. 油气管道完整性管理体系分析与应用. 管道技术与设备, 2011, (3): 7-8.

[6] 董绍华. 管道完整性管理技术与实践. 北京: 中国石化出版社, 2015.

[7] 董绍华. 管道完整性评估理论与应用. 北京: 石油工业出版社, 2014.

[8] 宋占勋, 方少轩, 谢基龙, 等. 基于应力强度干涉模型的疲劳损伤. 北京交通大学学报, 2013, 37(3): 52-56.

[9] 曹崇珍, 赵晓光, 赵云利, 等. 金属管道腐蚀缺陷全数字化三维漏磁信号采集系统. 北京: CN102654479A, 2012-09-05.

[10] 曹崇珍, 赵晓光, 张永江, 等. 一种金属管道检测装置及方法. 北京: CN102980942A, 2013-03-20.

[11] 董绍华, 王东营, 费凡, 等. 管道地区等级升级与公共安全风险管控. 油气储运, 2014, 33(11): 1164-1170.

[12] 李振林, 毕治强, 刘刚, 等. 基于声发射的天然气管道球阀内漏检测. 油气储运, 2013, 32(6): 647-650.

[13] 张来斌, 胡瑾秋, 梁伟, 等. 一种储气库注采压缩机组自适应故障诊断方法及设备. 北京: CN103603794A, 2014-02-26.

[14] 马卫锋, 罗金恒, 赵新伟, 等. 一种全尺寸管道内涂层粉尘磨损实验的方法. 北京: CN103048209A, 2013-04-17.

[15] 魏东吼, 董绍华, 梁伟. 地下储气库完整性管理体系及相关技术应用研究. 油气储运, 2015, 34(2): 115-121.

[16] 郭磊, 周利剑, 贾韶辉. 油气长输管道大数据研究及应用. 石油规划设计, 2018, 29(1): 34-37, 41.

[17] Watt S. Deriving new business insights with Big Data. (2011-06-28)[2019-05-14]. https://www.ibm.com/developerworks/opensource/library/os-bigdata/index.html.

[18] 董绍华, 张河苇. 基于大数据的全生命周期智能管网解决方案. 油气储运, 2017, (1): 28-36.

[19] 郭崇慧, 苏木亚. 基于独立成分分析的时间序列谱聚类方法[J]. 系统工程理论与实践, 2011, 31(10): 1921-1931.

[20] 周永涛, 董绍华, 董秦龙, 等. 基于完整性管理的应急决策支持系统. 油气储运, 2015, 34(12): 1280-1283.

[21] Dong S H, Zhang H W, Zhang L B, et al. Use of community mobile phone big location data to recognize unusual patterns close to a pipeline which may indicate unauthorized activities and possible risk of damage. Petroleum Science, 2017, 14(2): 395-403.

[22] 郭磊, 许芳霞, 周利剑, 等. 管道完整性系统数据集成与应用. 油气储运, 2014, 33(6): 593-598.

[23] 林现喜, 李银喜, 周信, 等. 大数据环境下管道内检测数据管理. 油气储运, 2015, 34(4): 349-353.

[24] 黄谊, 程耀瑜, 任毅. 基于 X 射线焊缝图像缺陷特征提取的研究. 电子测试, 2012, (7): 30-33.

[25] 蒋中印, 李泽亮, 张永虎, 等. 管道焊缝数字射线 DR 检测技术研究. 辽宁化工, 2014, 43(4): 427-429.

第2章 大数据建模方法

我国油气管道建设在过去的十年取得了巨大的发展。随着管径的进一步增大和运行压力的提高，事故后果的严重性也进一步增加，对高后果区的影响更为严重。管道系统在设计、施工、运行过程中产生大量的数据，内检测数据信号总量也达到 TB 量级。由于各数据集之间的关联关系未被建立起来，这些隐含着管道安全信息的"大数据"绝大部分被忽视和丢弃。为了有效发挥管道系统数据在安全管理方面的作用，拟引入大数据技术，从数据的角度研究管道缺陷。本章通过对大数据分析应用现状的研究综述，梳理可用于建立基于大数据的管道缺陷预测模型的方法。通过调研发现，大数据技术在管道系统中的应用较少，需要建立管道系统大数据管理架构以整合现有的管道数据，然后采用相关性分析算法从管道系统的"大数据"中提取所有管道缺陷的相关因素，并从中确定影响缺陷的关键指标，最后应用提取出的关键因素建立管道缺陷预测模型，用于指导现场的事故预防工作以及应急救援工作。

2.1 概　　述

天然气是一种清洁能源，在我国能源转型升级中起着关键作用[1]。随着天然气的广泛使用，我国管道事业迅猛发展，截至 2018 年年底，我国天然气管道总长度近 8 万 km，预计到 2025 年，天然气管道达到 16.3 万 km，基本建成天然气管全国基础网络[2]。原油、成品油管网的东西南北主干网已初步建成，其中原油管道约 2.87 万 km，成品油管道约 2.72 万 km。在管道建成使用过程中，由于各种随机性、不确定性破坏因素(包括管道老化、裂缝、腐蚀以及各种人为因素)的作用，不可避免地出现故障，加之早期铺设的管已经进入老化期，现在正处于管道事故的多发期。管道故障一旦造成燃气泄漏，遇火源极易发生重大火灾或爆炸。例如，2013 年，山东青岛市"11·22"中石化东黄潍输油管道泄漏爆炸导致 62 人死亡，136 人受伤，直接经济损失达 7.5 亿元。图 2-1 为青岛输油管道爆炸事故现场，不仅对环境造成严重的污染、影响生态平衡，而且危及人类生存安全。

要确保油气管道在运输过程中安全有效运行，最好的办法就是在管道还没有出现破损前，及时检测到管道受损区域的位置及腐蚀损伤程度，采取一定手段加固或更换设施，最大限度地减少管道事故的发生[3]。管道对于能源运输的作用是巨大的。对管道进行定期检测，判定管道结构异常和缺陷危害程度，对国家发展和工业化建设具有重大意义[4]。

图 2-1　2013 年青岛输油管道爆炸现场(文后附彩图)

2.1.1　管道大数据的优点

管道大数据的应用具有以下优点。

(1)克服完整性评价标准的保守性。完整性评价标准的评价结果与爆破实验相比更加保守，造成管道输送效率降低，维修成本增加。管道大数据可以通过数据的相关性分析，找出完整性评价结果与管道安全状况之间的关系，以及影响评价标准保守性的因素。根据相关性分析结果，修正评价结果，调整维修策略，降低维修成本。通过对影响因素进行理论分析，对完整性评价标准进行修正，从理论上克服完整性评价标准的保守性。

(2)提高风险评价的准确度。管道风险评价常采用专家打分和失效风险树等方法。这些方法可以在一定程度上预测管道存在的风险情况，但在评价过程中将部分风险项理想化，评价结果在一定程度上依赖于评价人员的主观意识和经验。基于管道大数据的风险评价建立在实际数据基础上，能够减小理想与实际情况之间的误差，降低主观意识对评价结果的影响。

(3)预测管道未来安全状况。管道大数据可以准确分析影响管道安全的主要因素及次要因素，通过对管线中各类影响因素的分布情况进行分析，可以实现对整条管线安全状况的预测和排序。管道大数据的应用可以克服完整性评价标准的保守性，修正管道评价模型，提高风险评价的准确度，预测管道未来安全状况。

2.1.2　研究现状

为了确保管道安全稳定的运输，延长管道的服役期，目前对在役管道开展定期巡检，及时了解管道的运输状况，及时发现管道内壁存在的缺陷、裂缝等问题，采用机器人携带检测装置进入管道内进行移动式检测的方法。通过对管道的检测，可以发现其中存在的缺陷，实现对管道的管理以及安全评价[5]。目前已经被广泛应用在管道方面的无损检测技术有很多种，包括漏磁检测技术[6~10]、超声波检测技术[11~14]、射线检测技术[15~18]、光学检测技术[19~21]等。但是当前管道检测技术尚不成熟，对大多数在役管道的健康状况不甚了解，常常会出现很多盲目报废。这种缺乏科学性的管道维护在人力、物力上产生了很大的浪费。每种检测技术、评价方法均有优缺点，不能完全解决管道安全问题，只有对多种检测数据进行综合分析，才能全面掌握管道安全现状[22]。

近年来，随着信息技术的发展，数字化管道已在国内外管道企业建立起来，集成了管道系统在设计、施工、运行过程中产生的大量数据[23]。这些数据具有体量大、类型多的特点，且基本实现电子化记录和网络化管理。管道的缺陷信息也隐含在这些数据中。引入大数据技术，对多种检测数据进行综合分析，全面掌握管道安全现状，并且相对于直接检测可以减少人力物力的投入，是继上述直接检测管道缺陷方法之后的一个新思路。

自 2011 年 5 月，麦肯锡公司发布了关于大数据的调研报告《大数据：下一个创新、竞争和生产力的前沿》[24]之后，大数据技术在互联网、金融、物流领域的发展迅速，体现了极高的社会价值[25]。而在能源行业中，大数据技术还处于起步阶段。在电力行业有一定的应用案例[26~32]，在管道系统中仅限于在管道风险分析、内检测等方面有初步的探索[33~36]，尚未实质性应用。

丹麦维斯塔斯风力系统公司在大数据的数据实时处理应用中取得了不错的成效。该企业在全球 65 个国家，装置了 43000 台风力发电机。这些风力发电机通过传感器记录采集了温度、风向、风力和湿度等影响风力发电机运行状态的数据，目前已累积了 2.6PB 的数据。该企业采用 IBM 公司的 BigInsights 大数据平台来解决海量数据分析与处理问题，通过对数据的分析处理来设计风力涡轮机的优化配置方案，从而实现高效的风电输出[26]。

马坤隆[27]将大数据技术应用至短期负荷预测之中，建立全网详细的用户和气象信息数据，通过预处理、分布储存等技术划分计算任务进行并行处理。对某省实际电网的数据处理结果，表明所提大数据短期负荷预测方案精度较高且花费时间较短。

张素香等[28]以某智能园区的电力数据为研究对象提出了一种海量数据下的短期电力负荷预测技术，首先利用最大熵方法过滤坏数据，然后将局部加权线性回归方法和云计算的 Map/Reduce 框架相结合，极大地缩短了负荷预测时间，提高了预测精度。

王德文等[29]基于云计算技术设计了一种用户侧大数据分析处理平台。该平台融合智能电表、SCADA 和其他传感器的数据，并应用 Map/Reduce 框架对数据进行处理。

Bera 等[30]对智能电网构架和云计算相关应用程序进行了研究，并且对云平台的技术和安全性等进行了分析。

Fang 等[31]分析了智能电网和云计算带来的机遇和效益，并且对基于云平台的信息管理系统进行了介绍。

Green 等[32]将云计算与电力系统相结合，对高效云计算在电力系统实施的未来趋势进行了讲解。

冯庆善[33]将管道大数据定义为：以管道内检测数据为基线，实现将内检测信息、外检测数据、设计施工资料数据、历史运维数据、管道环境数据和日常管理数据等的校准并对其整合，使各类数据均可对应各环焊缝信息，形成统一的数据库或数据表。

林现喜等[34]构建了大数据环境下管道内检测数据模型，梳理了管道内检测数据管理流程，但并未对大数据建模方法进行研究。

廖军[35]和朱晓光等[36]提出了大数据环境下的管道数据管理架构，并对大数据在检测管道缺陷方面的可行性进行论证。

2.1.3　研究内容

管道系统会在设计、施工、运行过程中产生大量数据，是管道运行分析、评价与管理的基础，运用大数据分析与管理模式，同时结合管道企业的实际需求建立大数据分析模型和信息化管理手段，对管道系统进行全面分析与管理具有重要意义。然而目前油气行业数据集的潜在价值还未被充分挖掘，导致这一现象的原因主要是管道系统的数据依赖单个系统进行录入和收集，分散于各个子系统中，各数据间关联关系没有建立起来，使这些隐含着管道安全信息的大数据绝大部分被忽视和丢弃[37]。鉴于此，本章对以下内容进行综述，以期在此基础上完成基于大数据的管道缺陷预测模型。

(1)管道大数据理论方法的相关性算法分析，从管道系统的大数据中提取所有管道缺陷相关因素，并从中确定影响缺陷的关键指标。

(2)管道大数据建模的理论预测模型分析，建立管道缺陷预测模型，用于指导现场的事故预防工作及应急救援工作。

(3)管道系统大数据管理架构综述，分析现有管道的各类、各阶段数据，提出管道大数据建模的可行性。

总体说来，通过对大数据分析应用现状的梳理，可挖掘现有基于大数据的管道缺陷预测模型。但调研中也发现，大数据技术在管道系统中的应用较少，需要建立管道数据采集与整合方法，采用相关性分析算法从管道系统的大数据中提取所有管道缺陷相关因素，确定影响缺陷的关键指标，最后应用提取出的关键指标建立管道缺陷预测模型，定量分析管道安全的危害影响因素。

2.2　理　论　方　法

2.2.1　大数据管理架构

在大数据的范畴，数据的来源丰富多样。当前管道系统大数据的来源分为外部数据资源与内部数据资源。外部数据资源包括外部培训资料、会展研讨信息、项目信息、专业数据库系统、科技文献资料、商业管理数据、外部交流数据、互联网资源等。内部数据资源包括实时管道运维数据、企业经营管理数据、内部情报支撑数据、企业内部提升数据等[38]。数据的形式有结构化数据和非结构化数据两种，以往的数据分析限于针对结构化数据，然而统计结果表明，在管道系统中，非结构化数据大量增加，因此要通过大数据分析理论来实现，而大数据分析实现的第一步需要建立完善的大数据管理架构，将管道生产运营的数据进行校准、分类存储。

董绍华和安宇[39]认为，为了适应通信行业的大数据现状，需要对传统的系统架构重新分配，最终认为分析处理系统总体架构逻辑上共分为五层：数据源层、数据获取及预处理层、数据存储计算框架层、数据分析层、数据应用层操作(含维护管理)，其中数据获取及预处理层、数据存储计算框架层、数据分析层及操作维护管理为本系统的核心组成部分。王维斌[40]借鉴以上思想提出了大数据系统架构方案，如图 2-2 所示。

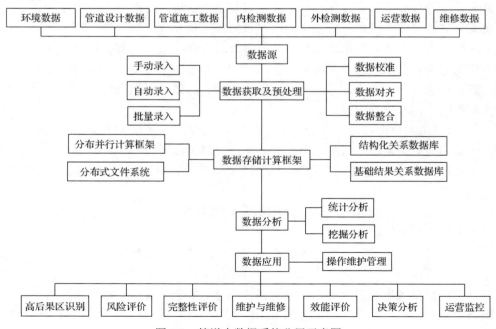

图 2-2　管道大数据系统分层示意图

2.2.2 相关性分析理论

1. 朴素贝叶斯分类模型

朴素贝叶斯分类就是假设给出目标值时属性之间相互独立，即属性变量对于决策结果来讲，决策权重不存在主导或非主导，结合先验概率和后验概率，避免只使用主观先验概率的偏见，也避免了单独使用样本信息的过拟合现象。通过输入最大似然公式，得到拟合参数，比较其属于哪个类的概率更大。在很多情况中，可将连续的特征分布离散化，然后在朴素贝叶斯假设下，简单计算离散值的概率，进而将复杂的分布特征转化为简单的朴素贝叶斯分类模型。

朴素贝叶斯分类模型的算法原理如下。

(1) 假定有 m 个已知的类 $C_1, C_2, \cdots, C_m$。给出元组 $\boldsymbol{X}$；n 维属性向量 $\boldsymbol{X} = \{x_1, x_2, \cdots, x_n\}$ 表示朴素贝叶斯分类模型会将给定的类别未知的数据样本 X 指派给使其概率值最大(条件 X 下)的类。利用朴素贝叶斯分类模型将待测的未分类的样本分配给某个类别 C_i 时，其需要满足的条件是

$$P(C_i|X) > P(C_j|X), \quad 1 \leqslant i, j \leqslant m, j \neq i \tag{2.1}$$

最大化 $P(C_i|X)$，$P(C_i|X)$ 最大的类 C_i 称为最大后验假设。根据贝叶斯定理，有

$$P(C_i|X) = \frac{P(X|C_i)P(C_i)}{P(X)} \tag{2.2}$$

(2) 如果 $P(X)$ 是常数，则公式可以简化为只要求得 $P(X|C_i)P(C_i)$ 最大就可以了。一般情况下，如果类的先验概率 $P(C_i)(i = 1, 2, \cdots, m)$ 不对计算结果构成影响，则可以假设这些类的先验概率是相同的，不将它们纳入计算和判断中，这时有

$$P(C_1) = P(C_2) = \cdots = P(C_m) = \frac{1}{m} \tag{2.3}$$

于是，最大化 $P(C_i|X)$ 可以等价于 $P(X|C_i)$。通常，类的先验概率可以用 t/T 表示计算概率 $P(C_i)$，t 是类别为 C_i 的训练样本的数量，T 是训练样本总数。

(3) 如果某个数据集中对应的属性数量较多，则 $P(X|C_i)$ 的计算难度会大大增加。可以通过假定类条件之间相互独立来降低 $P(X|C_i)$ 的计算复杂度，即对于给定样本的类标签，假设条件属性间相互独立，即

$$P(X|C_i) = \prod_{k=1}^{n} P(x_k|C_i) \tag{2.4}$$

概率 $P(x_1|C_i), P(x_2|C_i), \cdots, P(x_n|C_i)$ 可以由训练样本估计，其中设定给定类 C_i 的训练样本属性值为 A_k：①如果 A_k 是离散的，则 $P(x_k|C_i)$ 的值为 A_k 属性的属性值 x_k 的训练样本数与样本总数的比值，计算公式比较简单[41]；②如果 A_k 是连续的，那么计算公式会复杂很多。一般情况下，可以利用高斯分布（正态分布）[42]来进行离散化处理。相应的公式可表示为

$$P(x_k|C_i) = g(x_k, \mu_{C_i}, \sigma_{C_i}) = \frac{1}{\sqrt{2\pi}\sigma_{C_i}} e^{\frac{(x_k - \mu_{C_i})^2}{2\sigma_{C_i}^2}} \tag{2.5}$$

其中给定类 C_i 的训练样本属性 A_k 的值， $g(x_k, \mu_{C_i}, \sigma_{C_i})$ 是属性 A_k 高斯密度函数， $g(x_k, \mu_{C_i}, \sigma_{C_i})$ 中存在 3 个参数，其中， x_k 表示某个属性，而 μ_{C_i} 和 σ_{C_i} 则表示该属性值对应的平均值和标准差。需注意朴素贝叶斯分类模型一般只能处理离散的数据，因此使用该模型分类时较常采用的方法是：先对训练样本数据集和测试数据集借助一定的数据处理软件进行离散化处理。另外，如果处理的数据存在缺失，也要借助相应的软件进行数据的补齐。

2. 相关系数

相关系数是刻画相关关系的统计量。一般情况下，绝对值为 0 代表不相关，绝对值为 1 代表完全相关。当绝对值为 0～1 时，数字越大相关性越强，反之则越弱。根据研究对象的数量，分两类进行举例介绍，分别是两个变量之间的相关系数和多变量之间的相关系数。

1）两个变量之间的相关系数

假定 X、Y 代表两个随机变量，$X = \{x_1, x_2, \cdots, x_n\}$，相应的 $Y = \{y_1, y_2, \cdots, y_n\}$，$n$ 为样本容量，样本均值分别为 $\bar{x}$ 和 $\bar{y}$。

（1）皮尔逊（Pearson）相关系数[43]。该系数是由 Pearson 在 1895 年提出的，也称为积矩相关系数。在提出以后被广泛地应用到机器学习、生物领域、统计学和社会学等各类学科当中[44]。表达式如下：

$$\rho = \frac{\mathrm{Cov}(X, Y)}{\sqrt{\mathrm{Var}(X)\mathrm{Var}(Y)}}$$

其样本相关系数为

$$r = \frac{\sum_{i=1}^{n}(x_i - \overline{x})(y_i - \overline{y})}{\sqrt{\sum_{i=1}^{n}(x_i - \overline{x})^2 \sum_{i=1}^{n}(y_i - \overline{y})^2}}$$

从几何角度解释如下：将 n 个样本 $(x_1,y_1),(x_2,y_2),\cdots,(x_n,y_n)$ 转换成两个向量 $\boldsymbol{\xi}=(x_1,x_2,\cdots,x_n)$ 和 $\boldsymbol{\eta}=(y_1,y_2,\cdots,y_n)$，两个向量的夹角 θ 的余弦值为

$$\cos\theta = \frac{\langle\boldsymbol{\xi},\boldsymbol{\eta}\rangle}{\|\boldsymbol{\xi}\|\cdot\|\boldsymbol{\eta}\|} = r$$

式中，$\langle\bullet,\bullet\rangle$ 为向量内积；$\|\bullet\|$ 为向量的长度。

$\theta=0°$ 时代表两个向量的方向重合，为正线性相关，即 $r=1$；$\theta=90°$ 时代表两个向量的方向垂直，为线性无关，即 $r=0$；$\theta=180°$ 时代表两个向量异方向重合，为负线性相关，即 $r=-1$。

(2) 斯皮尔曼相关系数[45]。该系数是根据皮尔逊相关系数的概念推导得到的，属于皮尔逊相关系数的特例，用于求取两个定序变量的相关性。定序变量是取值有等级或次序之分的变量，表达式为

$$r = 1 - \left(6\sum_{i=1}^{n}d_i^2\right)\bigg/\left[n\left(n^2-1\right)\right]$$

式中，$d_i = x_i' - y_i'$，x_i' 和 y_i' 是样本在两个特征下排序后的等级值。

2) 多变量之间的相关系数

多变量相关系数是对皮尔逊相关系数的推广，包括偏相关系数、复相关系数和典型相关系数。

(1) 偏相关系数[44]。偏相关系数是指固定其他变量时任意两个变量的相关性。假定有包含 X，Y 在内的三个以上的随机变量，固定其他变量，则 X，Y 之间的相关系数表达式为

$$r_{XY} = \left(r_{XY} - r_X r_Y\right)\bigg/\left(\sqrt{1-r_X^2}\sqrt{1-r_Y^2}\right)$$

式中，r_{XY}、r_X、r_Y 分别代表 X 和 Y、X 和其他变量、Y 和其他变量的皮尔逊相关系数。

(2) 复相关系数[44]。复相关系数是指一个变量对多个变量之间的相关性。描述 Y 与 X，Z 之间的相关性的公式如下：

$$R_{Y\cdot XZ}^2 = \left(r_{YX}^2 + r_{YZ}^2 - 2r_{YX}r_{YZ}r_{XZ}\right)\Big/\left(1-r_{XZ}^2\right)$$

(3) 典型相关系数[46]。典型相关系数是指多个变量对多个变量的相关性。假定 p 维、q 维随机向量 $\boldsymbol{X}=(X_1,X_2,\cdots,X_p)$ 和 $\boldsymbol{Y}=(Y_1,Y_2,\cdots,Y_q)$，通过寻找投影向量 $\boldsymbol{w}_x$、$\boldsymbol{w}_y$，使数据在该投影方向的皮尔逊相关系数最大，公式如下：

$$r_d = \max_{w_x,w_y} \frac{\boldsymbol{w}_x' \Sigma_{XY} \boldsymbol{w}_y}{\sqrt{\boldsymbol{w}_x^{\mathrm{T}} \Sigma_{XX} \boldsymbol{w}_x}\sqrt{\boldsymbol{w}_y^{\mathrm{T}} \Sigma_{YY} \boldsymbol{w}_y}}$$

式中，$\Sigma_{XX}=E\boldsymbol{X}\boldsymbol{X}^{\mathrm{T}}$，$\Sigma_{XY}=E\boldsymbol{X}\boldsymbol{Y}^{\mathrm{T}}$，$\Sigma_{YY}=E\boldsymbol{Y}\boldsymbol{Y}^{\mathrm{T}}$，$E$ 为数学期望。

3. 支持向量机

SVM 的理论基础为统计学理论、优化理论、泛函分析等，通过求解凸二次规划的计算技术，在分类识别、回归估计、密度函数估计等方面进行运用。SVM 包括线性 SVM 和非线性 SVM 模型。线性 SVM 是在线性函数集合中估计回归函数，把回归估计问题定义为对 ε 不敏感损失函数进行风险最小化的问题，使用 SVM 原则进行风险最小化，产生对回归后支持向量的估计。非线性 SVM 模型的决策边界分为线性的决策边界与非线性的决策边界。SVM 一般用于管道、设施泄漏监测及安全预警等低频非连续类信号的大数据处理。

SVM 的核心思想是寻找一个满足分类要求的最优分类超平面[47~49]，该超平面在保证分类精度的同时，应使分类间隔最大化，如图 2-3 所示。

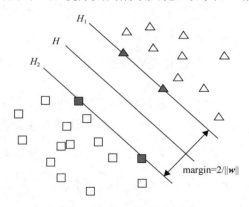

图 2-3　SVM 原理示意图

目标检测问题可以简化为一个二分类问题。给定训练样本集 (x_i, y_i)，$i=1,2,\cdots,l$，$x \in \mathbf{R}^n$，$y \in \{\pm 1\}$，超平面为 $w \cdot x + b = 0$。为使分类面对所有样本正确分类并具备分类间隔，要求其满足：

$$y_i[(\boldsymbol{w} \cdot x_i) + b] \geqslant 1, \quad i = 1, 2, \cdots, l \tag{2.6}$$

由此可得分类间隔为 $2 / \|\boldsymbol{w}\|$（图 2-3 中 margin 的值）。于是构造最优超平面的问题便转化为如下带约束的最小值问题：

$$\min \varPhi(\boldsymbol{w}) = \frac{1}{2}\|w\|^2 = \frac{1}{2}(w^{\mathrm{T}} \cdot \boldsymbol{w}) \tag{2.7}$$

引入 Lagrange 函数：

$$L = \frac{1}{2}\|\boldsymbol{w}\|^2 - \sum_{i=1}^{l} a_i y_i (\boldsymbol{w} \cdot x_i + b) + \sum_{i=1}^{l} a_i \tag{2.8}$$

式中，$a_i > 0$ 为 Lagrange 系数。约束最优化问题由 Lagrange 函数的鞍点决定，并且最优化问题的解在鞍点处满足对 $\boldsymbol{w}$ 和 b 的偏导数为 0。将该 QP (quadratic programming) 问题转化为如下相应的对偶问题 $[a = (a_1, a_2, \cdots, a_l)]$：

$$\max Q(a) = \sum_{j=1}^{l} a_j - \frac{1}{2} \sum_{i=1}^{l} \sum_{j=1}^{l} a_i a_j y_i y_j (x_i x_j)$$

$$\text{s.t.} \quad \sum_{j=1}^{l} a_i y_j = 0 \tag{2.9}$$

$$a_j \geqslant 0, \quad j = 1, 2, \cdots, l$$

经计算，最优权值向量 $\boldsymbol{w}^*$ 和最优偏置 b^* 分别为

$$\boldsymbol{w}^* = \sum_{j=1}^{l} a_j^* y_j x_j \tag{2.10}$$

$$b^* = y_i - \sum_{j=1}^{l} y_j a_j^* (x_j \cdot x_i) \tag{2.11}$$

式中，$j \in \left\{ j \mid a_j^* > 0 \right\}$。

因此得到最优分类面 $(\boldsymbol{w}^* \cdot x) + b^* = 0$ 最优分类函数为

$$f(x) = \mathrm{sgn}\left\{ (\boldsymbol{w}^* \cdot x) + b^* \right\} = \mathrm{sgn}\left\{ \left[\sum_{j=1}^{l} a_j^* y_j (x_j \cdot x_i) \right] + b^* \right\} \tag{2.12}$$

式中，$x \in \mathbf{R}^n$。

4. 关联规则

1994 年，Agrawal 提出的 Apriori 算法是挖掘完全频繁项集中最具有影响力的算法。算法有两个关键的步骤：一是发现所有的频繁项集；二是生成强关联规则。发现频繁项集是关联规则挖掘中的关键步骤。在 Apriori 算法中还利用"频繁项集的子集是频繁项集，非频繁项集的超集是非频繁项集"这一个性质有效地对频繁项集进行修剪。算法核心思想如下。

给定一个数据库，第一次扫描数据库，搜索出所有支持度大于等于最小支持度的项集组成频繁 1-项集即 L_1，由 L_1 连接得到候选 1-项集 C_1。

第二次扫描数据库，搜索出 C_1 中所有支持度大于等于最小支持度的项集组成频繁 2-项集即 L_2，由 L_2 连接得到候选 2-项集 C_2。

继续，直到第 k 次扫描数据库，搜索出 C_{k-1} 中所有支持度大于等于最小支持度的项集组成频繁 k-项集即 L_k，由 L_k 连接得到候选 k-项集 C_k，直到没有新的候选项集产生。

Apriori 算法需扫描数据库的次数等于最大频繁项集的项数。Apriori 算法有两个性能瓶颈：产生的候选项集过大(尤其是候选 2-项集)，算法必须耗费大量的时间处理候选项集；多次扫描数据库，需要很大的 1/0 负载，在时间、空间上都需要付出很大的代价。

2.2.3　预测模型

1. 决策树算法模型

决策树算法可以像分类过程一样被定义，依据规则把遥感数据集一级一级往下细分以定义决策树的各个分支，决策树示意图见图 2-4[50]。决策树由一个根节点(root nodes)、一系列内部节点(internal nodes)(分支)及终端节点(terminal nodes)(叶)组成，每一节点只有一个父节点和两个或多个子节点。如果把自然界中的地物看成一个原级 T(根节点)，开始考虑地物的分类时，首先可以考虑分组，将原级 T(根节点)分为 T_1(植被)和 T_2(土壤)两大类，称为一级分类，进而每大类中又可再进一步分类，如 T_1(植被)可分为 A(水生植被)和 T_3(陆生植被)，T_2(土壤)可分为 B(森林土类)和 C(草甸土类)等，称为二级分类，T_3(陆生植被)可分为 D(草地)和 E(林地)。如此不断地往下细分，到所要求的终级(叶节点)类别分出为止。于是在原级与终级之间就形成了一个分类树结构，在树结构的每一分叉节点处，可以选择不同的物质用于进一步有效细分。这就是决策树分类器特征选择的基本思想[51]。

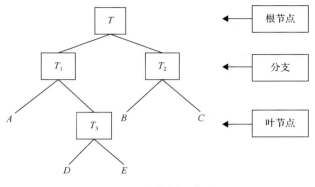

图 2-4 决策树示意图

事实上，决策树分类器的特征选择过程不是由原级到终级的顺序过程，而是由终级到原级的逆过程，即在预先已知终级类别样本数据的情况下，根据各类别的相似程度逐级往上聚类，每一级聚类形成一个树节点，在该节点处选择对其往下细分的有效特征。依此往上发展到原级，完成对各级各类组的特征选择。在此基础上，再根据已选出的特征，从原级到终级对整个影像实行全面的逐级往下分类。对于每一级处的特征选择，可以依据散布矩阵准则来进行，但为了使一个可分离性准则既能用于特征选择，又适用于聚类，可使用 Bhattacharyya 距离准则(简称 B-距离准则)来表征两个类别 W_i 和 W_j 之间的可分性，其表达式为

$$D_{ij} = \frac{1}{8}(\boldsymbol{M}_i - \boldsymbol{M}_j)^{\mathrm{T}}\left(\frac{\boldsymbol{\Sigma}_i + \boldsymbol{\Sigma}_j}{2}\right)^{-1}(\boldsymbol{M}_i - \boldsymbol{M}_j) + \frac{1}{2}\ln\frac{\left|\frac{1}{2}(\boldsymbol{M}_i + \boldsymbol{M}_j)\right|}{|\boldsymbol{M}_i|^{\frac{1}{2}} \cdot |\boldsymbol{M}_j|^{\frac{1}{2}}} \quad (2.13)$$

式中，$\boldsymbol{M}_i$ 为 W_i 类集群的均值向量；$\boldsymbol{M}_j$ 为 W_j 类集群的均值向量；$\boldsymbol{\Sigma}_i$ 为 W_i 的协方差矩阵；$\boldsymbol{\Sigma}_j$ 为 W_j 的协方差矩阵；D_{ij} 为 W_i 和 W_j 之间的 B-距离。

依据上述分类思想，以样本数据为对象逐级找到分类树的节点，并且在每个节点上记录所选出的特征影像编号及相应判别函数的参数，从而有可能反过来顺着从原级到终级的过程，若 $D_{ij}>0$，则 X 属于 W_i 的判别规则，否则 X 属于 W_j 的判别规则，逐级地在每个节点上对样本数据以外的待分类数据进行分类，这便是决策树分类法的原理。从中可以看到，判别函数的确定经常是与特征选择密切相关的。一旦分类结束，不仅各类之间得到区分，同时还确定了各类的类别属性。

Brodley[52]指出确定决策树结构时需要依据样本类型和研究区域数据空间分布特性考虑各种相关因素。这些因素包括：①判别函数如何处理不同类型数据；②如何处理缺失值；③用于衡量分割适宜度的分割标准以及在多特征决策树中用于内部节点特征选择的特殊算法的确定。

2. 随机森林模型

随机森林分类(random forest class，RFC)[53,54]是由很多决策树分类模型{$h(X, \Theta_k)$},k=1,2,…}组成的组合分类模型，且参数集{Θ_k}是独立同分布的随机向量。在给定自变量 X 下，每个决策树分类模型都由一票投票权来选择最优的分类结果。RFC 的基本思想如下：首先，利用 bootstrap 抽样从原始训练集中抽取 k 个样本，且每个样本的样本容量都与原始训练集一样；其次，对 k 个样本分别建立 k 个决策树模型，得到 k 种分类结果；最后，根据 k 种分类结果对每个记录进行投票表决决定其最终分类，详见图 2-5。

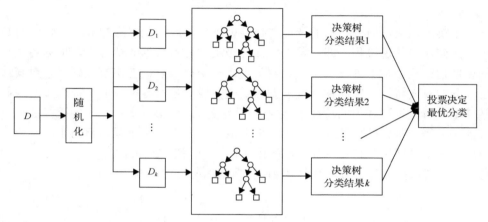

图 2-5 RFC 示意图

RF 从原始训练集 D 中抽取 k 个样本，通过构造不同的训练集增加分类模型间的差异，从而提高组合分类模型的外推预测能力。通过 k 轮训练，得到一个分类模型序列{$h_1(X),h_2(X),…,h_k(X)$}，再用它们构成一个多分类模型系统。该系统的最终分类结果采用简单多数投票法。最终的分类决策为

$$h(X) = \arg\max_Y \sum_{i=1}^{k} I[h_i(X) = Y] \tag{2.14}$$

式中，$h(X)$ 为组合分类模型；h_i 为单个决策树分类模型；Y 为输出变量(或称目标变量)；$I(\cdot)$ 为示性函数。

2.3 建立管道大数据的可行性分析

我国石油天然气管道在线路规划选址、设计等方面积累了大量的地理信息、

物料、工艺等数据。大数据技术可以更加充分地利用这些数据，通过相关性分析，对今后油气管道规划、设计进行更优化的选择。管道大数据主要包括管道基础数据、管道外检测数据、管道内检测数据、管道评价数据、管道建设期数据等。下面将对这些数据获取的可能性进行阐述以论证建立管道大数据的可行性。

2.3.1　管道基础数据

管道基础数据包括管道材质、生产工艺、连接方式、镀涂特征、内/外径、壁厚等管道制造参数，输送介质、设计压力、最大允许操作压力、工作压力/温度范围、弯头、三通、阀门等管道设计参数，焊接方法、埋深、管道穿/跨越情况等铺设数据，管道是否进行过清管/检测、检测设备、检测时间、是否进行维修、维修情况等管道历史数据及其他与管道安全相关的基础数据。

目前，针对海洋管道的数据管理也逐渐重视起来。大量开展的钢管生产和海底管道铺设过程中，可以提供管道制造和铺设数据，管道设计参数、历史数据可以在开展管道内检测的基本信息调查时获取，因此，管道基础数据可以收集。

2.3.2　管道外检测数据

管道外检测主要包括管道防腐层检测、管道阴极保护效果检测及管道杂散电流监测与排流技术。外检测技术可用于长输油气管道和城市管网等多种类型管线的检测。

1. 管道防腐层检测

防腐层检测方法包括电流衰减法和电位梯度法。电流衰减法的原理是对管道施加交流信号，在管道周围形成感应电磁场，通过接收机测量管道中的等效电流大小；当管道防腐层存在破损或缺陷时，电流因从破损或缺陷处流失而衰减，磁场强度急剧减小，接收机信号发生变化，实现对破损点的定位。电位梯度法的原理是向管道施加特定检测信号，当管道防腐层存在破损或缺陷时，破损点与土壤之间会形成电压差，且在接近破损点时电压差最大。

防腐层破损易造成管体腐蚀，对防腐层进行检测、维修可有效防止腐蚀继续发展。对防腐层破损处进行土壤腐蚀性检测，可以监测管道附近环境情况，为管道评价提供参考。

2. 管道阴极保护效果检测

阴极保护是防止管道在电解质中发生腐蚀的电化学保护技术，主要分为牺牲阳极阴极保护和强制电流阴极保护。牺牲阳极阴极保护输出电流较小，只适用于保护电流在 1A 以下、土壤电阻率小于 $100\Omega \cdot m$ 的埋地管道。强制电流阴极保护输出电流可调，有效保护范围大，保护装置寿命长，是油田管线和长输干线电化学保护的主要选择。管道的阴极保护系统还能有效弥补防腐层存在的缺陷,管道阴极保护效果直接影响管道。

管道防腐层和阴极保护系统会受到复杂干扰因素的影响,降低管道防护的能力。

3. 管道杂散电流监测与排流技术

油气管道与高压输电线路、交流电气化铁路平行或接近敷设时,管道上会因为静电场、地电场、磁感应耦合的存在产生交流杂散电流干扰,使管道发生交流腐蚀,增加阴极保护难度[55]。

杂散电流可通过检测交流干扰电压进行测量,其中远程遥测技术可实现 24h 实时连续监测,可及时、有效地发现管线中的杂散电流干扰等电位异常情况,并根据杂散电流的运行规律查找杂散电流干扰源。当交流干扰电压超过 4V 时,必须采取干扰防护措施。可采用角钢接地、屏蔽线、牺牲阳极带、固态去耦合器联合使用的方法对天然气管道进行杂散电流排流保护,排流效果按正电位平均值下降的程度进行评定:

$$\eta_v = \frac{V_1 - V_2}{V_1} \times 100\% \tag{2.15}$$

式中,η_v 为正电位平均值比,表征排流后正电位平均值下降的程度,η_v 越大,排流保护的效果越好;V_1、V_2 分别为排流前后的正电位平均值。

管道外检测可以得出土壤腐蚀性数据、管道防腐层数据、阴极保护数据、第三方破坏情况及管道周边的干扰情况等数据,这些数据是影响管道安全因素的重要来源。

2.3.3　管道内检测数据

1. 漏磁检测技术

漏磁检测技术根据磁感线在存在缺陷的管壁分界面上会发生折射产生漏磁通的原理,采用霍尔元件测量轴向、径向、周向漏磁通的大小,判断管壁缺陷的类型及尺寸[56]。漏磁检测器采用里程轮跟踪系统和地面标记对缺陷进行定位。管道漏磁内检测器如图 2-6 所示。

通过对检测数据的分析,可以得出管道的焊缝编号、位置距离及焊缝数据[57]、三通、弯头、阀门等管道附件数据,腐蚀长度、深度、宽度、位置距离、周向钟点、内/外壁分布等缺陷数据,腐蚀缺陷沿里程的分布数据,以及缺陷按照类型、深度等参数的统计数据。内检测之前,需要对管道进行变形检测,可以得出凹陷和椭圆度变形数据。

图 2-6　漏磁内检测器

2. 超声波检测技术

超声波检测技术可以分为金属损失检测和裂纹检测。金属损失检测是根据超声波测厚原理，通过测量管道壁厚的变化，判断管壁中是否存在缺陷的方法。裂纹检测是采用 45°斜入射的剪切波对管壁进行检测，避免了因垂直入射导致轴向裂纹反射面小的问题。管道超声波内检测器如图 2-7 所示，其结构如图 2-8 所示。

图 2-7　超声波内检测器

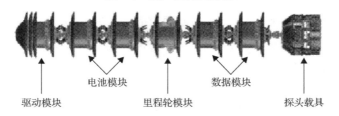

电池模块　　　　　　　数据模块

驱动模块　　　　里程轮模块　　　　探头载具

图 2-8　超声波内检测器结构

与超声波检测相比，漏磁检测具有检测速度快、不限制介质种类、对管道内清洁度要求低等优点。与漏磁检测相比，超声波检测具有检测精度高、可靠度高、机械灵活性好、适用壁厚范围大等优点，可以弥补漏磁检测不能识别裂纹、轴向沟槽缺陷及管壁中存在的缺陷等缺点，可以避免因漏磁检测精度低造成的误开挖问题。管道漏磁内检测器与超声波内检测器配合使用，可以为管道大数据提供更加精确的腐蚀缺陷数据和裂纹数据。管道基础数据、外检测数据、内检测数据共同构成了管道大数据的主体。

2.3.4　管道评价数据

管道评价主要包括完整性评价和风险评价。完整性评价主要根据管道的腐蚀缺陷参数及管道参数，采用某种评价标准，计算出被检测管道的剩余强度、金属腐蚀生长率、剩余寿命、再检测周期等参数，并根据评价结果确定管道是否需要维修及采用何种维修方法[58]。管道完整性评价可以确定管道是否可以继续使用，做出运行、修补及更换的决定，从而确保含有缺陷的管道能继续安全运行。风险评价是根据管道的运行情况，分析管道中可能出现的问题、出现问题的概率、出现问题的后果及风险水平，是石油天然气管线安全管理、检测技术选择的前提，是确定检测重点的基本方法。

对管道进行评价需要收集的管道数据种类繁多，数量庞大，评价结果对管道的安全高效运行意义重大。目前，管道评价技术已经广泛应用于我国油气管道的安全管理中。

2.3.5　管道建设期数据

管道建设施工过程中会产生施工记录、施工质量、安全及设计等数据。数据变更频繁。这些数据对未来运行安全方面的影响巨大，要发挥这些数据的决策支持作用，需要建立大数据模型。当前随着信息化、移动终端的发展，大量纸质数据可以直接变成电子数据，管道大数据的构建是有可能的。通过大数据技术，对以往记录数据进行分析，可以更具针对性地推测新管道建设中存在的难点，并整合过往经验编制出更具有可行性的施工组织方案。在人员布设、机械设备、物资分配等方面进行全面优化，可有效降低项目成本，保证施工技术方案可行、施工质量可靠。

2.3.6　大数据建模的几点建议

目前，我国的管道大数据分析正处于起步阶段，数据分析模型已在各行业得到应用，尚需将模型有效应用于管道系统，更加突出模型的适用性和针对性，使各阶段各环节产生的数据、信息等集成于一体，发挥模型在管道运行管理及评估过程中的作用。针对未来的管道大数据建模发展趋势，董绍华和安宇[39]提出如下建议。

（1）随着现代信息化技术发展，管道信息系统产生的各类数据的数据量大、类别多而杂，具备了大数据的特点。管道大数据建模方法是以统计学模型为基础，朴素贝叶斯模型、多元线性回归、支持向量机等均需从相关性入手，整合多源异构的油气管道数据，在更大的检索空间内挖掘数据规律、探索发展趋势，是发挥数据价值，实现基于数据的管道决策支持的关键。

（2）管道大数据分析成败的关键，取决于全生命周期管道基础数据、运维数据的质量。物联网传感器技术的发展促进了管道数据采集的时效性和准确性，从而使大数据融合分析处理成为可能，高精度的数据采集和风险识别技术有助于管道安全决策的正确性。

(3)大数据技术可作为油气管道领域中多源、异构、海量数据处理的基础技术，大数据技术在油气管道领域中尚处于初步应用阶段，应用需求、数据源整合、数据模型研究等方面还有很大的改进和研究空间。

参 考 文 献

[1] 孙亚南. 天然气安全的建议与对策. 中国石油和化工标准与质量, 2014, 31(1): 251.

[2] 陈凯. 管道检测国内外研究历史与发展现状. 科技创业家, 2013, (21): 2-7.

[3] 杨理践, 李春华, 高文凭. 铝板材电磁超声检测中波的产生与传播过程分析. 仪器仪表学报, 2012, 33(6): 1218-1223.

[4] 康磊, 张晓辉, 张雨平. 电磁超声兰姆波换能器多目标优化设计. 声学技术, 2012, 31(5): 535-538.

[5] 王良军, 李强, 梁菁嬿. 长输管道内检测数据比对国内外现状及发展趋势. 油气储运, 2015, (3): 233-236.

[6] 龚文, 何仁洋, 赵宏林, 等. 国外油气管道内检测技术的前沿应用. 管道技术与设备, 2013, (4): 34-36.

[7] 吴德会, 游德海, 柳振凉, 等. 交流漏磁检测法趋肤深度的机理与实验研究. 仪器仪表学报, 2014, (2): 327-336.

[8] Urabe K, Takatsubo J, Toyama N, et al. Flaw inspection of aluminum pipes by non-contact visualization of circumferential guided waves using laser ultrasound generation and an air coupled sensor. 3rd International Symposium on Laser Ultrasonic and Advanced Sensing, Yokohama, 2013.

[9] Iyer S, Sinha S K, Tittmann B R, et al. Ultrasonic signal processing methods for detection of defects in concrete pipes. Automation in Construction, 2012, 22: 135-148.

[10] 王富祥, 冯庆善, 张海亮, 等. 基于三轴漏磁内检测技术的管道特征识别. 无损检测, 2011, 33(1): 79-84.

[11] 高松巍, 周佳伟, 杨理践, 等. 电磁超声表面波辐射声场的三维有限元分析. 沈阳工业大学学报, 2012, 34(2): 192-197.

[12] 魏争, 黄松岭, 赵伟. 磁致伸缩管道缺陷超声导波检测系统研制. 电测与仪表, 2013, 50(9): 21-25.

[13] Tse P W, Wang X J. Characterization of pipeline defect in guided-waves based inspection through matching pursuit with the optimized dictionary. Ndt & E International, 2013, 54: 171-182.

[14] 刘冬冬, 师芳芳, 张碧星. 超声相控阵技术在管材检测中的应用. 无损检测, 2013, (5): 1731-1735.

[15] 梁丽红. 数字射线检测实用指导(三)——射线数字成像的像质评价. 无损检测, 2012, (6): 44-46.

[16] 李海涛. 带保温层管道环焊缝射线数字检测分析. 化工管理, 2015, (35): 13-50.

[17] Boateng A, Danso K A, Dagadu C P K. Non-destructive evaluation of corrosion on insulated pipe using double wall radiographic technique. Chemistry and Materials Research, 2013, 3(4): 73-83.

[18] 曹文浩. 基于红外热成像的内部孔洞缺陷检测方法研究. 杭州: 中国计量学院硕士学位论文, 2013.

[19] Safizadeh M S, Azizzadeh T. Corrosion detection of internal pipeline using NDT optical inspection system. Ndt & E International, 2012, 52: 144-148.

[20] 张居生, 杜月侠, 兰云峰, 等. 腐蚀监测技术及其适用性选择. 腐蚀与防护, 2012, (1): 46-48, 56.

[21] 姚宁. 激光无损检测技术应用于压力容器检测中. 激光杂志, 2015, (6): 26-28.

[22] 袁鹏斌, 刘凤艳, 舒江, 等. 大数据时代油气管道的安全与防护. 无损检测, 2015, 37(4): 51-55.

[23] 董绍华, 张河苇. 基于大数据的全生命周期智能管网解决方案. 油气储运, 2017, (1): 1-11.

[24] McKinsey Global Institute. Big data: The next frontier for innovation, competition, and productivity. McKinsey Global Institute, 2011. http://www.mckinsey.com/mgi/publications/.

[25] Li G J, Cheng X Q. Research status and scientific thinking of big data. Strategy & Policy Decision Research, 2012, 27(6): 647-656.

[26] 孙雅男. 维斯塔斯的"中国风向". 中国企业家, 2010, (20): 95.

[27] 马坤隆. 基于大数据的分布式短期负荷预测方法. 长沙: 湖南大学工程硕士学位论文, 2014.

[28] 张素香, 赵丙镇, 王风雨, 等. 海量数据下的电力负荷短期预测. 中国电机工程学报, 2015, 35(1): 37-42.

[29] 王德文, 孙志伟. 电力用户侧大数据分析与并行负荷预测. 中国电机工程学报, 2015, (3): 527-537.

[30] Bera S, Misra S, Rodrigues J J P C. Cloud computing applications for smart grid: A survey. IEEE Transactions on Parallel and Distributed Systems, 2015, 26(5): 1477-1494.

[31] Fang X, Misra S, Xue G L, et al. Managing smart grid information in the cloud: Opportunities, model, and applications. IEEE Network, 2012, 26(4): 32-38.

[32] Green R C, Wang L, Alam M. Applications and trends of high performance computing for electric power systems: Focusing on smart grid. IEEE Transactions on Smart Grid, 2013, 4(2): 922-931.

[33] 冯庆善. 基于大数据条件下的管道风险评估方法思考. 油气储运, 2014, (5): 457-461.

[34] 林现喜, 李银喜, 周信, 等. 大数据环境下管道内检测数据管理. 油气储运, 2015, 34(4): 349-353.

[35] 廖军. 基于大数据的智能管道技术研究. 邮电设计技术, 2016, (9): 58-62.

[36] 朱晓光, 陈伟, 江华. 大数据时代的管道技术演进. 中兴通讯技术, 2013, (4): 54-57.

[37] Feblowitz J. Analytics in oil and gas: The big deal about big data. 2013 SPE Digital Energy Conference and Exhibition, The Woodlands , 2013.

[38] 管天云, 侯春华. 大数据技术在智能管道海量数据分析与挖掘中的应用. 现代电信科技, 2014, (Z1): 71-79.

[39] 董绍华, 安宇. 基于大数据的管道系统数据分析模型及应用. 油气储运, 2015, (10): 1027-1032.

[40] 王维斌. 长输油气管道大数据管理架构与应用. 油气储运, 2015, 34(3): 229-232.

[41] Bollen K A, Harden J J, Ray S, et al. BIC and alternative Bayesian information criteria in the selection of structural equation models. Structural Equation Modeling: A Multidisciplinary Journal, 2014, 21(1): 1-19.

[42] 朱晓丹. 朴素贝叶斯分类模型的改进研究. 厦门: 厦门大学硕士学位论文, 2014.

[43] Manyika J, McKinsey Global Institute, Chui M, et al. Big data: the next frontier for innovation, competition, and productivity, McKinsey Global Institute. (2011-06-03)[2020-01-28]. https://library.educause.edu/resources/2011/6/big-data-the-next-frontier-for-innovation-competition-and-productivity.

[44] 梁吉业, 冯晨娇, 宋鹏. 大数据相关分析综述. 计算机学报, 2016, 39(1): 1-18.

[45] Spearman C. The proof and measurement of association between two things.International Journal of Epidemiology, 2010, 39(5): 1137-1150.

[46] Hotelling H. Relations Between Two Sets of Variates[M]//Breakthroughs in Statistics. New York:Springer, 1992: 162-190.

[47] Navardi M J, Babaghorbani B, Ketabi A. Efficiency improvement and torque ripple minimization of switched reluctance motor using FEM and seeker optimization algorithm. Energy Conversion and Management, 2014, 78: 237-244.

[48] Arias A, Rain X, Hilairet M. Enhancing the flux estimation based sensorless speed control for switched reluctance machines. Electric Power Systems Research, 2013, 104: 62-70.

[49] 郭明玮, 赵宇宙, 项俊平, 等. 基于支持向量机的目标检测算法综述. 控制与决策, 2014, (2): 193-200.

[50] Hong H, Pradhan B, Xu C, et al. Spatial prediction of landslide hazard at the Yihuang area（China）using two-class kernel logistic regression, alternating decision tree and support vector machines. Catena, 2015, 133: 266-281.

[51] 孙家抦, 舒宁, 关泽群. 遥感原理、方法和应用. 北京: 测绘出版社, 1997.

[52] Brodley C E. Recursive automatic bias selection for classifier construction. Machine Learning, 1995, 20: 63-94.

[53] Biau G Ã Š. Analysis of a random forests model. Journal of Machine Learning Research, 2012, 13（Apr）: 1063-1095.

[54] Winham S J, Colby C L, Freimuth R R, et al. SNP interaction detection with random forests in high-dimensional genetic data. BMC Bioinformatics, 2012, 13（1）: 164.

[55] 颜达峰, 刘乃勇, 袁鹏斌, 等. 地铁维修基地杂散电流对埋地钢制管道的腐蚀及防护措施. 腐蚀与防护, 2013, 34（8）: 739-742.

[56] 高松巍, 郑树林, 杨理践. 长输管道漏磁内检测缺陷识别方法. 无损检测, 2013, 35（1）: 38-41.

[57] 杨理践, 刘凤艳, 高松巍. 基于腐蚀缺陷管道的剩余强度评价标准应用. 沈阳工业大学学报, 2014, 36（2）: 297-302.

[58] 董绍华, 韩忠晨, 费凡, 等. 输油气站场完整性管理与关键技术应用研究. 天然气工业, 2013, 33（12）: 117-123.

第3章　管道系统大数据管理架构及分析模型

以往管道企业数据分析侧重于因果关系分析。在大数据时代，管道系统一系列的信息集成、管理程序、检测记录及日常运维记录等都将通过物联网、云计算等数据网络串联起来，其数据分析方向逐渐由因果关系向非因果（关联性）转变。本章通过对大数据分析模型的研究，得出大数据分析将是管道企业未来发展的重要趋势之一的结论，建立适合于未来发展的管道系统大数据管理架构模型，提出基于大数据的管道数据算法模型，进一步完善内检测数据管理模型，并在管道泄漏和预警、管道地质灾害、管道腐蚀管理、管道内检测数据分析等方面实践应用，获得能耗控制、灾害管理、风险控制等综合性、全局性的分析结论，在管道大数据领域对管道行业的发展和应用具有重要意义。

3.1　概　　述

大数据是人们获得新认知、创造新价值的源泉，也是改变市场关系的重要方法。其核心就是预测，实现从随机样本向全体数据转变、从精确性向混杂性转变、从因果关系向相关关系转变。

在大数据的范畴，数据的来源丰富多样，当前管道系统大数据的来源分外部数据资源与内部数据资源。外部数据资源包括外部培训资料、会展研讨信息、项目信息、专业数据库系统、科技文献资料、商业管理数据、外部交流数据、互联网资源等。内部数据资源包括实时管道运维数据、企业经营管理数据、内部情报支撑数据、企业内部提升数据等。数据的形式有结构化数据和非结构化数据之分。统计表明，目前非结构化数据量逐渐上升，以往数据分析限于结构化数据，在管道大数据时代，非结构化数据大量增加，且分析手段必然要通过大数据分析理论来实现，因此未来大数据分析将是管道行业发展的重要趋势之一。

目前，大数据分析在管道系统中的应用案例较少，仅限于在管道风险分析、内检测等方面的初步探索[1,2]，还没有实质性应用。管道物联网是数据管理的新模式。物联网的形成开启了管道企业数据管理的新篇章，是形成管道系统大数据的基础，两者的结合将成为数据管控的新模式。王维斌[3]提出了油气管道大数据管理架构，并将其分为五层，且仅限于对管道完整性管理的有关环节进行分析。

管道系统在设计、施工、运行过程中产生大量数据，是管道运行分析、评价与管理的基础。运用大数据分析与管理模式，同时结合管道企业的实际需求，结合内检测、外检测、信息系统等手段获取的数据及运行管理多年积累的经验，建立大数据分析模型和信息化管理手段，对管道系统全面分析与管理具有重要的实际意义。

管道完整性大数据架构模型是管道完整性管理的重要内容，为完整性管理提供了数据的收集、整合方法并且为决策分析提供数据支持。该模型涵盖了数据收集、整合的各个环节，可使运营管理者对管道及其设施有一个全面的了解，是实施管道完整性管理程序的基本内容之一。

通过对数据收集、整合的详细说明，可使管道运营管理者进一步了解管道的运行状况、管道周围的环境状况、管道的质量状况。在管道完整性管理实施的决策过程中，完整性评价是必不可少的重要环节，数据的管理是关键要素。管道公司如果没有足够的数据或者数据质量达不到要求，则必然影响管道风险削减及措施的决策。要得到完整性管理实施所需的完整、准确的管道信息，对数据项进行综合分析、整合是非常必要的。

本章建立完善的管道大数据结构模型，该模型适用于管道生产运营关键领域，并将管道内检测的管理纳入大数据管理中，进一步挖掘其内在价值，并借鉴国内外有关数据分析的相似模型、表查询模型、逻辑回归、支持向量机等模型，初步形成了管道大数据的分析方法，并在管道泄漏预警、管道地质灾害、管道腐蚀管理、管道内检测数据分析等方面进行有效应用，对大数据在管道领域的发展、研究起到承上启下的作用。

3.2　管道系统大数据管理架构

我国石油天然气管道每天产生的数据量巨大，基本实现了电子化记录和网络化管理[4]。这标志着管道大数据时代的来临。管道系统的一系列信息系统集成、管理程序、检测记录及管道系统日常运行记录等都可能被一个巨大的数据网络串联起来，大数据已渗入管道企业的管道系统管理与技术之中。基于大数据的相关性、非因果性分析理论，管道系统大数据必然结合管道腐蚀数据、管道建设数据、管道地理数据、资产设备数据、检测监测数据、运营数据、市场数据而生产，但是在管道企业间各数据相对独立，或者只是集成了其中的某几个数据，达不到管道系统大数据的要求，因此需要进一步运用物联网、云计算、信息系统集成把各类数据结合起来。通过建立大数据分析模型，解决管道当前的泄漏、腐蚀、自然与地质灾害影响、第三方破坏等数据的有效应用问题，获得风险管理、绩效管理腐蚀控制、能耗控制、效率管理、灾害管理、市场趋势管理、运营控制等综合性、全局性的分析结论，指导管道企业的可持续发展。这些值得各管道企业深入研究。

因此，基于大数据的管道架构模型是将管道基础信息、管道地理信息、管道运行维护信息、管道建设数据、资产数据等进行组合分析，可得到更加全面的管理成果和分析结论，支撑管道企业可持续发展，并且进一步完善了文献[3]的架构模型内容。其具体模型见图3-1。

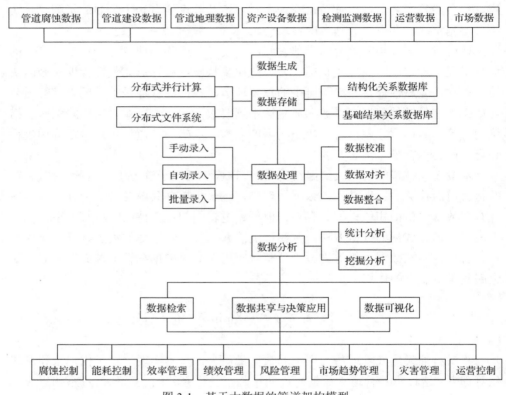

图 3-1 基于大数据的管道架构模型

在大数据架构模型的基础上，按照管道运营企业大数据的管理程序，管道安全运行公司的管理、操作维护需求及数据信息和相关文件的规定，进一步全面系统地提出基于业务类的完整性大数据模型，提出完整性管理数据收集与整合的要求，收集的数据应适用于管道的基于大数据的风险评价、完整性评价、外防腐层ECDA（external corrosion direct assessment）评估、ICDA（internal corrosion direct assessment）评估、效能评估等内容，突出业务数据的适用性。本节将进行具体介绍。

3.2.1　模型目标

基于管道企业业务发展需求，提出基于类的完整性大数据模型，规定完整性管理数据收集、整合，建立和提出大数据模型、管道完整性管理数据收集和整合的文件，是保证管道安全运行的重要内容之一，可为实施完整性管理的有效性打下坚实的基础，有利于管道管理者全面了解管道的运行、质量、安全状况，有助于实现完整性管理程序所规定的内容，通过数据收集的管理程序实现数据信息的规范化和程序化。

3.2.2　基于业务类的管道完整性大数据架构模型

在原有的 APDM 中增加类的概念，建立基于类的数据模型，增加数据之间的相关性，以业务为驱动，通过计算数据之间的相关性，将所有业务数据重新划分为六大类：GIS 应用数据、ECDA 评估数据、ICDA 数据、完整性评价数据、风险评价数据、效能评估数据，以覆盖全部业务范围。

基于业务类的完整性大数据架构模型和仓库如图 3-2 和图 3-3 所示。其一方面由 APDM 基础数据集构成，另一方面增加业务类为基础的完整性大数据集。二者结合，将 APDM 模型转变为基于业务类的完整性大数据模型，即 APDM（GIS数据模型）+PBDM（业务类完整性大数据模型）。

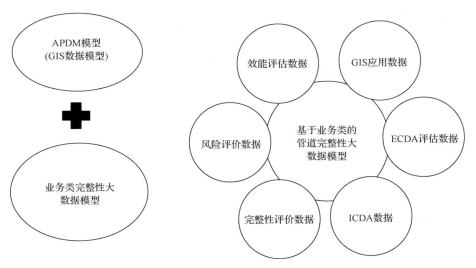

图 3-2　基于业务类的完整性大数据架构模型

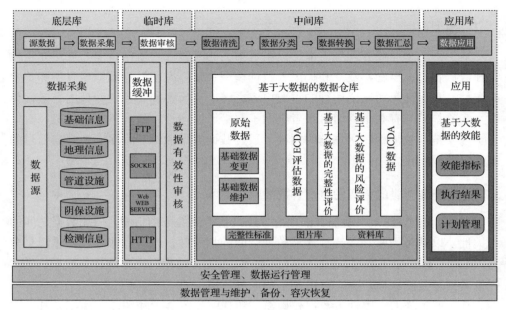

图 3-3　基于业务类的完整性大数据仓库

3.2.3　完整性大数据架构模型的建立

1. 完整性大数据的收集

1) 数据收集的重点

(1) 应重点收集受关注区域的评价数据及其他特定高风险区域所需的数据。

(2) 各管理处要收集对系统进行完整性评价所需的数据及对整个管道和设施进行风险评估所需的数据。

(3) 随着管道完整性管理的实施，要不断更新数据的数量和类型，逐渐适应管道完整性管理的需求。

2) 大数据收集的一般性原则

(1) 应按照完整性管理程序所需的数据要求，从公司内部和外部(如行业管理数据)获取。

(2) 应检查设计和施工文件中及近期操作、维护记录中，包含所需数据项的内容。

(3) 应调查所有管道记录的可能出处，记录获得的数据内容和形式(包括单位或参照系统等)，并确定数据量是否充足。如果发现数据不足，可根据数据的重要性，制定收集数据的方案，必要时要进行相关的监测、检测和现场数据的收集工作。

(4)应管理好企业信息管理系统(management information system，MIS)数据库或管道 GIS 数据库中所涉及的全部数据，以及历史的评估结果。这些都是有用的数据源。

(5)应重点、全面收集历史事故的分析报告，并形成事故数据库，在未来应用于人员培训或资格认证中。

(6)外部信息的获得可通过与线路沿途相关的气象、地质、水文负责部门建立起固定的联系，借鉴专业信息源的土壤资料、人口统计、水文资料分管单位的报告或数据库。

(7)应借鉴不同管道公司之间的历史数据库和事故库。

(8)完整性评价管理过程中获得的检测数据、实验数据、评价数据及效能测试方面的研究数据的重点收集和整理。

3) 完整性大数据收集要求

收集的数据必须包括管道完整性管理关键要素及燃气管道完整性评价所涉及的数据。主要有如下几方面的数据，但不限于此。

(1)管道本体类数据：①管道检测内外缺陷的安全评价与寿命预测相关数据；②管道的应力强度安全评价相关数据；③管道外力损伤、温度、穿跨越安全评价相关数据；④焊缝和关键部位无损探伤记录数据；⑤管道材料理化性能测试、失效分析评价相关数据；⑥管道内腐蚀监测系统数据分析评价相关数据；⑦所涉及的其他数据。

(2)管道外防腐层的完整性相关数据：①土壤腐蚀性数据；②阴极保护相关数据；③防腐层地面相关数据；④防腐层状况相关数据；⑤外壁腐蚀状况检测数据；⑥外防腐层检测管道剩余强度相关数据；⑦所涉及的其他数据。

(3)管道地质灾害相关数据：①地质断层数据；②斜坡失稳的稳定性记录数据；③水工保护有效性记录数据；④地表冲蚀安全数据；⑤地面沉降灾害相关数据；⑥黄土塬稳定性相关数据；⑦浅层地下水灾害影响相关数据；⑧管道洪水冲击、破坏评价与预测相关数据；⑨管道附近建筑物失稳、水库渗流失稳、煤矿采空区塌陷的预防与评价相关数据；⑩斜坡失稳滑动、土壤地震液化、黄土湿陷下沉、沙漠移动预测与评价数据；⑪所涉及的其他相关数据。

4) 完整性大数据来源

数据的来源是多方面的，表 3-1 列出了完整性典型数据的来源(包括但不局限于表 3-1 中内容)。

表 3-1　管道完整性典型数据的来源

数据来源	数据来源
工艺仪表图	行业标准/规范
管道走向图	操作和维护规程
施工检验员原始记录	应急反应方案
管道航拍图	检测记录
设施图/测绘图	实验报告/记录
竣工图	事故报告
材料证书	合格记录
测量报告/图纸	设计/工程报告
安全状况报告	技术评价报告
企业标准/规范	制造商设备数据

5) 完整性大数据的构成

数据构成按特征数据、施工数据、操作数据、检测数据、监测数据列表，具体内容见表 3-2。

2. 管道大数据的整合

1) 综合分析数据

根据收集数据的相互关系进行分析，以发挥完整性管理和评估的全部作用。完整性管理程序的主要作用在于它能综合、利用从多种渠道获取的多种数据，增加某一管段会不会遭受某种危险的置信度，从而改进整个风险的分析结果。

2) 制定统一的参照系

数据整合初始阶段要制定一个统一的参照系和计量单位，以便将从多种渠道获得的各种数据综合起来，并与管道位置准确关联。例如，管道内检测的缺陷数据可参照里程轮在管道内的行进距离、结合阴极保护测试桩焊点的位置联合定位，综合确定腐蚀点和第三方破坏点的位置。

表 3-2　完整性大数据的源数据分类

特征数据	施工数据	操作运行数据	检测数据	监测数据
管道壁厚 直径 焊缝类型和 焊缝系数 制管商	安装年份 弯制方法 连接方法、工艺 和检测结果 埋深 穿越/套管	气质 流量 规定的最大、最小操作压力 泄漏/事故记录 涂层状况 阴极保护系统性能 管壁温度	试压 管道内检测 几何变形检测 开挖检测	内腐蚀情况 内外壁厚 沉降变形 线路占压
制造日期 材料性能 设备性能	试压 现场涂层方法 土壤、回填 检测报告 阴极保护 涂层类型	外力 管道检测报告 内/外壁腐蚀监测 压力波动 调压阀/泄压阀性能 侵入 维修 故意破坏	阴极保护检测 （密间隔测试） 涂层状况检测 （直流电位梯度） 审核和检查	地质位移 运行参数 气质 外防腐层状况——腐蚀 调查 泄漏

数据中所列的可按结构方式进行评价的数据项，可用于确定某种具体危险是否适用于关注区域或管段。最初进行这种确定时，不用检测数据，只用表 3-2 中所列的特征数据和施工数据就可完成。当有了其他信息（如检测数据）时，就可以执行另外的整合步骤，以验证上一步推断的假定危险存在的准确性。这样的数据整合对评价减缓措施的必要性、采用何种减缓措施都是非常有效的。

3）通过人工方式或图解方式整合数据

人工整合就是按面积大小把潜在影响区域范围叠加在管道航拍照片上，以确定潜在影响的范围。图解方式的整合是把与风险有关的数据项输入 MIS/管道地理信息平台系统中，以图形叠加的方式标识出具体危险的位置。根据采用的数据分辨率，将图形用于局部或较大管段。在数据综合分析过程中，还可使用特定的数据综合分析软件。

3. 完整性大数据分类

完整性大数据的收集完成后，基于类的思想并根据完整性数据的业务功能进行划分，形成 GIS 应用数据、ECDA 评估数据、ICDA 数据、完整性评价数据、风险评价数据、效能评估数据六大类。按功能划分分类有利于完整性数据的使用和决策。由于这六类数据基本涵盖所有管道业务数据，无法一一列举，这里仅举例说明，如表 3-3 和表 3-4 所示。

表 3-3　ECDA 评估数据元素

分类	数据单元	间接检测工具选项	ECDA 区域定义	结果的使用和解释
与管道本体相关的数据	材质（钢、铸铁等）和级别	ECDA 不适用于非钢质管道	应该特别考虑不同材料的连接位置	暴露在环境中的区域可能产生局部的腐蚀槽
	直径	可能降低间接检测工具的检测能力		对阴极电流保护的影响和对结果的解释
	壁厚			影响临界缺陷尺寸和剩余寿命的预测
	生产年限			典型的老管道具有较低的韧性，这将降低临界缺陷尺寸和剩余寿命的预测
	焊缝类型		1970 年以前生成的低频电阻焊或闪光焊接的焊缝位置容易发生腐蚀，可能需要阴极屏蔽 ECDA 区域	典型的老管道的焊缝刚度较低，这将降低缺陷的临界失效尺寸，1970 年以后生产的电阻焊和埋弧焊管道的焊缝能够比基底金属承受较高的腐蚀速率
	裸管	ECDA 应用存在局限性，可用的工具比较少	涂层管的裸管段部分是 ECDA 应该检测的区域	影响大，漏电电流大，电位梯度大

分类	数据单元	间接检测工具选项	ECDA 区域定义	结果的使用和解释
	安装时间			时间长了，涂层可能脱落，需要估算缺陷的密集度和腐蚀速率
	选线调整和修订		要求改变 ECDA 阴极保护屏蔽区域	
	路线图和航拍图		提供通用的应用信息和指导 ECDA 区域的选择	一般包括管道的一些数据，这些数据可以简化 ECDA
	施工惯例		不同的施工惯例可能要求不同的 ECDA 区域	可能标明了施工问题出现的位置，如在施工中的回填操作不当可能造成涂层的损坏
	阀门、夹具、支座、机械耦合、伸缩节、铸铁元件、接头、绝缘接头的位置		应单独考虑重要的阴极电流排放的变化，要特别注意不同金属连接处的位置	可能对局部电流和结果的解释造成影响；不同金属连接的部位可能产生局部的腐蚀槽；涂层的脱落速度在不同金属连接的相邻部位也不一样
与施工相关的数据	套管使用的位置和施工方法	可能妨碍一些间接检测工具的使用	阴极屏蔽的 ECDA 区域要求	对不好测量的区域要求操作者以邻近区域的结果对其进行外推
	斜弯头和伸缩弯头的位置		斜弯头和伸缩弯头的存在可能影响 ECDA 区域的选择	涂层脱落的速度在相邻的部位可能不一样，在斜弯头和伸缩弯头上可能产生局部的腐蚀，这将影响外加电流的电流密度及结果的分析
	覆盖层的厚度	限制了一些间接检测技术的使用	不同厚度的覆盖层对应不同的 ECDA 区域	可能影响外加电流的电流密度及结果的分析
	水下管段、穿越河流的部位	明显限制了许多间接检测技术的应用	要单独考虑 ECDA 区域	改变外加电流的电流密度和分析结果
	河流的深度和地桩的位置	间接检测工具的可用性降低	要单独考虑 ECDA 部位	影响电流和结果的分析；砝码和地锚附近的腐蚀可能局部化，它们将影响外加电流的电流密度和结果的分析
	靠近其他管线、建筑物、高压电线及铁路的穿越部位	可能造成一些间接检测方法失效	外部对阴极电流产生影响的区域应该作为单独的 ECDA 区域	影响外加电流的电流密度和结果的分析

续表

分类	数据单元	间接检测工具选项	ECDA 区域定义	结果的使用和解释
土壤/环境的数据	土壤的性质和类型	一些土壤的性质可以降低各种检测技术的准确性	腐蚀最可能发生的区域和明显不同的区域应该作为 ECDA 的区域	可能在分析结果方面有用，影响腐蚀速率和剩余寿命的评估
	排水区		腐蚀最可能发生的区域和明显不同的区域应该作为 ECDA 的部位	可能在分析结果方面有用，影响腐蚀速率和剩余寿命的评估
	地形、地貌	山区条件可能造成间接检测应用困难或不能应用		
	土地的利用（现在或以前）	铺好的路面等可能会影响间接检测工具的选择	可能会影响 ECDA 的应用和 ECDA 区域的选择	
	冻土地带	可能影响一些 ECDA 方法的应用和有效性	冻土地带应该作为独立的 ECDA 区域	影响电流的电流密度和结果的分析
腐蚀控制	腐蚀防护系统的类型（阳极、整流器、定点保护）	可能影响 ECDA 工具的选择		在外加电流系统内局部利用牺牲阳极的方法可能会影响间接检测，影响电流的流动和结果的分析
	杂散电流源/位置			影响电流的流动和结果的分析
	测试点的位置（或管道的入口点）		在定义 ECDA 区域时可以输入	
	腐蚀保护评价标准			在后评估中使用
	腐蚀保护维修记录		涂层工况指示器	在结果分析中有用
	没用腐蚀保护的年限		可能令 ECDA 更难应用	对腐蚀速率的估计和剩余寿命的预测能力具有消极的作用
	管道的涂层类型	具有阴极屏蔽作用的高绝缘性涂层的脱落可能导致 ECDA 不能正确应用		涂层的类型可能影响腐蚀开始的时间和对精确壁厚腐蚀损失的估计
	补口的涂层类型	具有阴极屏蔽作用的涂层可能导致 ECDA 不能正确应用		补口涂层的阴极屏蔽特性可能要使用其他的评估方法
	涂层工况	ECDA 在涂层严重脱落的部位很难应用		—
	电流量			电流量的增加表明涂层脱落后管道暴露的面积增加
	腐蚀保护测量数据/记载			在结果分析方面有用

续表

分类	数据单元	间接检测工具选项	ECDA 区域定义	结果的使用和解释
运行数据	管道的运行温度		对于明显不一样的地方就是 ECDA 的分离区域	能够局部地影响涂层脱落的速度
	运行中的应力等级和波动			影响临界裂纹的尺寸和剩余寿命的预测
	检测程序(实验、巡线、泄漏检查等)		在确定 ECDA 时可能需要输入数据	可能影响维修、补救和替换的计划
	管道探伤报告——开挖		在确定 ECDA 时可能需要输入数据	
	维修记载,如钢质和复合材料的衬套和定位件的维修	可能会影响 ECDA 工具的选择	阳极补充法这样的维修方法可能会在局部产生一些不同,这将会影响 ECDA 区域的选择	为后评价在维修点附近提供分析数据
	泄漏/断裂的记载		能表明现行管道的工况	
	外部微生物腐蚀的证据			微生物可能加速外部腐蚀发生的速率
	第三方破坏的类型和频率			大面积的第三方破坏可能增加涂层缺陷的误判率
	来自以前地表或地面的测量数据			对预评价和 ECDA 区域的选择是必要的
	试压数据/压力			影响检测间隔
	其他以前与管道完整性相关的技术方法,如密间隔测量方法	针对单独且较大的腐蚀面积的可能影响 ECDA 工具的选择		有用的后评价数据

表 3-4 · ICDA 数据要求

	数据细则要求
操作历史	输气气流方向有无改变、服务年限、压力波动
定义长度	所有进气口和出气口之间的距离、出气口和进气口位置
高程	管道高程走向 GPS、埋深
特征/倾斜	穿路、河流、排污等
直径	内外径
压力	正常操作范围
流量	正常操作范围
温度	周边环境
水露点	假设低于环境温度 5℃
脱水剂类型	如乙二醇的注入量和规律

续表

数据细则要求	
扰动	如自然的、断续的、缓慢的、持续的等
水压试压频率	有水存在的情况，如建设期试压、运营期试压等
失效/泄漏位置	确切高程、倾斜角
其他数据	材质腐蚀性能、综合实验数据、爆破实验数据

3.2.4　辅助决策支持模型

在上述数据的基础上，根据业务需求建立相应的辅助决策支持模型。这里以 7 个常用模型为例进行简单介绍，相关的大数据建模方法及应用可以参考其他章节内容。

1. 应急抢修决策支持

应急抢修决策支持模块主要通过事故点的分析定位获得事故点的基本信息、社会信息、钢管信息、管道本体数据信息(含施工、设计)，获得事故点附近的物资库信息；同时，通过路径分析获得最近物资库到事故点的路况信息及行驶时间。最终对所有获取的结果信息生成应急预案进行辅助决策。

1)需求数据

需求数据如下。

(1)管道本体数据信息(如施工资料、设计资料)。

(2)物资库物资机具的数据资料，位置信息。

(3)应急数据信息(如车辆信息)。

(4)应急报告模板。

(5)管线周边社会信息，具体位置。

(6)钢管信息。

需要注意的是此模块是建立在 GIS 地理信息基础上的。

2)模型分析结果

具体可获得如下结果数据。

(1)事故点基本信息。

(2)事故点社会资源。

(3)事故点钢管信息。

(4)事故点管道信息(如施工资料和设计资料)。

(5)事故点附近物资仓库剩余物资情况。

(6)事故点纵断面数据信息。

(7)应急抢修队赶赴事故点的时间、路况情况、行驶路线。

(8)获取应急预案，报审领导层。

2. 管道巡护方案优化

管道巡护方案优化模型主要是对管道巡护方案点的优化。将原有巡护方案中巡线点和高后果区及高风险区进行对比,最终实现巡线点和巡线方案的优化。优化后巡线方案的巡线时间间隔,应选择优化后的巡线点(高后果区、高风险区、原本巡线点)中原来时间间隔最短的为优化后的整体巡线方案的巡线时间间隔。

1) 需求数据

具体需求数据如下。

(1)原始巡线资料(如巡线点位置信息、巡线的管线、巡线的间隔时间等)。

(2)高后果区、高风险区的位置数据信息、巡线时间间隔。

2) 模型分析结果

优化后巡线方案的巡线时间间隔,应选择优化后的巡线点(高后果区、高风险区、原本巡线点)中原来时间间隔最短的为优化后的整体巡线方案的巡线时间间隔,并基于 GIS 实现数据功能展示。通过巡线点与高后果区和高风险区的对比,实现巡线方案的优化。同时,利用 GIS 动态模拟巡线过程,实现管道巡线方案计划优化结果的展示。

3. 建设期数据质量评估

建设期数据质量评估模块主要是通过对焊缝的位置信息、弯管信息、焊口数量信息及底片数量和设计编号进行核对。

1) 模型分析

建设期数据质量评估模型的主要功能是通过检测数据核对如下信息。

(1)焊缝的位置信息(检测数据核对)。

(2)管道在正常情况下出现弯管现象(通过建设期施工点的位置数据信息生成的管线和内检测生成的进行对比)。

(3)焊口数量的数据核查(以焊口间距不大于 13m 为标准进行)。

(4)内检测焊口数量和底片数量、设计编号进行核对。

2) 需求数据

(1)管道内检测数据。

(2)建设期管道放点的施工数据。

(3)管线的设计数据焊口编号和对应底片。

3) 分析结果

根据内检测数据和施工期建设数据,可以核对出建设期焊接情况、建设期管道情况和底片情况等。

4. 特殊焊缝开挖检测计划优化

特殊焊缝开挖检测计划优化，主要是制定评价优化标准。通过检测数据上传进行数据评价，对开挖检测计划进行优化并给出相应的开挖检测计划优化结果。

1）需求数据

（1）对应焊缝评价安全系数。

（2）焊缝内检测数据。

2）数据过程

（1）环焊缝定量评价。焊缝异常缺陷数据如表 3-5 所示。

表 3-5　焊缝异常缺陷数据

里程/m	部件/缺陷类型	部件/缺陷识别	壁厚/mm	时钟	距上游环焊缝距离/m	长度/mm	宽度/mm	位置
180455.79	缺陷	环焊缝缺陷	10	5:25	0	143	24	内部

采用中国石油大学(北京)研发的基于大数据的管道完整性超级评价软件进行评价。基于复杂状况下的管道焊缝软件评价步骤如图 3-4 所示。

由以上分析可知，环焊缝处于安全状态，安全系数为 1.68932。

（2）环焊缝批量评价。缺陷数据如表 3-6 所示。如果按照 1/7 壁厚缺陷计算，评价曲线如图 3-5 和图 3-6 所示，可知 1 号环焊缝缺陷的安全系数为 1.68167，2 号环焊缝缺陷的安全系数为 1.673243。

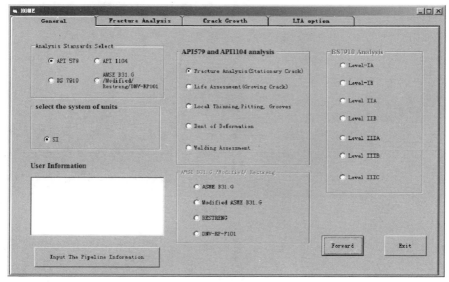

(a) 评价标准选择

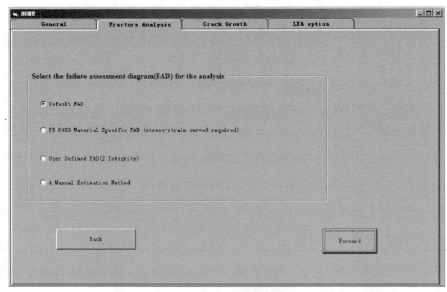

(b) 断裂分析

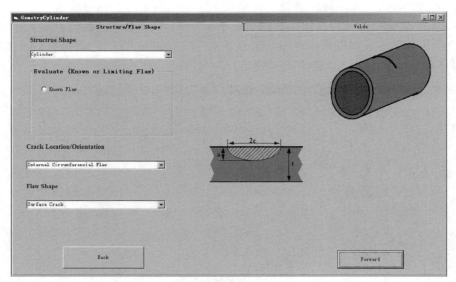

(c) 结构形状选择

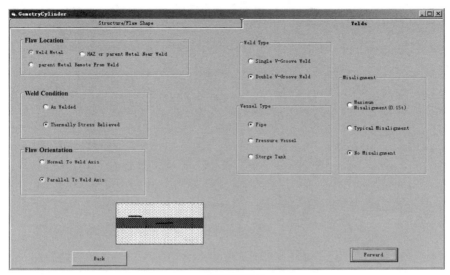

(d) 缺陷形状选择

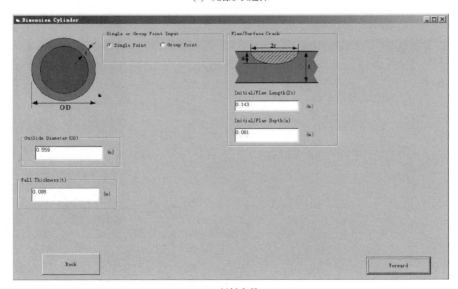

(e) 材料参数

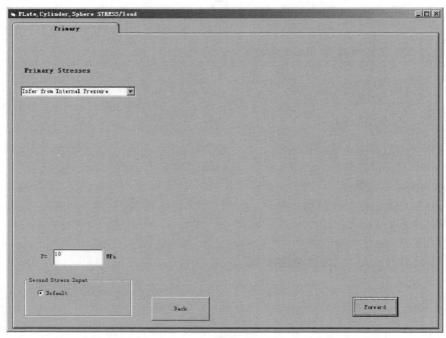

(f) 受力情况

(g) 应力应变

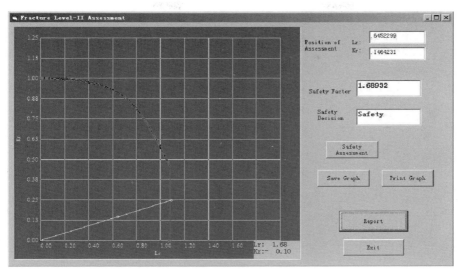

(h) 评价结果

图 3-4　基于复杂状况下的管道焊缝软件评价步骤

因此，上述评价中的环焊缝缺陷可接受。

表 3-6　缺陷数据

序号	里程/m	部件/缺陷类型	部件/缺陷识别	壁厚/mm	时钟	距上游环焊缝距离/m	长度/mm	宽度/mm	位置
1	128.66	缺陷	环焊缝缺陷	8	10:30	−5.22	15	188	内部
2	260.6	缺陷	环焊缝缺陷	8	3:53	−7.24	15	257	内部

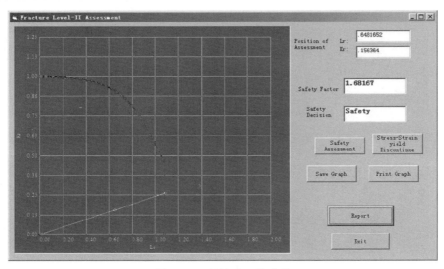

图 3-5　1 号缺陷评价曲线

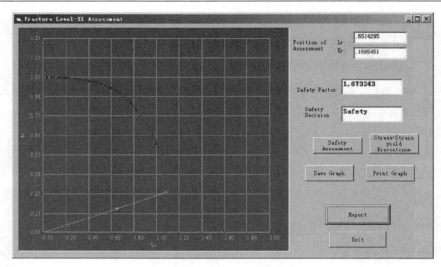

图 3-6　2 号缺陷评价曲线

(3) 螺旋焊缝定量评价。缺陷详细情况如表 3-7 所示。按照 1/7 壁厚的内部缺陷计算，评价曲线见图 3-7。从评价曲线来看，螺旋焊缝受到的载荷较大，但仍然在安全范围内，在有缺陷的情况下，会导致安全系数降低，环焊缝的异常点应引起重视。上述该缺陷是焊缝中最大的，建议开挖检查，视情维修。

表 3-7　缺陷详细情况

里程/m	部件/缺陷识别	壁厚/mm	时钟	距上游环焊缝距离/m	长度/mm	宽度/mm	位置
46005.15	螺旋焊缝缺陷	8	6:11	-9.9	85	175	内部

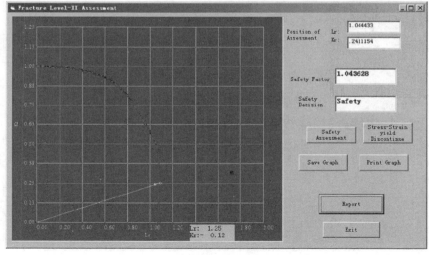

图 3-7　评价曲线

3）模型分析结果

首先通过筛选出的内检测中需要修复的焊口数据，将对应的需要修复的焊口数据中填入相应的焊缝评价安全系数，最终判别出开挖验证时间点，判断标准如表 3-8 所示。

表 3-8　判断标准

焊缝类型	焊缝评价安全系数	开挖验证时间
环焊缝（大于 8%圆周周长）	大于 1.5	2 年内
	大于 1.0 小于 1.5	1 年内
	小于 1.0	立即维修
螺旋焊缝	大于 1.5	2 年内
	大于 1.0 小于 1.5	1 年内
	小于 1.0	立即维修

5. 管道内检测周期计划优化

管道内检测周期计划优化主要是通过对管道进行内检测计划时间的优化，实现管线和内检测计划事件的管理。

管道内检测周期计划优化主要通过以截止时间为节点，对全部现役管道进行建设期间的检测次数统计，并以 8 年为检测间隔（新管）进行管道内检测周期计划排序，但对于已经进行多次检测的现役管道，检测间隔将会逐渐缩短（缩短检测时间间隔：8×（管道现役时间/管道总的现役时间）），进而实现管道的周期计划优化。

需要注意的是，对于事故多发地，检测时间间隔将会缩短，视具体情况而定。

1）需求数据

（1）现役管道的管道编号、开始使用日期、管道的检测次数、检测时间；

（2）在建管道的运行日期。

2）模型分析结果

对管道内检测周期计划进行优化排序，凸显优先级。

6. 管道本体缺陷修复计划优化

管道本体缺陷修复计划优化模型主要是通过制定修复计划优化的标准，实现管道本体缺陷修复计划打分，最终实现修复计划优化。

1）需求数据及过程

（1）设计和施工风险（100 分）。

管道埋深（20 分）。打分说明：埋深大于 1.5m 得 20 分；1～1.5m 得 15 分；0.6～

1m 得 10 分；小于 0.6m 不得分。

管道设计压力(10 分)。打分说明：设计压力 6.89~10MPa 得 5 分；设计压力 6.89MPa 以下得 10 分。

地区等级(20 分)。打分说明：3~4 级地区得 10 分；1~2 级地区得 20 分。

压缩机/泵出口下游位置(10 分)。打分说明：位于压气站/泵站下游 32km 内得 5 分，位于压气站/泵站下游 32km 以外得 10 分。

施工位置(30 分)。打分说明：位于山川和河流众多区域得 10 分，位于城市交叉混杂区域得 20 分，平原农田得 30 分。

管径因素(10 分)。打分说明：管径大于 762mm 的得 5 分，管径小于 762mm 的得 10 分。

(2)环境风险(100 分)。

干湿交替环境(40 分)。打分说明：存在季节性河流的区域且管道途经该区域得 10 分；管道位于冻胀融沉、水塘众多区域得 20 分；管道位于长江以南区域，无季节性河流得 30 分；管道位于长江以北区域，无季节性河流、稳定区域得 40 分。

管道介质运行温度变化环境(10 分)。打分说明：管道运行介质温度保持在 10℃以上得 10 分，温度保持在 5~10℃以上得 5 分，温度保持在 5℃以下不得分。

盐碱区域(20 分)。打分说明：管道位于盐碱区域酸碱性大不得分，位于盐碱区域外得 20 分。

滩海海水区域(10 分)。打分说明：管道位于滩海不得分，位于滩海之外得 10 分。

外部环境温度变化(20 分)。打分说明：外部环境冬夏季平均温差大于 10℃不得分，外部环境冬夏季平均温差大于 5℃得 10 分，外部环境冬夏季平均温差在 0~4℃得 20 分。

(3)阴极保护系统(100 分)。

防腐层阴极是否剥离(20 分)。打分说明：管道阴极剥离实验中防腐层剥离强度低于平均值的不得分，防腐层剥离强度高于平均值 0~30%的得 10 分，防腐层剥离强度高于平均值 30%以上的得 20 分。

保护电位(30 分)。打分说明：管道断电保护一直处于电位–0.85~1.15V 的得 30 分，全年 95%以上管道断电保护一直处于电位–0.85~1.15V 的得 20 分，全年 85%以上,95%以下管道断电保护一直处于电位–0.85~1.15V 的得 10 分，全年 85% 以下管道断电保护一直处于电位–0.85~1.15V 的不得分。

电流密度(20 分)。打分说明：电流密度小于 $0.5\mu A/m^2$ 的得 20 分，电流密度为 $0.5~2\mu A/m^2$ 的得 15 分，电流密度为 $2~10\mu A/m^2$ 的得 10 分，电流密度为 $10~20\mu A/m^2$ 的得 5 分，超过 $20\mu A/m^2$ 的不得分。

阴极保护率(20 分)。打分说明：阴极保护率达到 100%得 20 分，阴极保护率达到 95%以上的得 15 分，阴极保护率达 90%以上 95%以下的得 10 分，阴极保护率达到 85%以上 90%以下的得 5 分，其他不得分。

阴极保护系统运行年限(10 分)。打分说明：运行年限 5 年以下的得 10 分，5～10 年的得 8 分，10～15 年的得 5 分，15 年以上的不得分。

(4)腐蚀风险(100 分)。

缺陷状况(20 分)。打分说明：补口抽测合格率达到 100%的得 20 分，补口抽测合格率达到 90%的得 15 分，补口抽测合格率达到 80%～90%的得 10 分，补口抽测合格率低于 80%的得 5 分。

土壤腐蚀性测试(10 分)。打分说明：腐蚀性强的得 3 分，腐蚀性中等的得 5 分，腐蚀性弱的得 10 分。

交直流感应电流(20 分)。打分说明：存在特高压大直流干扰的不得分，只存在高压线输电交流干扰的得 5 分，只存在地铁、铁路等干扰的得 15 分，不存在干扰的得 20 分。

应力腐蚀(10 分)。打分说明：存在高 pH 土壤、高应力状态，有应力腐蚀现象发生的不得分；存在高 pH 土壤、高于 400MPa 应力状态，无应力腐蚀现象发生的得分 5 分；存在高 pH 土壤，且应力大于 200MPa，无应力腐蚀现象发生的得 7 分；不存在高 pH 土壤，且应力小于 200MPa，无应力腐蚀现象发生的得 10 分。

测试桩(10 分)。打分说明：测试桩齐全的得 10 分，测试桩 95%齐全的得 5 分，测试桩低于 90%齐全的不得分。

密间隔检测(10 分)。打分说明：开展过 2 次密间隔电位测试的得 10 分，开展过 1 次密间隔电位测试的得 5 分，未开展过密间隔电位测试的不得分。

管道内外检测腐蚀状况(20 分)。打分说明：管道内外检测缺陷特别多，每百公里 20%以上深度缺陷达到 100 处以上的不得分；管道内外检测缺陷较多，每百公里 20%以上深度缺陷达到 50 处以上的得 10 分，管道内外检测缺陷较少，每百公里 20%以上深度缺陷达到 30 处以上的得 15 分，管道内外检测缺陷少，每百公里 20%以上深度缺陷达到 10 处以下的得 20 分。

(5)管道基本情况(100 分)。

管道运行年限(20 分)。打分说明：运行年限大于 30 年的不得分，运行年限为 20～30 年的得 5 分，运行年限为 10～20 年的得 10 分，运行年限为 5～10 年的得 15 分，运行年限小于 5 年的得 20 分。

管线用户重要度(10 分)。打分说明：管线存在省级大城市用户的不得分，管线存在地级城市的得 5 分，管线存在小城市用户的得 7 分，管线存在乡镇用户的得 10 分。

管道缺陷失效案例(30 分)。打分说明：发现缺陷失效案例 3 起的不得分，发现缺陷失效案例 2 起的得 5 分，发现缺陷失效案例 1 起的得 10 分，未发现缺陷失效案例的得 30 分。

管道 ECDA 评估(10 分)。打分说明：按照标准开展全面 ECDA 评估的得 10 分，未开展 ECDA 评估的不得分。

缺陷修复质量评估(30 分)。打分说明：每 2 年开展一次缺陷修复质量调查的得 30 分；每 5 年开展一次缺陷修复质量调查的得 20 分；每 10 年开展一次缺陷修复质量调查的得 10 分；未开展缺陷修复质量调查的不得分。

2)模型分析结果

按照金属损失缺陷的风险评价得分情况，优化同批次内检测缺陷修复的顺序，确保同批次分主次进行修复，如果今年计划实施有变化，宜选择得分低(风险大)的缺陷进行修复。

7. 管道补口修复计划优化

管道腐蚀、补口修复计划优化主要是通过对检测的结果数据制定评判标准依据，采用打分法优化维修，计算防腐层补口所处的风险，从而实现管道腐蚀、补口修复计划优化。

1)需求数据及过程

修复计划优化分为两种情况：立即维修和计划修复。对于需要立即维修的补口，我们只做数据管理和优先级排序，不做优化。立即维修的数据最高优先级。以下是计划优化模型的标准内容。

(1)设计和施工风险(100 分)。

管道埋深(20 分)。打分说明：埋深大于 1.5m 的得 20 分；埋深为 1～1.5m 的得 15 分；1～0.6m 的得 10 分；小于 0.6m 的不得分。

管道设计压力(10 分)。打分说明：设计压力为 6.89～10MPa 的得 5 分；设计压力在 6.89MPa 以下的得 10 分。

地区等级(20 分)。打分说明：3～4 级地区的得 10 分；1～2 级地区的得 20 分。

压缩机/泵出口位置(10 分)。打分说明：位于压气站/泵站下游 32km 内的得 5 分，位于压气站/泵站下游 32km 以外的得 10 分。

施工位置(30 分)。打分说明：位于山川和河流众多区域的得 10 分，位于城市交叉混杂区域的得 20 分，位于平原农田的得 30 分。

管径因素(10 分)。打分说明：管径大于 762mm 的得 5 分，管径小于 762mm 的得 10 分。

(2)环境风险(100 分)。

干湿交替环境(40 分)。打分说明：存在季节性河流的区域且管道途经该区域的得 10 分；管道位于冻胀融沉、水塘众多区域的得 20 分；管道位于长江以南区域，无季节性河流的得 30 分；管道位于长江以北区域，无季节性河流、稳定区域的得 40 分。

管道介质运行温度(10 分)。打分说明：管道运行介质温度保持在 10℃以上的得 10 分；温度保持在 5～10℃的得 5 分，温度在 5℃以下的不得分。

盐碱区域(20 分)。打分说明：管道位于盐碱区域酸碱性大的不得分，位于盐碱区域外的得 20 分。

滩海海水区域(10 分)。打分说明：管道位于滩海的不得分，位于滩海之外的得 10 分。

外部环境温度(20 分)。打分说明：外部环境冬夏季平均温差大于 10℃的不得分，外部环境冬夏季平均温差大于 5℃的得 10 分，外部环境冬夏季平均温差在 0～4℃的得 20 分。

(3)阴极保护系统(100 分)。

防腐层阴极剥离(20 分)。打分说明：管道阴极剥离实验防腐层剥离强度低于平均值的不得分，防腐层剥离强度高于平均值 0～30%的得 10 分，防腐层剥离强度高于平均值 30%以上的得 20 分。

保护电位(30 分)。打分说明：管道断电保护一直处于电位–0.85～1.15V 的得 30 分，全年 95%以上管道断电保护一直处于电位–0.85～1.15V 的得 20 分，全年 85%以上管道断电保护一直处于电位–0.85～1.15V 的得 10 分，全年 85%以下管道断电保护一直处于电位–0.85～1.15V 的不得分。

电流密度(20 分)。打分说明：电流密度小于 $0.5\mu A/m^2$ 的得 20 分，电流密度为 $0.5～1\mu A/m^2$ 的得 15 分，电流密度为 $2～10\mu A/m^2$ 的得 10 分，电流密度为 $10～20\mu A/m^2$ 的得 5 分，超过 $20\mu A/m^2$ 的不得分。

阴极保护率(20 分)。打分说明：阴极保护率达到 100%得 20 分，阴极保护率达到 95%以上的得 15 分，阴极保护率达到 90%以上的得 10 分，阴极保护率达到 85%的得 5 分，其他不得分。

阴极保护系统运行年限(10 分)。打分说明：运行年限 5 年以下的得 10 分，5～10 年的得 8 分，10～15 年的得 5 分，15 年以上的不得分。

(4)腐蚀风险(100 分)。

补口状况(10 分)。打分说明：补口抽测合格率达到 100%的得 10 分，补扣抽测合格率达到 90%的得 5 分，补口抽测合格率达到 80%的得 3 分，补口抽测合格率低于 80%不得分。

土壤腐蚀性测试(10 分)。打分说明：腐蚀性强的得 3 分，腐蚀性中等的得 5 分，腐蚀性弱的得 10 分。

交直流感应电流(20 分)。打分说明：存在特高压大直流干扰的不得分，只存在高压线输电交流干扰的得 5 分，只存在地铁、铁路等干扰的得 15 分，不存在干扰的得 20 分。

应力腐蚀(10 分)。打分说明：存在高 pH 土壤、高应力状态，有应力腐蚀现象发生的不得分；存在高 pH 土壤、高于 400MPa 应力状态，无应力腐蚀现象发生的得分 5 分；存在高 pH 土壤，且应力大于 200MPa，无应力腐蚀现象发生的得 7 分；不存在高 pH 土壤，且应力小于 200MPa，无应力腐蚀现象发生的得 10 分。

测试桩(10 分)。打分说明：测试桩齐全的得 10 分，测试桩 95%齐全的得 5 分，测试桩低于 90%齐全的不得分。

密间隔检测(10 分)。打分说明：开展过 2 次密间隔电位测试的得 10 分，开展过 1 次密间隔电位测试的得 5 分，未开展过密间隔电位测试的不得分。

管道内外部检测腐蚀状况(30 分)。打分说明：内外检测腐蚀严重，内外检测开挖后出现大面积腐蚀，检测深度有 60%以上的缺陷，得 5 分；内外检测开挖后出现大面积腐蚀，检测深度有 40%~60%以上的缺陷，得 15 分；内外检测开挖后出现腐蚀，检测深度由 30%~40%的缺陷，得 20 分；内外检测开挖后出现腐蚀，检测深度 20%~30%的缺陷，得 20 分。内外检测开挖后出现腐蚀，检测深度 20%以下的缺陷，得 30 分。

(5)管道基本情况(100 分)。

管道运行年限(20 分)。打分说明：运行年限大于 30 年的不得分，运行年限为 20~30 年的得 5 分，运行年限为 10~20 年的得 10 分，运行年限为 5~10 年的得 15 分，运行年限小于 5 年的得 20 分。

管线用户重要度(10 分)。打分说明：管线存在省级大城市用户的不得分，管线存在地级城市的得 5 分，管线存在小城市用户的得 7 分，管线存在乡镇用户的得 10 分。

管道补口失效案例(30 分)。打分说明：发现补口失效案例 3 起的不得分，发现补口失效案例 2 起的得 5 分，发现补口失效案例 1 起的得 10 分，未发现补口失效案例的得 30 分。

管道 ECDA 评估(10 分)。打分说明：按照标准开展全面 ECDA 评估的得 10 分，未开展 ECDA 评估的不得分。

补口质量评估(30 分)。打分说明：每 2 年开展一次补口质量调查的得 30 分；每 5 年开展一次补口质量调查的得 20 分；每 10 年开展一次补口质量调查的得 10 分；未开展补口质量调查的不得分。

2)模型分析结果

按照补口位置和得分情况，综合分析内检测防腐层补口，确定修复时间和规则，判断标准如表 3-9 所示。

表 3-9　判断标准

内检测焊缝腐蚀的补口部位	得分	周期
位于焊缝上	100~200 分	1 年内修复
位于热影响区	200~350 分	2 年内修复
位于补口带其他区域	350~400 分	3 年内修复
位于补口带其他区域	400 分以上	不需修复

3.3　管道系统大数据分析模型

3.3.1　相似度模型

在数据分析和数据挖掘的过程中，需要挖掘个体间的差异，进而评价个体的相似性和类别。最常见的是数据分析中的相似度模型，其由原型和一个相似度函数构成。相似度度量即计算个体间的相似程度，与距离度量相反，相似度度量的值越小，说明个体间相似度越小，差异越大。因此新数据通过计算其相似度函数，就可以计算出相似度得分。在已知某处埋地管道发生腐蚀的情况下，在大数据范畴假设管道系统沿线的相关数据在运行期已收集完毕，利用相似度模型即可分析出管道其他位置与该位置的相似度得分，进而确定管道发生腐蚀的可能性，不需要进行其他烦琐的检测。

3.3.2　表查询模型

表查询模型主要内容包括以下内容。一是为观测值指定一个特定的标签或主键。主键对应于查询表中的一个单元格。二是被分配到某一个单元格的所有记录都会有一个得分，该分值在模型训练时就被赋予该单元格。使用决策树模型(因子)按照适用的规则集将观测值分配到特定的叶节点，叶节点的 ID 就可以作为一个可用于表查询得分的主键。采用聚类技术为该记录指定标签，这里的聚类标签就可以作为表查询主键。

3.3.3　朴素贝叶斯模型

对于待评分的观测值，如果缺失某些输入值，可以简单地将缺失的因素从模型中去掉，也可以去掉部分未使用的输入值，但如果知道这些变量函数，则这些输入值就会发挥作用，会给定不同输入的概率。通过输入最大似然公式，得到拟合参数，比较其属于哪个类的概率更大。在很多情况中，可将连续的特征分布离散化，然后在朴素贝叶斯假设下，简单计算离散值的概率，然后把复杂的分布特征转化为简单的朴素贝叶斯模型。

朴素贝叶斯分类方法就是基于贝叶斯定理与特征条件独立假设的分类方法，

对于给定的训练集合，首先基于特征条件独立(朴素由此而来)假设学习输入/输出的联合概率分布，然后基于学到的模型，对给定的输入，利用贝叶斯定理求出后验概率最大的输出，$P(类别/特征)=\dfrac{P(特征/类别)P(类别)}{P(特征)}$。

3.3.4　回归模型

回归模型是一种预测建模技术,研究因变量与一个或多个自变量的依赖关系。首先应根据样本观察值对模型参数进行估计求得回归方程，然后对回归方程、参数估计值进行显著性检验，最后利用回归方程进行分析、评价及预测。回归模型中输入的变量和目标变量必须都是数值变量。回归方程描述了两者之间的一种算术关系。线性回归有相关关系时并不一定有因果关系，这体现大数据时代数据由因果关系向相关关系转变的理念。"最佳的"关系是指最大限度地减少了从数据点到拟合曲线的垂直距离的平方和。

当一个回归模型有多个输入时，就称为多元回归，曲线变为平面再变为超平面。对多元线性回归分析的数学模型包括回归系数的最小二乘估计、回归方程及回归系数的显著性检验、逐步回归分析、多元线性回归数学模型、双重筛选逐步回归、非线性回归模型。

3.3.5　逻辑回归分析

1980 年，Ohlson[5]第一个将逻辑回归方法引入财务危机预警领域，他选择了1970~1976 年破产的 105 家公司和 2058 家非破产公司组成配对样本，分析了样本在破产概率区间上的分布及两类错误和分割点之间的关系,发现根据公司规模、资本结构、业绩和当前的融资能力进行财务危机预测的准确率达到 96.12%。

逻辑回归与多元线性回归有很多相同之处，其最大的区别就在于它们的因变量不同，其他基本无异。正是因为如此，这两种回归可以归于同一家族，即广义线性模型。其作用可归结为危险因素识别、预测、判断，即首先寻找某一风险的危险因素等，然后根据模型预测在不同的自变量下发生某事故或某种情况的概率有多大，再判断属于某种失效或某种情况的概率有多大。管道地质灾害、管道风险因素的大数据分析等均采用此回归方法。

3.3.6　人工神经网络和小波变换

以数学模型模拟神经元活动，是基于模仿大脑神经网络结构和功能而建立的一种信息处理系统。1981 年，法国地质学家 Morlet 在寻求地质数据时，通过对傅里叶变换与加窗傅里叶变换的异同、特点及函数构造进行创造性的研究，首次提出了"小波分析"的概念。小波神经网络是将小波变换良好的时频局域化特性和人工神经网络的自学习功能相结合，因而具有较强的逼近能力和容错能力，可将小波函数作为基函数构造神经网络形成小波网络，实现信噪分离，并提取出对加工误差影响最大的状态特性，作为神经网络的输入，其一般应用于工业压缩机、发动机、燃气轮机信号类的大数据分析处理。

3.3.7 支持向量机

支持向量机是一种基于统计学习理论的新型学习机，由 Vapnik 提出，是结构风险最小化方法的近似表征。学习机器在测试数据上的误差率以训练误差率和一个依赖于 VC 维数(Vapnik-chervonenkis dimension)的项的和为界；在可分模式下，支持向量机对于前一项的值为零，并且使第二项最小化。其实现的思想是：通过非线性映射，将输入变量 x 映射到高维特征空间 Z，在这个空间构造最优分类超平面，从而使正例和反例样本之间的分离界限达到最大。从概念上讲，支持向量是离决策平面最近的数据点，它们决定了最优分类超平面的位置。

3.3.8 其他大数据分析算法

树形算法家族也是大数据分析常用的算法，包括决策树、聚类和回归树及较为复杂的随机森林模型。关联分析和序列分析也是最近比较热门的大数据分析算法。大数据分析算法很多，因此存在选择的问题，或者可以同时使用多种算法，可通过算法加权得出结果。这种方法最近也很流行，称为综合模型算法。

3.4 管道系统大数据分析模型的应用

3.4.1 逻辑回归模型在油气管道地质灾害中的应用

油气管道工程沿线的滑坡危险性区域是按照滑坡的可能性做出等级划分，主要是利用 GIS 技术进行大范围区域内滑坡危险性分析[6]。

首先利用管道 GIS 空间分析功能，将每个影响因子用一张专题地图表示。然后将多个专题地图作相应的数学运算，得到新的专题地图，该运算的结果即为危险性区划的结果。再次将基于逻辑回归模型和滑坡发生确定性系数 CF 的评价模型应用于沿线滑坡危险性区划中，使管道区域内影响滑坡的因子图层在 GIS 软件中进行叠加分析，设置基本单元，随机选取部分独立属性单元，并将各影响因子 CF 值作为自变量，是否发生滑坡作为因变量(1 表示发生滑坡，0 表示没有发生滑坡)，采用逻辑回归模型进行分析。最后，取地面坡度等 10 个回归项进行逻辑回归，见表 3-10，后五列从左到右依次为变量及常数项的系数值(B)、标准误差(SE)、Wald 卡方值、自由度(df)和显著性(Sig.)。影响因子敏感性示意图见图 3-8。

表 3-10　逻辑回归结果

序号	回归项	B	SE	Wald 卡方值	df	Sig.
1	地面坡度	0.140	0.604	0.053	1	0.817
2	地震烈度	5.485	1.658	10.949	1	0.001
3	地面高程	1.888	0.679	7.732	1	0.005
4	堆积层厚度	3.184	1.076	8.764	1	0.003
5	岩土体类型	0.283	0.900	0.099	1	0.754
6	距地质构造带的距离	−3.281	1.484	4.891	1	0.027
7	植被类型	−8.400	3.138	7.167	1	0.007
8	距河流的距离	1.757	1.042	2.841	1	0.092
9	地面坡向	0.664	0.626	1.124	1	0.289
10	常量	0.650	0.503	1.670	1	0.196

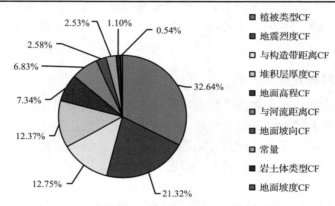

图 3-8　影响因子敏感性示意图(文后附彩图)

3.4.2　SVM 模型在管道预警方面的应用

基于分布式光纤油气管道泄漏检测及预警系统,获取并分析和识别管道沿线振动信号(泄漏或外界侵入事件等均可产生相应振动),除了可以对泄漏点进行准确定位外,还可以实现对可能造成泄漏的因素进行预警监测[7]。

其中管道沿线异常事件识别是典型的多分类问题,在 SVM 解决多分类策略中,一对一方法构造了多元分类器,单个 SVM 训练规模适当,训练数据均衡,同时易于扩展,性能更加稳健,采用一对一方法解决管道沿线异常事件的分类问题可行。待模拟的分类事件有三类,第一类是在管道内初始压力为 6.4MPa 的条件下,泄漏孔径为 3.175~6.35mm 的气管道泄漏放空;第二类是管道正上方有人工挖掘(与管道垂直距离为 90cm);第三类是管道左右 50cm 范围内有人走动。

将振动信号表示成归一化能量方式,形成频率段与归一化能量(取 0~1.0)的关系数据,构建 SVM 模型,其中基函数采用径向基函数,从现场实验中每种动作的大量数据中随机抽取 20 组用于 SVM 的学习。另外,随机抽取每种动作的

10 组数据，用于对完成学习的 SVM 进行测试，通过一对一方法对其进行训练，其分类边界如图 3-9 所示。

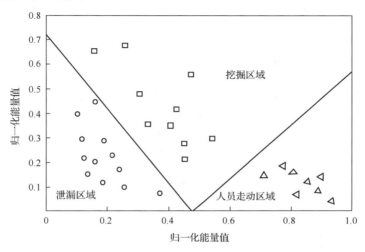

图 3-9　油气管道泄漏检测及预警系统分类边界

3.4.3　聚类分析模型在管道腐蚀分析方面的应用

从 K-means 算法的表现上来说，K-means 算法并不保证一定能得到全局最优解，最终解的精确度很大程度上取决于初始化的分组。算法的速度很快，通常的做法是多次运行 K-means 算法，选择最优解。它的一个缺点是分组的数目 k 是一个输入参数，不合适的 k 值可能返回较差的结果。另外，K-means 算法还假设均方误差是计算群组分散度的最佳参数。通过 K-means 算法预测管道腐蚀区域的相关因素包括低洼地段、管道材料及制造、内部油气介质、杂散电流区域、大气酸雨区域、雷电区域、防腐层结构、环氧黏结力、内腐蚀区域、压力波动区域、压气站下游 32km、压缩机/泵出口温度高于 38℃、管龄超过 10 年、岩棉保温、干湿交替、滩海区域、Cl⁻和 Na⁺丰富、内部含 H_2S、输送介质温度过低、温度过高、地面扰动、低输量运行、冬季试压、冬季投产、内涂层、强力组对安装等；非相关因素包括管径、X80 管材、压力、流量、巡检、地理条件、工程施工、第三方损伤、交叉施工、测试桩、警示带、高程、雷雨、洪水、地质滑坡、改线、内检测、大气环境、光缆、外检测、人文环境、建设单位等。

但当腐蚀相关因素和非相关因素交织一起时，可能产生不一样的影响度，因此从 K-means 算法到核聚类与谱聚类分析管道腐蚀，发现了基于谱聚类的管道各系统结构腐蚀区域相关因素与非相关因素的拓扑关系见图 3-10(v 代表因素)。而且通过聚类算法得到了数据的关联性，见表 3-11。在管道运营过程中应加强对干湿交替、腐蚀环境、杂散电流干扰的管段的外腐蚀状况的管理。

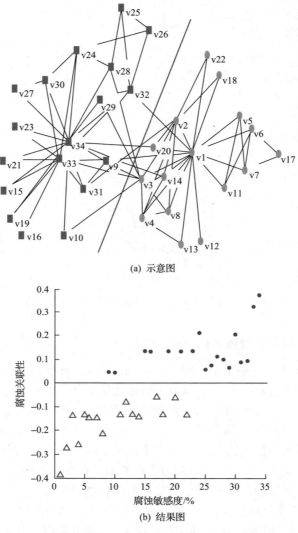

(a) 示意图

(b) 结果图

图 3-10　腐蚀区域相关因素与非相关因素的拓扑关系

表 3-11　数据的关联性

序号	规则	经验度/%	置信度/%
1	(建设单位=施工质量一般)∩(地理条件恶劣)∪(强力组对安装)=>(内检测缺陷类型=外部金属损伤施工问题)	36	58
2	(土壤腐蚀类型=强腐蚀)∪(杂散电流干扰)=>(内检测缺陷类型=外部金属腐蚀)	45	28
3	(土壤腐蚀类型=中等腐蚀)=>(内检测缺陷类型=外部金属腐蚀)	23	24
4	(滨海地区=盐碱土)=>(内检测缺陷类型=氧浓差腐蚀)	27	43
5	(土壤腐蚀类型=中等腐蚀)∪(河流类型=季节干湿交替)∪(杂散电流干扰)=>(内检测缺陷类型=外部金属腐蚀)	30	62

3.4.4　大数据环境下的内检测数据分析模型

随着我国管道里程的增加，各管道企业通过内检测获得的数据总量达到数千TB 量级，并且每年在不断增加，因此挖掘内检测数据中隐含的重大信息意义重大。林现喜等[1]对内检测大数据管理进行了分析，但仅对数据的因果性进行了分析，没有涉及相关性问题。考虑内检测数据与工程质量、腐蚀区域的非因果性因素的建模综合分析也同等重要。基于大数据环境下的内检测数据管理框架见图 3-11。

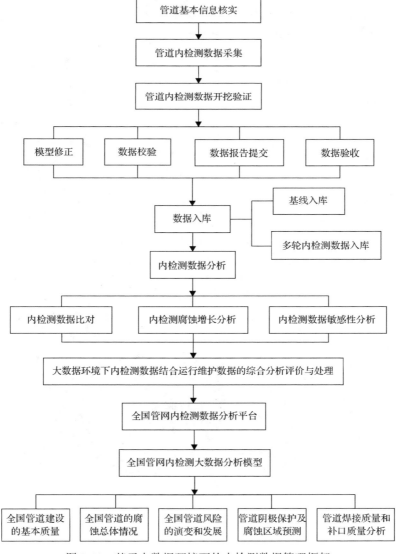

图 3-11　基于大数据环境下的内检测数据管理框架

　　管道企业内检测根据管道不同的运行历史、环境参数、管理模式等决定不同的内检测周期。由于内检测承包商众多,同一管段或不同管段多次内检测可能由不同内检测的承包商实施,需对多次内检测数据进行比对,包括按内检测周期实施内检测获得的数据和不同承包商实施内检测获得的数据。通过数据比对可获得管道出现的新情况、新问题。图 3-12 是 GE-PII 公司与 Rosen 公司对某一管段实施内检测获得的数据比对情况。

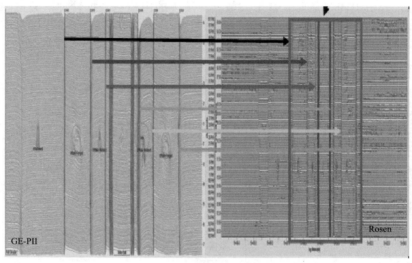

(a) GE-PII公司和Rosen公司收球筒数据比对

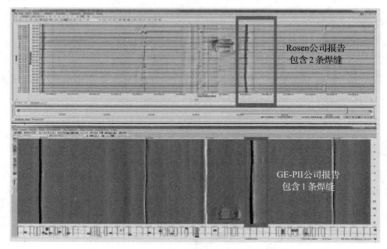

(b) GE-PII公司和Rosen公司某条焊缝数据对比

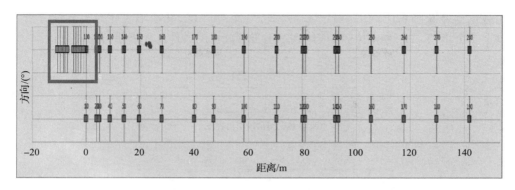

(c) G-PII公司和Rosen公司两次内检测焊缝数据整体对比

图 3-12　内检测数据信号对比(文后附彩图)

基于大数据的管道内检测数据可分析得出全国管道建设的基本质量情况、全国管道的腐蚀总体情况、全国管道运行风险的演变和发展、管道阴极保护及腐蚀高发区域、管道焊接质量和补口质量情况，实现多轮内检测评价数据的正确比对，可更加深入地应用内检测数据，发挥其长期作用。

内检测数据分析的基础是数据对齐。管道运营企业对已拥有的管道内检测数据应用上，均将缺陷点的检测、评价、修复等各环节的成果都用 Excel 文件进行存储和管理，这是一种较为简单的文件管理模式。在实际应用中也暴露出前后环节信息不一致、再次内检测时无法有效利用历史数据等问题，降低了完整性管理的循环效果。通过对内检测数据的原始信号进行对齐分析，可以有效解决各管道内检测缺陷量化提供不准的问题。根据各管道检测公司提供的数据信号格式，统一使用综合性分析软件，能够识别各管道检测公司的缺陷程度，根据具体情况针对各管道检测公司的数据进行正确性验证。基于此，才能发挥缺陷点完整性评价的作用，也可以发挥海量检测成果的优势，缺少对缺陷发展趋势的评价。

基于原始信号的比对，需要多个管道检测公司一起比对的原始数据才有意义，一个管道检测公司不同批次的检测，由于数据软件、模型和方法相同，数据的大小比对可通过 Excel 文件输入基于内检测检测结果的数据比对软件中来实现。但不同管道检测公司由于模型方法不同，其内检测数据比对的差异性很大，因此只有通过对原始数据比对才可以达到目的，因此这里主要是通过对不同管道检测公司内检测信号的原始信号比对进行检测。

如图 3-13 所示，原始信号比对流程包括以下几个步骤：①内检测原始数据获取；②原始数据信号的输出格式统一；③检测器的磁场励磁输出参数；④原始数据信号的不同缺陷计算模型；⑤开发集成化的内检测数据读取与分析软件；⑥原始数据信号缺陷对比输出；⑦原始数据信号比对与 Excel 缺陷表比对差异性分析。以上 7 个步骤，环环相扣，必须达到以上步骤分析的条件，才能进行比对分析。

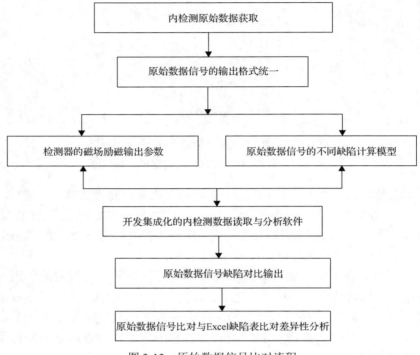

图 3-13　　原始数据信号比对流程

（1）内检测原始数据获取。目前，世界各大管道检测公司给出了客户化软件，将检测数据图和缺陷特征图嵌入客户化系统中，是非矢量化的数据。这些数据已经经过管道检测公司的数据处理，如 G-PII 公司的 PIPEIMAGE，Rosen 公司的 ROSEN Inspection Data，中油管道检测技术有限责任公司的基础数据等。但针对原始数据的获取和对齐，这些数据是远远不够的，必须获取检测方的原始数据。

（2）原始数据信号的输出格式统一。原始信号数据要能够在同一个软件上识别出来，必须将各管道检测公司的原始数据统一格式，使各管道检测公司的数据缺陷满足同一个软件的读取需求，并且能够判别出各个不同管道检测公司之间的缺陷，要都做到缺陷的判别模式统一、数据格式统一，如图 3-14 所示。软件可自由读取各个管道检测公司数据。

（3）检测器的磁场励磁输出参数。给出检测器磁场励磁设计参数，包括磁场强度、磁力线设计曲线，磁场干扰测试参数等，主要目的是通过建立磁场强度与判断信号幅值之间的关系，得出各个管道检测公司检测器缺陷数据信号的量化、正比或非线性对比幅值关系。

CatalogName	Name	SubName	KeyWords	ObjectID
管道缺陷	凹陷	普通凹陷	DENT无SW无GW无ML	1
管道缺陷	制造缺陷	外部制造缺陷	EXT和MF	2
管道缺陷	螺旋焊缝异常		螺旋焊缝异常或SPIRAL WELD ANOMALY或SWA	3
管道缺陷	环焊缝异常		GIRTH WELD ANOMAL或INCOMPLETE WELD或WA无SWA	4
管道缺陷	外接金属物		METAL OBJECT	5
管道缺陷	管材问题		MD	6
管道缺陷	修复补丁		REPAIR-PATCH	7
管道缺陷	应变		Horizontal和Vertical	8
管道走位	地面参考点		参考点或MP	9
管道设备	丁字焊缝		CROSS WELD	10
管道设备	阀门		VALV	11
管道设备	法兰		FLNG	12
管道设备	管道附件		ATTACHMENT	13
管道设备	管箍		CLMP	14
管道设备	开孔		TAP	15
管道设备	冷弯		CB	16
管道缺陷	偏心套管	接近	CLOSE CASING-ECCENTRIC SRT	17
管道设备	熔焊点		PUDL	18
管道设备	三通		TEE	19
管道设备	套管结束		E.C. 或CASING START	20
管道设备	套管开始		B.C. 或CASING END	21
管道设备	套袖		SLVE	22
管道设备	弯头		EEND	23
管道设备	支撑		SPRT或OFFTAKE	24
管道走位	环焊缝		空或NWT或GIRTH WELD	25
管道缺陷	金属腐蚀	外部金属腐蚀	EXT和IML	26
管道缺陷	制造缺陷	内部制造缺陷	INT和MF	27
管道缺陷	金属腐蚀	内部金属腐蚀	INT和IML	28
管道缺陷	椭圆变形		Ovality	29
管道缺陷	凹陷	与焊缝相关	DENT和GW或DENT和SW无ML	30
管道缺陷	凹陷	与存在金属损失的	DENT和SW和IML	31
管道缺陷	凹陷	与金属损失相关	DENT和IMLW无SW无GW	33
管道缺陷	偏心套管	接触	TOUCH CASING-ECCENTRIC SRT	34

图 3-14　管道数据格式

(4) 原始数据信号的不同缺陷计算模型。建立信号与缺陷尺寸的关系，要求各个管道检测公司给出磁场强度与检测信号深度、宽度及长度的关系，这对于量化缺陷非常重要，进而比对缺陷模型的正确性，对于原始信号的正确分析意义重大。式 (3.1) 是某个国外管道检测公司经过多年开发给出的信号与缺陷分析模型，给出了缺陷深度与信号长度、深度和宽度关系：

$$Depth = 8.5 \times \sqrt{1.12 \times \frac{SL}{SW}} \times \sqrt{\frac{Amplitude^{1.1} \times 1.08}{SW}} \tag{3.1}$$

式中，SW 为信号宽度；SL 为信号长度；Amplitude 为振幅。

(5) 开发集成化的内检测数据读取与分析软件。目前，各管道检测公司均有内检测数据读取软件，但各管道检测公司开发的平台和数据字典格式各异，不能通用，需要一个能够读取各类数据的内检测数据分析软件，如图 3-15 所示。其主要用户为漏磁数据分析人员，分析软件系统由项目管理、视图显示、漏磁自动分析、变形自动分析、人工分析、数据处理、报表图表、管道评估、用户设置和帮助等模块组成。

(6) 原始数据信号缺陷对比输出。建立上述励磁与检测缺陷尺寸参数关系后，可将原始产生的图像、焊缝、阀门、弯头等部位对齐，列出如表 3-12 所示的表格，提出未对齐的部位。针对缺陷显示的不同尺寸的部位,如图 3-16 所示,以焊缝原始数据为分析切入点,给出对齐焊缝信号及各种缺陷数据信号之间的对应对照关系,解决了内检测数据深度分析中困扰全球检测领域的难题,具有重要意义。

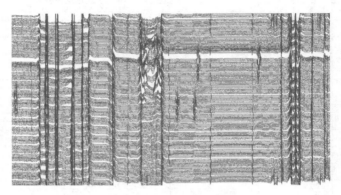

图 3-15　管道内检测数据读取软件

表 3-12　原始数据比对统计综合输出

		2007 年	2012 年	对齐数
	环焊缝/条	7861	7895	7861
阀门	球阀/个	0	5	0
	阀门(其他)/个	5	0	0
	法兰/个	1	1	1
	支撑/个	1	22	0
	开孔/个	17	0	0
弯头	冷弯/个	9	1837	0
	热弯/个	680	699	664
	围绕一周的附件(管箍)/个	266	278	253
	三通/个	12	0	0
	管道附件/个	21	11	1
	支管/个	0	29	0
	地锚/个	0	7	0
套管	套管正常终点/个	0	1	0
	正常套管起点/个	0	1	0
	修复补丁/个	0	1	0
	修复管节/个	0	1	0
	开孔/个	2	0	0

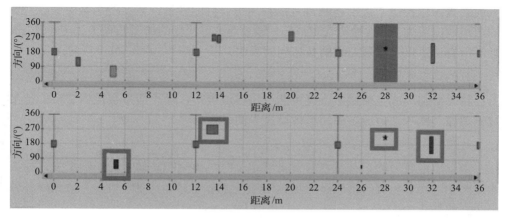

图 3-16　原始信号的比对输出（文后附彩图）

(7)原始数据信号比对与 Excel 缺陷表比对差异性分析。进一步开展原始信号在对齐中的差异性分析，由于缺陷尺寸模型的偏差，需要建立不同管道检测公司检测信号与基于统一软件分析系统的数据分析模型的映射关系，同时提出比对原则。该工作在以下几方面存在难点。

①获取多个管道检测公司的原始数据是必需的。目前仅有一个管道检测公司的数据不具有现实意义，由于模型方法相同，如果仅有一个管道检测公司的多轮次内检测数据，则根据内检测结果列表对齐即可完成，因此获取多个管道检测公司的内检测数据是必需的。

②专业化内检测数据分析软件必备。要具备强大的内检测数据分析软件支持，同时必须有软件开发级人员深度参与到原始信号的对齐工作中，这也是制约原始信号对齐的必要条件。

③磁场励磁参数与缺陷信号的模型映射关系模型是必需的。一般乙方管道检测公司很难提供信号与缺陷之间的核心量化关系模型。

3.4.5　内检测数据质量评估

内检测数据分析高质量的保障是高质量的内检测数据，因此内检测数据质量评估也是重要的环节。内检测数据质量评估的目的是基于信号数据、运行数据及开挖验证，确认内检测数据的完整性，确保内检测工程准确发现缺陷。主要包括以下几方面内容。

1. 内检测数据质量初步判断

1）通道数据丢失

对原始数据进行初步评估时，很容易识别停止采集数据的通道，某些通道数据的丢失可以接受。之前检测过且运行历史良好的管道，可接受总数不大于 2% 的通道数据丢失；首次检测管道或高风险管道，可接受的通道数据丢失应小于 1% 且不应有 2 个以上相邻通道的数据同时丢失。

2)传感器噪声

传感器损坏或电路接触不良可能产生通道噪声，噪声信号会掩盖邻近的正常数据通道。噪声通道应参照通道数据丢失的方式处理。

3)距离偏差

当管道运营方验证或维修异常需要定位时，检测距离偏差的影响很大，如果阀室间距的报告里程与准确参考里程的偏差都超过 1%,宜重新检查管道长度并做出必要的修正。

4)特征遗漏或没有记录

管道的小特征如压力表配件、小口径放空口与排污口，以及其他的分接头和直径小于等于 25mm 的配件信号特征较小，特别是处于两个传感器之间或跨过两个传感器时，遗漏这些特征可不必重新运行检测器，若丢失已知的法兰组、阀门或大内径三通，则要质疑所有记录信息的真实性。

5)速度过低或过高

当检测器速度超过检测服务方给出的速度上限与下限时，会导致严重的数据丢失；气体管道或含有大量气体的原油管道的冲击导致速度漂移；如果受速度漂移影响的距离超过检测管道总长度的 2%，则应重新运行检测器，在重新运行检测器前，应确保导致速度漂移的工艺参数得到处理与改进；如果接受已知速度漂移的数据，应限定超速对数据降级(采集与分级)的影响，使该问题得到有效解决。

2. 开挖验证后现场数据质量验证

验证点数量根据管道条件和缺陷分布情况确定，宜选择相对集中、较严重或典型的缺陷，或管道运营方认为存在缺陷而未报告的管段。一般每个站间距验证点数量不宜少于 2 个，每次单个连续检测段的验证点应不少于 5 个。

将验证点的现场测量结果与检测结果进行比对，确认实际检测精度是否满足检测器的精度指标。若检测结果验证合格，管道运营方代表现场签署检测结果验证报告；若不合格，则应及时分析原因，采取有效措施，直至满足要求。

对于管道运营方重点关注的缺陷，运营方应与检测服务方约定内检测结果验证合格标准，可按如下指标确定。

(1)误报概率(POFC)<20%。

(2)缺陷检出准确率≥80%。

(3)类型判定符合率≥80%。

(4) 深度量化精度符合率≥80%。

(5) 开挖点定位符合率≥80%。

以上指标均符合要求时，数据质量判定为合格。若与上述不符，则扩大验证范围重新计算相关指标是否合格，或在样本数量足够的条件下采用统计学方法进行检验。

3. 统计学验证内检测数据质量及合格性

1) 单点验证测量结果的比较

以金属损失的深度验证为例，其验证过程包括以下 3 点。

(1) 计算内检测与现场测量的差异。

(2) 计算公差。

(3) 进行比较，得出是否符合的结论。

对于某一金属损失，内检测与现场测量的差异为

$$e = (d/t)_{\text{ILI}} - (d/t)_{\text{FIELD}} \tag{3.2}$$

式中，e 为内检测与现场测量的差异；$(d/t)_{\text{ILI}}$ 为内检测测量的结果；$(d/t)_{\text{FIELD}}$ 为现场测量的结果。

当采用超声测厚等手段进行现场壁厚测量时，现场测量得到的相对深度为

$$(d/t)_{\text{FIELD,UT}} = \frac{t - t_{\text{r}}}{t} \tag{3.3}$$

式中，$(d/t)_{\text{FIELD,UT}}$ 为采用超声现场测量得到的相对深度；t 为壁厚测量的结果；t_{r} 为剩余壁厚测量的结果。

基于误差传递得到超声现场测量相对深度的标准差为

$$\sigma_{(d/t)_{\text{FIELD,UT}}} = \frac{1}{t}\sqrt{\left(\frac{t_{\text{r}}}{t}\right)^2 \sigma_t^2 + \sigma_{t_{\text{r}}}^2} \tag{3.4}$$

式中，$\sigma_{(d/t)_{\text{FIELD,UT}}}$ 为超声现场测量相对深度的标准差；t 为壁厚测量的结果；t_{r} 为剩余壁厚测量的结果；σ_t 为壁厚测量结果的标准差，依赖现场测量方法和工具；$\sigma_{t_{\text{r}}}$ 为剩余壁厚测量结果的标准差，依赖现场测量方法和工具。

由于可以假定测量误差服从正态分布，现场测量误差可以转换为指定置信度下的公差：

$$\delta(d/t)_{\text{FIELD,UT}} = Z_\alpha \sigma_{(d/t)_{\text{FIELD,UT}}} \tag{3.5}$$

式中，$\delta(d/t)_{\text{FIELD,UT}}$ 为超声现场测量相对深度的公差；Z_α 在指定置信度下，标准正态分布上的 α 分位点；$\sigma_{(d/t)_{\text{FIELD,UT}}}$ 为超声现场测量相对深度的标准差。

例如，现场超声测厚设备的测量误差以正态分布给出，80%可靠性对应的尺寸公差可以由 1.28 乘以标准差得到；90%可靠性对应的尺寸公差可以由 1.64 乘以标准差得到。具体可以查询标准正态分布表。

当采用深度尺等手段直接测量金属损失的深度时，原始壁厚仍然由超声的测厚方法得到，现场测量得到的相对深度为

$$(d/t)_{\text{FIELD,AD}} = \frac{d}{t} \tag{3.6}$$

式中，$(d/t)_{\text{FIELD,AD}}$ 为采用深度尺现场测量得到的相对深度；d 为深度的结果；t 为壁厚测量的结果。

基于误差传递，得到深度尺现场测量相对深度的标准差为

$$\sigma_{(d/t)_{\text{FIELD,AD}}} = \frac{1}{t}\sqrt{\left(\frac{d}{t}\right)^2 \sigma_t^2 + \sigma_d^2} \tag{3.7}$$

式中，$\sigma_{(d/t)_{\text{FIELD,AD}}}$ 为深度尺现场测量相对深度的标准差；t 为壁厚测量的结果；d 为深度测量的结果；σ_t 为壁厚测量结果的标准差，依赖于现场测量方法和工具；σ_d 为深度测量结果的标准差，依赖于现场测量方法和工具。

内检测测量的公差由内检测性能规格给出，内检测和现场测量组合后的公差由式(3.8)表示。计算时两者需要使用同样的可靠性。

$$\delta e_{\text{comb}} = \sqrt{\left[\delta(d/t)_{\text{ILI}}\right]^2 + \left[\delta(d/t)_{\text{FIELD}}\right]^2} \tag{3.8}$$

式中，δe_{comb} 为组合后的公差；$\delta(d/t)_{\text{ILI}}$ 为内检测测量相对深度的公差；$\delta(d/t)_{\text{FIELD}}$ 为现场测量相对深度的公差。

使用式(3.9)进行比较，如果式(3.9)成立则内检测单点验证测量的结果超出公差，结论为不符合；反之，则结果在公差内，结论为符合。

$$e > \delta e_{\text{comb}} \tag{3.9}$$

式中，e 为内检测与现场测量的差异；δe_{comb} 为组合后的公差。

表 3-13 给出了单点验证测量的 5 组示例。表中，内检测器给出的性能规格可靠性为 80%，通过计算可以得到是否符合的结论。

表 3-13　单点验证测量的示例

内检测报告		超声现场测量							对比		
$(d/t)_{ILI}$ /% (测量值)	$\delta(d/t)_{ILI}$ /% (规定值)	t /mm (测量值)	σ_t /mm (规定值)	t_r /mm (测量值)	σ_{t_r} /mm (规定值)	d /mm (计算值)	$(d/t)_{FIELD}$ /% (计算值)	$\sigma_{(d/t)FIELD}$ /% (计算值)	$|e|$/% (计算值)	δe_{comb} /% (计算值)	是否符合
42	10	6.4	0.15	3.0	0.25	3.4	53.1	4.1	11.1	11.3	是
57	12	8.2	0.15	2.5	0.25	5.7	69.5	3.1	12.5	12.6	是
21	5	4.9	0.15	4.3	0.25	0.6	12.2	5.8	8.8	8.9	是
33	10	6.3	0.15	4.0	0.25	2.3	36.5	4.2	3.5	11.4	是
33	10	6.3	0.15	5.8	0.25	0.5	7.9	4.5	25.1	11.6	否

2) 基于统计学的性能规格检验

在大量单点验证测量比较的基础上，可以进行基于统计学的性能规格检验，计算内检测器估计可靠性的上限，与其性能规格中的可靠性进行比较，得出是否符合的结论。

例如，在总共 n 组单点验证测量中，有 X 组验证结论为符合，在置信度 α 下的估计可靠性上限为

$$\hat{p}_{upper} = \tilde{p} + Z_\alpha \sqrt{\frac{\tilde{p}(1-\tilde{p})}{\tilde{n}}} \tag{3.10}$$

式中，$\hat{p}_{upper}$ 为内检测器估计可靠性的上限；$\tilde{n} = n + Z_\alpha^2$，其中 n 为单点验证测量的总数量；$\tilde{p} = \dfrac{X + \dfrac{Z_\alpha^2}{2}}{n}$，其中 X 为单点验证测量中结论为符合的数量；Z_α 在指定置信度下，标准正态分布上的 α 分位点。

使用式 (3.11) 进行比较。如果式 (3.11) 成立则说明内检测器估计可靠性的上限低于性能规格，结论为不符合；反之，结论为符合。

$$\hat{p}_{upper} < p \tag{3.11}$$

式中，p 为内检测器性能规格给出的可靠性。

假定内检测器性能规格给出的可靠性为 80%，给出如下两个检验示例。

(1) 假定在总共 10 组单点验证测量中，5 组结论为符合，则计算出 $\hat{p}_{upper} = 0.73$，低于性能规格给出的 0.8，结论为不符合。

(2) 假定在总共 25 组单点验证测量中，18 组结论为符合，则计算出 $\hat{p}_{upper} = 0.84$，

高于性能规格给出的 0.8，结论为符合。

4. 数据质量半定量评价

如图 3-17 所示，数据质量半定量评价模型共计 400 分，不同指标各占一定的分值。具体评价情况如下。

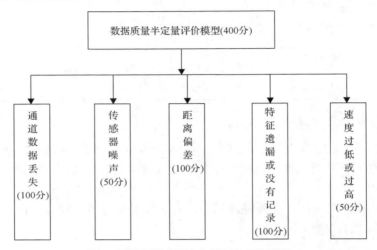

图 3-17　数据质量半定量评价模型指标

1) 通道数据丢失

(1) 数据通道数(40 分)。打分说明：已检测(未检测)管道内检测数据通道未丢失得 40 分，已检测丢失 1%通道数得 30 分(未检测管道得 20 分)，已检测丢失 2%通道数得 20 分(未检测管道不得分)，超过 3%时不得分。

(2) 数据的字节数(30 分)。打分说明：字节数与同类数据相比为 0～5%得 30 分，字节数与同类数据相比为 5%～15%得 20 分，字节数与同类数据相比为 15%～20%得 10 分，字节数与同类数据相比超过 20%时不得分。

(3) 通道相邻性判断(30 分)。打分说明：没有相邻通道丢失得 30 分，1 个相邻通道的数据同时丢失得 20 分；2 个相邻通道的数据同时丢失得 15 分；超过 3 个(包含)相邻通道的数据同时丢失不得分。

2) 传感器噪声

传感器损坏或电路接触不良可能产生通道噪声，噪声信号会掩盖邻近的正常数据通道。噪声通道应参照通道数据丢失的方式处理，得分情况如下。

(1) 噪声数据通道数(30 分)。打分说明：已检测(未检测)管道内检测数据通道不存在噪声得 30 分，已检测管道内检测数据通道存在 1%噪声通道数得 20 分(未检测管道得 10 分)，已检测管道内检测数据通道存在 1%～2%噪声通道数得 10 分

(未检测管道得 5 分)，超过 3%时不得分。

(2)噪声通道相邻性判断(20 分)。打分说明：管道内检测数据相邻通道存在 1%以下的噪声通道得 20 分，管道内检测数据相邻通道存在 1%～2%的噪声通道得 15 分，管道内检测数据相邻通道存在 2%～5%的噪声通道得 5 分，管道内检测数据相邻通道存在超过 5%的噪声通道时不得分。

3)距离偏差

(1)总距离长度(50 分)。打分说明：如果总距离长度的报告里程与准确参考里程的偏差在 0.1%以内，则得 50 分；如果总距离长度的报告里程与准确参考里程的偏差为 0.1%～0.3%，则得 40 分；如果总距离长度的报告里程与准确参考里程的偏差为 0.3%～0.5%，则得 30 分；如果总距离长度的报告里程与准确参考里程的偏差为 0.5%～0.8%，则得 20 分；如果总距离长度的报告里程与准确参考里程的偏差为 0.8%～1.0%，则得 10 分；如果总距离长度的报告里程与准确参考里程的偏差在 1%以上，则不得分。

(2)2 组阀室间距(30 分)。打分说明：如果阀室间距的报告里程与准确参考里程的偏差为 0.1%以内，则得 30 分；如果阀室间距的报告里程与准确参考里程的偏差为 0.1%～0.3%，则得 25 分；如果阀室间距的报告里程与准确参考里程的偏差为 0.3%～0.5%，则得 20 分；如果阀室间距的报告里程与准确参考里程的偏差为 0.5%～0.8%，则得 10 分；如果阀室间距的报告里程与准确参考里程的偏差为 0.8%～1.0%，则得 5 分；如果阀室间距的报告里程与准确参考里程的偏差在 1%以上，则不得分。

(3)缺陷到环焊缝距离(20 分)。打分说明：如果缺陷到环焊缝距离的报告距离与焊缝准确参考位置的偏差在 0.05m 以内，则得 20 分；如果缺陷到环焊缝距离的报告距离与焊缝准确参考位置的偏差为 0.05～0.1m，则得 15 分；如果缺陷到环焊缝距离的报告距离与焊缝准确参考位置的偏差为 0.1～0.15m，则得 10 分；如果缺陷到环焊缝距离的报告距离与焊缝准确参考位置的偏差为 0.15～0.2m,则得 5 分；如果缺陷到环焊缝距离的报告距离与焊缝准确参考位置的偏差为 0.2～0.25m，则得 2 分；如果缺陷到环焊缝距离的报告距离与焊缝准确参考位置的偏差在 0.25m 以上，则不得分。

4)特征遗漏或没有记录

(1)环焊缝遗漏(50 分)。打分说明：从经过大球阀与袖管连接的第一条焊缝开始，在一个阀室间距内没有环焊缝遗漏，得 50 分；从经过大球阀与袖管连接的第一条焊缝开始，在一个阀室间距内有 1 条环焊缝遗漏，得 40 分；从经过大球阀与袖管连接的第一条焊缝开始，在一个阀室间距内有 2 条环焊缝遗漏，得 30 分；从经过大球阀与袖管连接的第一条焊缝开始，在一个阀室间距内有 3 条环焊缝遗漏，得 20 分；从经过大球阀与袖管连接的第一条焊缝开始，在一个阀室间距内有 4 条环焊缝遗漏，得 10 分；从经过大球阀与袖管连接的第一条焊缝开始，在一个阀室间距内有大于或等于 5 条环焊缝遗漏，不得分。

(2)附件遗漏(50 分)。打分说明：若丢失已知的法兰组、阀门或大内径三通，则要质疑所有记录信息的真实性受到严重影响，且不得分；若丢失管道的小特征如压力表配件、小口径放空口与排污口，以及其他分接头和直径大于或等于 25mm 的配件信号特征，得 10 分；若丢失管道的小特征如压力表配件、小口径放空口与排污口，以及其他分接头和直径小于 25mm 的配件信号特征在站外大于等于 2 处时，得 20 分；若丢失管道的小特征如压力表配件、小口径放空口与排污口，以及其他分接头和直径小于 25mm 的配件信号特征在站外小于 2 处时，得 30 分；若丢失管道的小特征如压力表配件、小口径放空口与排污口，以及其他分接头和直径小于 25mm 的配件信号特征，并只有在站内部时，得 40 分；各种附件均未丢失得 50 分。

5)速度过低或过高

检测器速度超过检测服务方给出的速度上限与下限时，会导致严重的数据丢失；气体管道或含有大量气体的原油管道的冲击会导致速度漂移，得分如下。

(1)检测器运行速度(20 分)。打分说明：检测速度为 1~2.5m/s，得 20 分；检测速度为 2.5~3m/s，得 15 分；检测速度为 3~4m/s，得 10 分；检测速度为 4~5m/s，得 5 分；检测速度为 5~6m/s，得 2 分；检测速度超过 6m/s，不得分。

(2)速度漂移影响数据(30 分)。打分说明：如果受速度漂移影响的距离超过检测管道总长度的 2%，应重新运行检测器，不得分；如果受速度漂移影响的距离超过检测管道总长度的 1%~2%，得 10 分；如果受速度漂移影响的距离超过检测管道总长度的 0.5%~1%，得 20 分；如果受速度漂移影响的距离超过检测管道总长度的 0.2%~0.5%，得 25 分；如果受速度漂移影响的距离超过检测管道总长度的 0.2%以下，得 30 分。

根据表 3-14 所示的数据质量判断表得到判断结果。

表 3-14　数据质量判断表

得分	数据质量等级	是否需要重新检测
350~400 分	优秀等级	
300~350 分	良好等级	
250~300 分	基本合格等级	
200~250 分	数据质量有缺陷	需要重新分析数据
<200 分	数据质量差	需要重新检测

参 考 文 献

[1] 林现喜, 李银喜, 周信, 等. 大数据环境下管道内检测数据管理. 油气储运, 2015, 34(4): 349-353.

[2] 冯庆善. 基于大数据条件下的管道风险评估方法思考. 油气储运, 2014, 33(5): 457-460.

[3] 王维斌. 长输油气管道大数据管理架构与应用. 油气储运, 2015, 34(3): 229-232.

[4] 董绍华. 管道完整性评估理论与应用. 北京: 石油工业出版社, 2014.

[5] Ohlson J A. Financial ratios and the probabilistic prediction of bankruptcy. Journal of Accounting Research, 1980, (1): 109-131.

[6] 李俊彦, 王敬奎, 陈祥, 等. 基于 GIS 的管道工程滑坡危险性区划研究. 长江科学院院报, 2014, 31(4): 114-118.

[7] 曲志刚, 封皓, 靳世久, 等. 基于支持向量机的油气管道安全监测信号识别方法. 天津大学学报, 2009, 42(5): 465-470.

第4章 管道缺陷大数据相关性分析

为了充分发掘大数据的潜能，解决管道焊缝、裂纹等缺陷相关数据的有效应用问题，本章采用相关性分析方法建模，相关性分析方法不局限于结构化数据，还适用于非结构化数据的分析。首先，从现场收集管道资料和历史数据，将不同系统中的数据按照一定规则进行分类整理，划分为管道基本属性数据、工程建设数据、内外检测数据、运行维护数据等 4 个数据集；然后，建立基于大数据的相关分析模型，用以确定管道缺陷与其他因素的关联关系。这里的关联关系是一个相关关系，而不是因果关系，不需要考虑数据的具体关系(线性关系或非线性关系)。目的是从大数据中把所有与管道缺陷相关的因素都提取出来并从中确定影响缺陷的关键指标。通过现场数据验证模型的有效性，确定影响管道缺陷的因素，为缺陷预测奠定基础。利用管道大数据挖掘管道各数据集之间的关联关系，可用于获取管道缺陷信息，为事故预防提供参考，是管道安全管理的新方式。

4.1 概　　述

管道运输是所有运输方式中最经济、最安全有效的运输方式之一，广泛应用于原油、成品油和天然气的运输，油气管道的安全至关重要。管道中存在的各种缺陷是导致管道事故发生的直接原因，也是管道企业关注的重点，因为管道一旦发生穿孔或断裂，将造成环境污染、经济损失甚至引发火灾及爆炸等严重事故。

随着大数据时代的到来，"管道大数据化"的概念应运而生，大数据意味着管道从生产开始到服役的最后一刻所有的数据都将被保留下来。管道可能被更换，但管道数据则可以被人们应用在今后的实际生产过程中，因此需建立合理的管道管理方案。对管道的一系列数据(如出厂检测数据、运行期间的内外检测数据、输送压力和温度参数等)进行整理并保存在数据库中，会对管道在服役期间的安全检测起到重要的作用[1]。

在役管道缺陷数据的获取主要通过无损检测技术，包括漏磁检测技术[2~6]、超声波检测技术[7~10]、射线检测技术[11~14]、光学检测技术[15~17]等，通过安排合理而成功的管道检测作业可以得到准确可靠的内检测数据，包括管道缺陷数据(金属损失、凹陷、裂纹、焊缝缺陷、夹层、未熔合、冷作等)、管道特征数据(阀门、三通、法兰、焊缝等)、管道位置走向信息(x、y、z 坐标)、检测设备本身性能数据(POI(识别率)、POD(检出率)、COD(可信度)检测阈值、检测精度等)，继而通过多轮检测数据相互比对，内外检测数据相互比对，对管道进行精确定位，将内检测数据信息应用到管道风险评价、日常管理和抢维修活动中，综合分析管道缺陷和特征信息及设计施工数据，计算基于管道内检测数据统计分析的管道可靠性，得到管道的安全状态，提出相应的管道运行管理建议和修复检测计划[18]。

近年来，伴随着数字化、智慧化管道的快速发展，诸多企业管道信息化系统中已集成了管道系统在设计、施工、运行过程中产生的大量数据[19]，但这些施工阶段数据隐含着大量的原始缺陷信息。这些数据样本多、种类杂，明显具有大数据特征，但这些数据仍然没有得到重视，数据的相关性至今未得到考虑，导致这一情况的原因主要是管道系统的数据依赖单个系统进行录入和收集，分散在各个子系统中，各数据间关联关系没有建立起来，使这些隐含着管道安全信息的"大数据"绝大部分被忽视和丢弃。

鉴于此，本章从相关性分析的角度出发，以内检测数据为核心，将不同系统中的数据分类整理，采用互信息法建立管道缺陷与其他因素的相关性分析模型，发掘影响管道缺陷的关键因素，为缺陷预测奠定基础。

4.2　信　息　理　论

信息理论是 Shannon 为定量描述通信过程中数据传输和储存的开销而建立的一系列理论[20]。信息理论把通信过程看作在随机干扰的环境中传递信息的重要内容：在进行实际的通信之前，由于信宿不可能知道信源会发出什么信息，因此会存在先验不确定性；在通信之后，信宿收到了信源发出的信息，会在一定程度上消除这种不确定性，然而信源仍然具有一定程度的不确定性，这就是后验不确定性。如果后验不确定性的大小等于先验不确定性的大小，就表示信宿没有收到信息；如果后验不确定性的大小等于零，就表示信宿收到了全部信息。因此，信息量的大小可以用所消除的不确定性的大小来表示[21]。

4.2.1　信息熵

信息熵(entropy)或 Shannon 熵是信息的基本单位，是一种描述随机变量分散程度的统计量。信息熵越大，表示变量的离散程度越高。

假定 X 是一个离散随机变量，则变量 X 的信息熵 $H(X)$ 定义为

$$H(X) = -\sum_{x \in X} p(x) \log_b p(x) \tag{4.1}$$

式中，$p(x)$ 为变量 X 取值为 x 的概率；b 为底数，b 取不同的值表示信息熵有不同的量纲，当 $b=2$ 时量纲为 bit(比特)，当 $b=e$(自然对数底)时量纲为 nat(纳特)。

对于两个随机变量 X 和 Y，其联合随机变量为 (X,Y)，且其概率分布为 $p(x,y)$，那么 X 和 Y 的联合熵 $H(X,Y)$ 定义为

$$H(X,Y) = -\sum_{x \in X} \sum_{y \in Y} p(x,y) \log_b p(x,y) \tag{4.2}$$

假如随机变量 X 已知，那么随机变量 Y 关于 X 的条件熵 $H(Y|X)$ 定义为

$$\begin{aligned}
H(Y|X) &= \sum_{x \in X} p(x) H(Y|X=x) \\
&= -\sum_{x \in X} p(x) \sum_{y \in Y} p(y|x) \log_b p(y|x) \\
&= -\sum_{x \in X} \sum_{y \in Y} p(x,y) \log_b p(x,y)
\end{aligned} \tag{4.3}$$

条件熵反映了随机变量 X 在得到 Y 提供的信息之后，剩余的不确定性。熵与条件熵存在下面的不等式关系：

$$H(Y|X) \leqslant H(X) \tag{4.4}$$

$H(Y|X)=0$ 表示 Y 包含了 X 的全部信息；$H(Y|X)=H(X)$ 表示两个变量相互独立，即 Y 不能给 X 提供信息。

4.2.2 互信息

互信息是信息理论中用来表示变量间相关程度的一个基本概念[21]。两随机变量 X 和 Y 的互信息 $I(X;Y)$ 定义为

$$\begin{aligned}
I(X;Y) &= H(X) - H(Y|X) \\
&= -\sum_{i=1}^{n} p(x_i) \log_b p(x_i) + \sum_{i=1}^{n} \sum_{j=1}^{m} p(x_i,y_i) \log_b p(x_i|y_j) \\
&= \sum_{i=1}^{n} \sum_{j=1}^{m} p(x_i,y_j) \log_b \frac{p(x_i,y_j)}{p(x_i)p(y_j)}
\end{aligned} \tag{4.5}$$

互信息与信息熵具有如下关系：

$$\begin{aligned}
I(X;Y) &= H(X) - H(Y|X) \\
I(X;Y) &= H(Y) - H(X|Y) \\
I(X;Y) &= H(X) + H(Y) - H(X,Y) \\
I(X;Y) &= I(Y;X) \\
I(X;X) &= H(X)
\end{aligned} \tag{4.6}$$

4.3　基于互信息理论的相关分析模型

管道缺陷的产生与生产因素、环境因素及社会因素存在不同程度的相关关系。根据地域、管道本体属性的不同，管道产生缺陷的可能性也不同。本章采用互信息法对管道缺陷与其他影响因素进行分析和排序，可以确定导致管道缺陷产生的关键因素，为管道的安全管理提供依据。具体建模步骤如下。

步骤一：数据收集。

收集某一管段的所有信息，将数据划分为管道基本属性数据、工程建设数据、内外检测数据、运行维护数据等 4 个数据集。

收集范围包括管道设计数据、管道施工数据、内检测数据、外检测数据、运营管理数据、监测数据、地理信息 7 类数据。

步骤二：数据预处理。

将管道上的弯头、管段壁厚变化点、管道附件作为参考点对内检测数据与其他数据进行对齐。

步骤三：属性域离散化。

将管道缺陷作为决策属性，数据集中的其他因素作为条件属性。将决策属性和条件属性的属性域离散化处理，即将属性域中的最大值与最小值之间的距离划分为距离相等的子区间，再将每个属性的数值放入对应区间中得到每个子区间中的数值个数。

步骤四：互信息求解。

对离散化后的属性域构建互信息求解公式如下：

$$I(X;y_i) = -\sum_{i=1}^{M_i} \frac{N_i}{N} \log_2 \frac{N_i}{N} + \sum_{j=1}^{M_j} P(y_j) \left[\sum_{i=1}^{M_i} \frac{N_{ij}}{N} \log_2 \frac{N_{ij}}{N} \right] \tag{4.7}$$

式中，M_i 为决策属性 X 的属性值个数；N_i 为决策属性 X 第 i 个属性的数值个数；N 为条件属性 Y 和决策属性 X 所有数值个数之和；M_j 为输入的条件属性 $y(y \in Y)$ 的属性值个数；$P(y_j)$ 为输入的条件属性 y 的第 j 个区间的数值个数除以 y 的所有数值个数；N_{ij} 为当输入的条件属性 y 在第 j 个区间时，决策属性恰好在第 i 个区间的数值个数。

步骤五：关键因素提取。

假设管道缺陷为 X，其他数据信息构成条件属性集 $Y = (y_1, y_2, \cdots, y_p)$，则管道缺陷与其他条件属性之间的互信息可表示为

$$I(X;Y) = \left[I(X, y_1) \cdots I(X, y_j) \cdots I(X, y_p) \right] \tag{4.8}$$

利用互信息评价其他因素与管道缺陷的相关关系：互信息越大，二者之间的相关性越强。

构造相关分析模型的流程如图 4-1 所示。

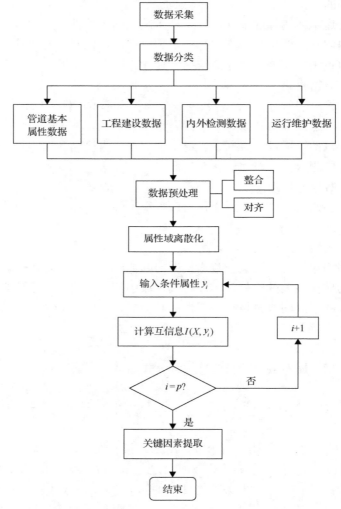

图 4-1　相关分析模型流程图

4.4　实例分析

以某长输管道中长度为 100km 的管段为例进行分析。参照测量数据和竣工资料，收集管道数据：包括控制点、埋深、防腐层等在内的 35 个管道要素；包括管网信息、线路设施、站场设施等在内的 49 个表格。

　　将采集的数据重新划分为管道基本属性数据、工程建设数据、内外检测数据、运行维护数据等 4 个数据集，然后以管道桩号和参考点为基准将数据集中的数据进行对齐，从每个数据集中提取可能对缺陷产生影响的因素。最终得到 8772 条数据信息，每条数据信息中均包括焊缝数量、焊缝类型、缺陷等 26 个因素。将缺陷作为决策属性，其余 25 个因素作为条件属性。对 26 个属性值进行离散化，每个属性值的子区间个数及其中的数值个数如表 4-1 所示。

表 4-1　离散化后的属性值

编号	名称	子区间个数	子区间名称	数值个数
1	缺陷	3	无缺陷	8730
			内部缺陷	1
			外部缺陷	43
2	防腐层材料	3	三层 PE	8572
			三层 PE 加强级	24
			其他	176
3	焊缝类型	2	直焊缝	4013
			螺旋焊缝	4759
4	焊缝数量	7	无	333
			1 个焊缝	8122
			2 个焊缝	282
			3 个焊缝	25
			4 个焊缝	6
			5 个焊缝	3
			7 个焊缝	1
5	施工单位	4	中油一建	3106
			长庆油建	3460
			管道一公司	2070
			管道三公司	136
6	监理单位	2	长庆检测	5312
			郑州华龙	3460
⋮	⋮	⋮	⋮	⋮
24	管道壁厚	6	14.6mm	6301
			14.7mm	3
			17.5mm	2024
			21mm	99
			26.2mm	344
			26.3mm	1

续表

编号	名称	子区间个数	子区间名称	数值个数
25	钢管类型	3	直管	7947
			弯管	785
			其他	40
26	穿跨越方式	3	无	8709
			大开挖	61
			顶管	2

每个条件属性与决策属性之间的互信息数值如图 4-2 所示。

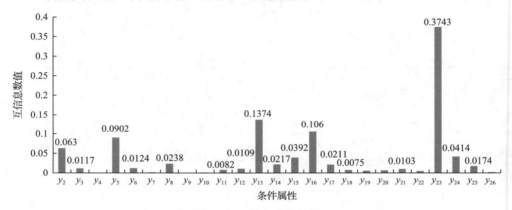

图 4-2　互信息分析结果

由图 4-2 中可以看出，数值最大的因素为管道埋深(y_{23})，较大的因素有防腐层材料(y_2)、施工单位(y_5)、周边人口(y_{13})、行政区域(y_{16})、管道壁厚(y_{24})。从数据集的角度来说，本段管道的缺陷与工程建设数据(y_{23}、y_2、y_5、y_{13}、y_{16})以及管道基本属性数据(y_{24})的相关性较强。

对比所收集的缺陷数据发现，本管段的缺陷类型主要为外部机械损伤，只有一处为内部金属损失，综合上述相关性较强的因素可以认为本管段的管道缺陷极有可能与第三方活动有关。

本章采用互信息的概念建立相关性分析模型用于分析条件属性与决策属性之间的相关关系，提取二者之间的关联规则并得到以下结论。

(1)运用互信息理论对管道缺陷的关联因素进行判别，挖掘出各种潜在关联因素和管道缺陷之间的关联关系，选择强关联因素数据为建立预测模型奠定基础，实现了缺陷分析的全数据驱动，从而为检测管道缺陷提供一个新的思路。

(2)所取的管段处于同一个区域，土壤、降雨量、高程等环境因素变化不明显，实例结论只适用于所取的管段，无法作为导致管道缺陷产生因素的理论依据。若要提取整体管道缺陷的相关因素，需要从不同的区域提取更多的数据。而大数据处理技术的不断发展也为对更大规模数据集进行分析提供支持，在算法效率优化及分布式实现的基础上，深入挖掘管道缺陷相关因素本身的特性。

参 考 文 献

[1] 刘利威. 油气管道缺陷无损检测技术应用. 硅谷, 2011 , (16): 145.

[2] 高慧明, 孟悦, 井帅, 等. 城市燃气管道内检测技术. 煤气与热力, 2011, 31 (5): 34-36.

[3] 解腾云. 输油管漏磁检测技术研究. 西安: 西安石油大学硕士学位论文, 2011.

[4] Du Z Y, Ruan J J, Yu S F. 3D MFL of steel pipe computation based on nodal-edge element coupled method.2005 Asia-Pacific Microwave Conference, Suzhou, 2005.

[5] Carvalho A A, Rebello J M A, Sagrilo L V S, et al. MFL signals and artificial neural networks applied to detection and classification of pipe weld defects. Ndt & E International, 2006, 39 (8): 661-667.

[6] 王富祥, 冯庆善, 张海亮, 等. 基于三轴漏磁内检测技术的管道特征识别. 无损检测, 2011, 33 (1): 79-84.

[7] 高松巍, 周佳伟, 杨理践, 等. 电磁超声表面波辐射声场的三维有限元分析. 沈阳工业大学学报, 2012, 34 (2): 192-197.

[8] 魏争, 黄松岭, 赵伟, 等. 磁致伸缩管道缺陷超声导波检测系统研制. 电测与仪表, 2013, 50 (9): 21-25.

[9] Dixon S, Burrows S E, Dutton B, et al. Detection of cracks in metal sheets using pulsed laser generated ultrasound and EMAT detection. Ultrasonics, 2011, 51 (1): 7-16.

[10] 况迎辉. 超声相控阵探头的模型研究与参数优化. 传感技术学报, 2010, 23 (12): 1731-1735.

[11] 金裕方, 朱忠孝. 浅谈 X 射线数字化实时成像检测技术. 天然气技术, 2007, 1 (2): 52-53, 55.

[12] 汪永康, 刘杰, 刘明, 等. 石油管道内缺陷无损检测技术的研究现状. 腐蚀与防护, 2014, 35 (9): 9-29.

[13] Harara W. Corrosion evaluation and wall thickness measurement on large-diameter pipes by tangential radiography using a Co-60 gamma-ray source. Insight-Non-Destructive Testing and Condition Monitoring, 2003, 45 (10): 668-671.

[14] 艾银国. 红外无损检测技术的原理分析. 科技信息, 2011, (35): I0046.

[15] Safizadeh M S, Azizzadeh T. Corrosion detection of internal pipeline using NDT optical inspection system. Ndt & E International, 2012, 52: 144-148.

[16] 刘慧芳, 张鹏, 周俊杰, 等. 油气管道内腐蚀检测技术的现状与发展趋势. 管道技术与设备, 2008, (5): 46-48.

[17] 陈桂才, 吴东流, 井立, 等. 激光全息无损检测技术的现状及展望. 宇航材料工艺, 2003, 33 (2): 26-28.

[18] 林现喜, 李银喜, 周信, 等. 大数据环境下管道内检测数据管理. 油气储运, 2015, 34 (4): 349-353.

[19] 董绍华, 张河苇. 基于大数据的全生命周期智能管网解决方案. 油气储运, 2017, 1: 1-11.

[20] Shannon C E, Weaver W. The Mathematical Theory of Communication. Champaign :University of Illinois Press, 2015.

[21] 曹雪虹, 张宗橙. 信息论与编码. 北京: 北京邮电大学出版社, 2004.

第5章 基于大数据的管道焊缝图像的缺陷识别分析

5.1 管道焊缝图像处理技术

管道建设过程中，由于管道现场施工焊接工艺条件的限制，出现焊缝缺陷是不可避免的，加之管道运行环境复杂、缺陷较为隐蔽，很难直接判断其结构是否完整，因此需要借助无损检测技术，在不破坏管道完整性的前提下，对焊缝区域进行检测，分析其结果，将不合格的产品检出，阻止其进一步投入生产，这样做在改进焊接工艺的同时极大地降低了由焊缝缺陷引起的安全事故的发生概率。

X 射线无损检测技术作为焊接质量检测的重要方法之一，被广泛应用于压力容器、锅炉、压力管道及其他工业产品的质量检测领域，具有直观、可靠、灵敏度高等优点。其原理为射线穿过物体时会被吸收，并且不同物体对射线的吸收能力不同。在近几年的发展过程中，为了能够得到大量清晰准确的焊缝图像，射线无损检测领域由最先的胶片照相技术逐步转变为图像增强器实时成像系统以及计算机射线照相技术(computed radiography，CR)。传统的缺陷图像识别大都采用人工阅片的方式，利用一些测量工具，对图像上的信息进行提取和计算，然后对照焊缝质量评级标准对焊缝缺陷进行分类，此结果易受评片人员主观因素及外界环境的影响，具有耗时、低效的缺点，显然不能满足现代工业发展的需求，因此还需借助计算机图像处理技术，改善图像质量、实现缺陷识别的自动化。

在射线图像采集和模数转化的过程中，由于受到设备内部及外部环境的干扰，难免会出现底片图像信噪比低、灰度区间狭窄、边缘模糊、缺陷特征不明显等现象。为了使图像中的缺陷信息变得更加明显，计算其特征参数，以满足后续识别的要求，需要先对原始图像进行预处理，即在尽可能保留原有重要信息的基础上利用相关算法对图像进行去噪，增加其对比度，使缺陷变得更易被识别。

5.1.1 图像噪声分析

现实中的噪声会妨碍感觉器官对信息的接收和理解。同样，在计算机视觉领域，这些噪声的存在也会影响机器对目标信息的识别效果。图像采集和模数转化的过程受到设备硬件条件的限制及外界环境的影响，噪声的出现是不可避免的。这些噪声会对图像特征的提取及自动识别过程中数据输入和结果输出产生影响，因此对其进行滤除显得尤为关键。为了有针对性地选择噪声滤除的方法，首先应该明确噪声的来源。

图像噪声主要分为外部噪声和内部噪声。外部噪声是指系统之外的(如天体放电引起的)噪声。内部噪声来源主要分为三种：一种是电器内部的机械运动所产生的电子噪声，如接线头的振动导致电流不稳，产生噪声；另一种是由元器件本身，如图像正负片上的颗粒或者磁盘表面的物理缺陷所引起的颗粒噪声；还有一种是光量子噪声，是不同的时间和空间内光量子密度的不同所引发的噪声。在噪声描述方面，常选用概率统计的方法。利用图像的灰度分布特点来寻找相似的噪声模型，匹配之后便可利用模型来计算图像的灰度均值和方差，再根据其特点选用效果较好的滤波器。

前面提到的三种内部噪声来源中，有的属于加性噪声，有的属于乘性噪声。加性噪声是指与信号强度不相关的噪声，受其影响的图像可认为是理想无噪图像与噪声叠加之后的结果。可用公式表示为

$$g(x, y) = f(x, y) + n(x, y) \tag{5.1}$$

而乘性噪声与图像信号相关，随信号变化而变化，可表示为

$$g(x, y) = f(x, y)[1 + n(x, y)] \tag{5.2}$$

式中，$f(x, y)$表示信号；$n(x, y)$表示噪声。X 射线底片的大多数噪声都是乘性噪声，但有时信号变化小，噪声也不大。为了分析计算方便，常常假定信号与噪声相互独立，将乘性噪声按加性噪声处理。

5.1.2 图像去噪技术

图像去噪是指在保留原始图像有用信息的基础上，尽可能地减少噪声的干扰，提高图像质量。一般来说，图像去噪的方法分为空域滤波和频域滤波两种。两者的区别在于，空域滤波是在原始图像上直接进行数据运算，处理像素的灰度值；频域滤波则属于变换域滤波的一种，需要先对含噪声图像进行某种变换，将其从空间域转为变换域，对变换域中的系数进行处理之后，再进行反变换将含噪声图像转回至原始的空间域，以达到去除噪声的目的。前面提到在去除噪声时，通常将其按照加性噪声进行处理，对应地需选择空域滤波。

常见的用于去噪的线性空间滤波器有均值滤波器、高斯滤波器、非线性滤波器等。这些滤波器是通过对原始数据进行加减乘除运算，得到滤波结果。其中，均值滤波器是将所有邻域像素的平均值赋予输出图像的相应像素，高斯滤波器是采用高斯加权平均值，非线性滤波器则是基于逻辑运算，通过对邻域像素值进行排序和大小比对来实现去噪。最著名的是中值滤波，其实现途径是，先对邻域内的像素灰度值点进行排序，然后用该序列的中值来代替邻域内一点的灰度值，让周围点的灰度值更接近其真实值，以消除孤立的噪声点，同时它还具有保护图像边缘信息的功能，其对于降低常见图像噪声干扰有很好的效果。

本节将以中值滤波为研究基础，详述其作用原理，结合实验结果对图像滤波的方法进行相关概述。

中值滤波器是一种典型的非线性空域滤波器，它主要是基于排序统计理论，在一定程度上消除了线性滤波带来的不良影响，同时又具有灵活的可操作性。为了更好地发挥其性能，在中值滤波基础上提出了众多改进方法，如使用能够被滤波区域图像特性自适应的滤波器来改进结果。也可将多种算法相结合，如中值滤波加均值滤波对处理含有高斯噪声的混合噪声有较好的效果，或中值滤波加小波变换用来消除脉冲噪声、高斯噪声等。

中值滤波的基本原理如下：首先，任意选择一像素点并标记为中心点(x, y)，以此点为中心选择一大小合适的窗口作其邻域，形状大多为矩形，也可为圆形或十字形。窗口大小也会对算法结果产生影响，过大会增加计算量，过小会影响去噪效果。一般情况下，选择 3×3 或 5×5 的矩形邻域，将此邻域内的像素灰度值按从大到小的顺序排列，并用其中间值(偶数个像素点取两中间点的平均值)代替此像素点的灰度值。具体表示如下：

$$g(x, y) = \text{median}\{f(x-k, y-l), (k,l) \in W\} \tag{5.3}$$

式中，$f(x, y)$为处理之前的图像；$g(x, y)$为处理之后的图像。

举例说明如下。假设矩形邻域窗口灰度值分布为

$$\boldsymbol{g} = \begin{bmatrix} 21 & 34 & 65 \\ 23 & 260 & 27 \\ 48 & 39 & 45 \end{bmatrix}$$

展开数组为

$$g = (21, 34, 65, 23, 260, 27, 48, 39, 45)$$

数组排序后为

$$g = (21, 23, 27, 34, 39, 45, 48, 65, 260)$$

最终用中值 39 代替了窗口中心点像素的灰度值 260，从中可见经过中值滤波后，原始图像中潜在的孤立噪声点即灰度值为 260 的中心像素被滤除，使噪声得到有效抑制。同样地，若该点为有效信息点，也不可避免地会被滤除。

图 5-1 所示的加噪声图像，即白黑相间的亮暗点，是在图像采集和传送过程中由图像分割引起的。通过摄像机拍摄的图像一般都会受到椒盐噪声、脉冲噪声及高斯白噪声的影响，而中值滤波也通常被用来去除脉冲噪声、椒盐噪声，对高斯白噪声的去除效果也比较明显。

图 5-2 为利用 MATLAB 将焊缝图像进行中值滤波之后的图像，可看出图 5-1 中的噪声已经明显被抑制。

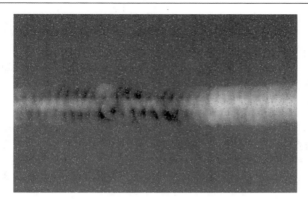

图 5-1　加噪图像

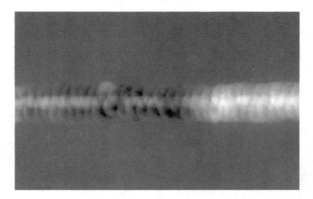

图 5-2　中值滤波后图像

5.1.3　焊缝图像对比度增强技术

图像增强是图像处理领域一项非常重要的技术，主要目的是改善图像质量，使计算机能够更好地识别目标区域，通过一定手段对原始图像进行数据变换。目前，主要的图像增强方法分为频域法和空域法两种。频域法是间接对图像频域中的参数进行修改之后变回空域的方法，如小波变换、低通滤波等。空域法主要是利用点运算来修正像素灰度值，通过灰度变换函数，对灰度集中于几个像素值附近的图像进行灰度拉伸，增加其动态范围，使看起来模糊不清、没有层次的图像能够凸显出其隐含的信息，如非线性变换、直方图均衡化等。需要注意的是，在具体应用过程中，对图像信息是否有用的判断是极其主观的，不存在通用的标准，只能根据不同的目的，选用不同的处理方式，得到特定的图像。下面以直方图均衡化方法为例，具体介绍图像增强的算法实现。

图像的对比度受拍摄光线、射线能量、管壁的厚度等因素的影响。对比度弱的图像的像素灰度值比较集中在某一灰度区间内，无论是用肉眼观察还是利用计算机进行信息识别，都无法达到预想的效果。通过灰度直方图对图像的对比度进行初步的判断是实现图像对比度增强的前提。分析可知，对比度强的图像的灰度直方图呈现的是双峰状，对比度较低的就会倾向于单峰状，而对图像进行分割时，通常在两个波峰之间的波谷附近寻找合适的阈值，将背景区域与焊缝区域分离，可见对比度低的图像很难实现对目标区域的识别。

　　如图 5-3 所示，直方图均衡化的方法是通过对图像灰度分布进行调整，来实现增强其对比度的目的。其中心思想是对图像进行非线性拉伸，通过重新分配图像的像素灰度值，使其从集中于某一区间到均匀分布在整个区间上。具体的灰度变换函数如下：

$$s=T(r)=\int_0^r P_r(w)\,\mathrm{d}w \tag{5.4}$$

式中，$T(r)$ 为变化函数；P 为概率密度函数；w 为 r 值的自变量函数；s 为输出的像素出现的最大次数；r 为原始图像的灰度级，进行归一化处理后，假设其为[0,1]内的连续变量。

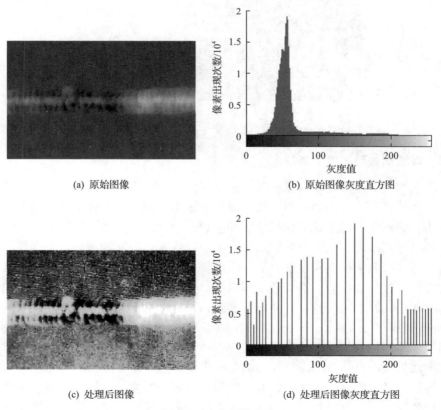

(a) 原始图像　　　　　(b) 原始图像灰度直方图

(c) 处理后图像　　　　(d) 处理后图像灰度直方图

图 5-3　直方图均衡化

对 r 值进行上述变换，得到输出图像的灰度级 s。

用 $P_r(r)$ 表示 r 的概率密度函数（probability density function，PDF），$P_s(s)$ 表示 s 的概率密度函数。在自变量取值范围内，r 与 s 之间一一对应。$r=s=0$ 时，图像显示为黑色，$r=s=1$ 时，图像显示为白色。因此应该保证在 $0 \leqslant r \leqslant 1$ 内，变换函数 $T(r)$ 是单调递增的，且 $0 \leqslant T(r) \leqslant 1$。这样是为了在不改变图像排列顺序的前提下，实现图像灰度值的动态变化，且保证 r 和 s 处于相同的取值范围内，其逆推的反函数则可表示为

$$r = T^{-1}(s), \quad 0 \leqslant s \leqslant 1 \tag{5.5}$$

由于对目标图像和原始图像均做了均衡化处理，有相同的分布密度，因此，

$$P_s(s) = P_r(r) \tag{5.6}$$

前面是假设灰度值为连续的情况，若图像中出现离散值，因离散值无法定义概率密度函数，所以要选择不同的处理方式，即概率和的方式。对于离散图像，灰度级 r_k 的出现概率可表示为

$$P_r(r_k) = \frac{n_k}{n}, \quad k = 1, 2, \cdots, L-1 \tag{5.7}$$

式中，n 为总的像素个数；n_k 为灰度级处于 r_k 的像素的个数。均衡化函数则可表示为

$$s_k = T(r_k) = \sum_{j=0}^{k} P_r(r_j) = \sum_{j=0}^{k} \frac{n_j}{n}, \quad k = 0, 1, \cdots, L-1 \tag{5.8}$$

5.2　焊缝边缘检测

焊缝图像在拍摄和采集过程中，因为受到射线固有性质及外界环境等限制，达不到计算机的识别要求。经过平滑处理和对比度增强之后，图像免除了噪声干扰，克服了视像模糊的缺点。但为了进一步将感兴趣的对象从复杂的背景中分离出来，还需要对具体的缺陷区域进行分割，对焊缝的边缘信息进行提取。通过选取阈值，划分图像中的感兴趣区域；利用边缘检测算子，进行串行的边界追踪，使缺陷的位置信息更加明确。

5.2.1　图像二值化处理

图像二值化处理是基于阈值选取的图像分割技术，将多灰度值构成的图像转

化为只存在黑白两种灰度值的图像，以实现目标与背景相分离的目的。

　　二值化将图像的像素点灰度值设为 0 或 255，使整个图像呈现出明显的黑白效果。二值化分割的前提是选取灰度阈值 T，其取值大小会对变换后图像中缺陷的形状和大小产生影响。满足对比度要求的图像的灰度直方图一般会呈现双峰状，传统选用的双峰法是通过观察图像灰度直方图，从波峰之间的波谷处选取阈值进行二值化分割。焊接过程中电弧状况不断改变，跟踪过程中实时采集的图像千变万化，因此不同图像的灰度直方图存在很大的差异，这种情况下需要选取的阈值也是不确定的。作为一种自适应阈值选取的二值化方法，最大类间方差（OSTU）算法建立在最小二乘法的原理之上，具有其他方法无可比拟的优势。

　　最大类间方差算法又称为大津法，是由日本学者大津于 1979 年提出的一种自适应确定阈值的方法。其基本原理是：求取高低两类灰度区域之间像素灰度平均值相差最大的值，作为分割阈值，将背景与前景目标分离。它是一种选取全局阈值的算法，不管图像灰度直方图是否存在双峰，都可以使用该算法选择阈值。

　　将选取阈值记作 T，设图像大小为 $M \times N$，像素灰度值小于 T 的个数为 N_0，大于 T 的个数为 N_1。目标区域像素点占整幅图像的比例为 w_0，平均灰度为 μ_0；背景区域像素点占整幅图像的比例为 w_1，平均灰度为 μ_1。图像总平均灰度为 μ，类间方差设为 g，则有

$$w_0 = \frac{N_0}{M \times N} \tag{5.9}$$

$$N_0 + N_1 = M \times N \tag{5.10}$$

$$w_0 + w_1 = 1 \tag{5.11}$$

$$\mu = w_0 \mu_0 + w_1 \mu_1 \tag{5.12}$$

求类间方差 g 最大时的 T，即合适阈值。g 为阈值选择函数：

$$g = w_0 (\mu_0 - \mu)^2 + w_1 (\mu_1 - \mu)^2 \tag{5.13}$$

即

$$g = w_0 w_1 (\mu_0 - \mu_1)^2 \tag{5.14}$$

图 5-4 是利用最大类间方差算法处理前后的图像。

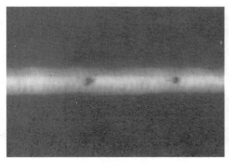

(a) 原始图像　　　　　　　　　　(b) 最大类间方差算法处理后图像

图 5-4　图像二值化处理——最大类间方差算法

5.2.2　边缘检测

二值化处理之后的图像在视觉上变得更加易于辨认，将焊缝区域与背景的管壁区域分割之后，极大地降低了后续算法应用的复杂度，释放了多余的存储空间。但还是无法清晰辨认出具体缺陷的位置，所以需要通过边缘检测，将缺陷和背景的边界进行更明确的划分。

边缘即图像中灰度发生急剧变化的区域，可以通过求解一阶导数或二阶导数检测出图像中灰度不连续区域，即边缘区域。二值化处理之后的图像只存在 0 和 255 两种灰度值，通过求取一阶导数最大值便可检测出其边界。

常用的边缘检测算子有 Roberts 算子、Sobel 算子、Prewitt 算子、Laplacian-Gauss（LOG）算子、Canny 算子、Krisch 算子等。

图 5-5 利用 Canny 算子对图像进行边缘检测，其原理表达式类似于高斯函数的一阶导数，具体应用过程为：先利用高斯滤波器对图像进行平滑处理，再计算梯度幅值和方向，并对梯度幅值进行非极大值抑制，最后用双阈值算法检测和连接边缘。

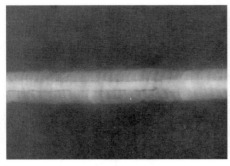
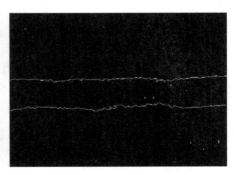

(a) 图像原图　　　　　　　　　　(b) Canny 边缘算子检测

图 5-5　边缘检测

5.2.3　直线提取和边界追踪

在对焊缝图像进行边缘检测之后，可从图像上看到清晰、明确的边缘线，但受到噪声等因素影响，很难得到连续、平滑的边界轮廓。为了更加精确地提取焊缝位置，需要寻找边缘线且将其进行完整性连接。针对此问题，可利用 Hough 变换直线算法"点线对应"的原理，得到平滑、完整的直线边缘表达。

假设图像上有一条直线，穿过点(x_i, y_i)，那么这条直线可用 $y_i = ax_i + b$ 来表示，其中，a 为直线斜率，b 为截距。对直线表达式进行变换可得到 $b = -x_i a + y_i$，从此表达式出发，这条直线便可以看作参数空间内经过点(a,b)，斜率为$-x_i$，截距为 y_i 的直线。基于这种对应关系，可将图像上的点映射到累加的参数空间，因直线上的每一点都可对应到参数空间内其余无数条直线上，通过遍历参数空间内所有点的取值，统计出直线区域所包含像素点数量的最大值，就可以确定直线边缘的存在。

边界追踪的目的也是获取缺陷边缘点信息，明确其外形轮廓特征，以便下一步对图像的缺陷特征参数进行测量和提取。其具体操作为：从某一边缘点出发，按照一定的搜索准则去搜寻下一个边缘点。然后利用相应的判别准则判断此点是否为边缘点，直到满足搜索的终止条件后停止搜索。搜索效果取决于起始点的选取和搜索准则的确定。

5.2.4　图像的数学形态学处理

数学形态学在图像处理技术中可用来描述和表示区域形状，在抑制噪声、图像的恢复与重建问题上也发挥着很大作用。

数学形态学所包括的基本运算有膨胀、腐蚀、开启、闭合四种。实质上是利用图像上不断移动的结构元素来收集相关的信息，这些结构元素是一定尺寸的背景图像，有矩形、正方形、菱形、圆形、球形、线形等形状，其可直接携带大小、形状、灰度等信息对图像各个部分之间的关系进行探明。然后通过对输入图像进行相关形态学的运算，实现图像的形态学变换。

1. 膨胀

膨胀是将图像周围的背景点与目标区域合并，若两者距离小于一定限值，那么膨胀运算就会将其连为一体，所以，膨胀对于填补分割图像的空洞很有作用。

膨胀的运算符为 $\oplus$，A 被 B 膨胀表示为 $A \oplus B$，定义式为

$$A \oplus B = \left\{ x(\hat{B})_X \cap A \neq \varnothing \right\} \tag{5.15}$$

2. 腐蚀

腐蚀与膨胀相反，其作用是消除物体的边界点，对图像进行收缩操作，收缩

的方法和程度由结构元素控制，将小于结构元素的物体去除，所以结构元素的大小决定了被去除物体的大小，当两物体之间的连接小于结构元素时，两物体就可实现分离。

腐蚀的运算符为 Θ，A 被 B 腐蚀表示为 $A\Theta B$，定义为

$$A\Theta B=\left\{x\middle|(B)_X\subseteq A\right\} \tag{5.16}$$

3. 开启

开启运算符为 $\circ$，A 用 B 来开启写作 $A\circ B$，定义为

$$A\circ B=(A\Theta B)\oplus B$$

4. 闭合

闭合运算符为 $\bullet$，A 用 B 来闭合写作 $A\bullet B$，定义为

$$A\bullet B=(A\oplus B)\Theta B$$

5.2.5　其他数学形态学处理

在图像处理的实际应用中，腐蚀和膨胀更多以组合的形式出现，利用相同或不同的结构元对图像进行一系列的腐蚀和膨胀。常见的三种组合有开操作、闭操作、击中击不中变换。

开操作是先腐蚀后膨胀，在不明显改变物体体积的同时，用来消除小的对象物，将物体间的细小连接去除，平滑较大物体的边界。闭操作是先膨胀后腐蚀，用来填充图像物体内部细小孔洞，连接邻近的物体，平滑边界。击中击不中变换可同时检测图像的内部和外部，用于解决目标图像识别和模式识别等领域。

总之，图像边界及骨架的提取、距离变换、区域填充等操作在图像处理过程中发挥了极大的作用，在更好地提取图像目标结构特征的同时，提高了内存的使用率，实现了数据压缩。

5.3　基于多算子融合的管道焊缝图像边缘检测技术

油气管道焊缝的质量对于管道的安全可靠性至关重要。为了更好地识别出管道焊缝底片图像的缺陷，避免人为误差，焊缝图像的自动识别已成为焊接领域发展的重要方向，其中边缘检测是焊缝识别技术的关键，本节分析焊缝图像边缘检测算子，对比分析不同算子的识别质量差异性，包括 Roberts 算子、Sobel 算子、

Prewitt 算子、Laplacian-Gauss 算子、Canny 算子等。基于形态学图像处理技术，提出一种新的多算子融合处理技术，改进了原有算子在边缘检测计算过程中的不足。经验证，该算子大大提高了图像边缘检测精度。

　　边缘检测处理流程如图 5-6 所示，即进行原始图像的平滑处理后成为平滑图像，经一阶或二阶平滑处理，得到梯度或含零点图像，再经阈值处理，确定边界点。边缘即图像中灰度发生急剧变化的区域，可以通过求解一阶导数或二阶导数检测出图像中灰度不连续区域，即边缘区域。二值化处理之后的图像只存在 0 和 255 两种灰度值，通过求取一阶导数最大值便可检测出其边界。

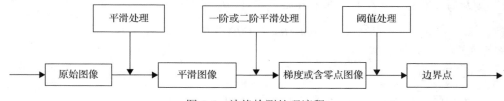

图 5-6　边缘检测处理流程

　　常用的边缘检测算子有 Roberts 算子、Sobel 算子、Prewitt 算子、Laplacian-Gauss 算子、Canny 算子、Krisch 算子等。其中，Roberts 算子是一种斜向偏差分的梯度算子，梯度的大小代表了边缘强度，梯度方向与边缘方向垂直；Sobel 算子是方向算子，从不同方向检测边缘，加强了中心像素上下左右方向像素的权值，对于灰度渐变和噪声较多的图像有很好的处理效果；Prewitt 算子是边缘样板算子，利用像素点上下左右邻点的灰度差在边缘处达到极值的特点来检测边缘，对噪声也有平滑作用；Laplacian 算子检测时常常产生双像素边界，对图像中的噪声异常敏感，不能检测边缘方向，一般很少直接使用，而将其与 Gauss 算子结合，形成 Laplacian-Gauss(LOG)算子，引入平滑滤波，可有效去除噪声，边缘检测的效果更好；Canny 算子被认为是信噪比与定位乘积最优逼近算子。边缘检测时，信噪比越大，将边缘点与噪声点误判的可能性越小，边缘定位精确度越高，检测出来的边缘中心点与实际边缘中心点越相近，可保证边缘只存在一个响应，抑制虚假响应的发生。所有的基于梯度的边缘检测之间的根本区别有如下三点。

　　(1)算子应用的方向。

　　(2)在检测方向上逼近图像一阶导数的方式。

　　(3)将这些近似值合成梯度幅值的方式。

　　上述算子检测中存在的问题是，图像往往是区域的黑度分布，呈现条状区域布置，边界检测中出现边界不清晰的情况。本节通过对不同边缘检测算法进行对比分析，考虑到结构元素的大小和方向会影响形态学边缘检测计算结果，提出一种多算子融合处理技术，将 Sobel 算子、Prewitt 算子和 Roberts 算子融合处理，检测出管道焊缝边缘，并最大限度地优化边缘噪声影响，为图像边缘检测分析提供一种行之有效的方法。

5.3.1　边缘检测的基本算法

图像的局部边缘定义为两个强度明显不同的区域之间的过渡，图像的梯度函数即图像灰度变化的速率在过渡边界上存在最大值。边缘检测是通过基于梯度算子或一阶导数的检测器来估计图像灰度变化的梯度方向，增强图像中的这些变化区域，然后对该梯度进行阈值运算，如果梯度值大于某个给定门限，则存在边缘。

一阶微分是图像边缘和线条检测的最基本方法。目前应用比较多的也是基于微分的边缘检测算法。图像函数 $f(x,y)$ 在点 (x,y) 的梯度（即一阶微分）是一个具有大小和方向的矢量，即

$$\nabla f(x,y) = \left[G_x, G_y \right]^{\mathrm{T}} = \left[\frac{\partial f}{\partial x}, \frac{\partial f}{\partial y} \right]^{\mathrm{T}} \tag{5.17}$$

$\nabla f(x,y)$ 的幅度为

$$\mathrm{mag}(\nabla f) = g(x,y) = \sqrt{\frac{\partial^2 f}{\partial x^2} + \frac{\partial^2 f}{\partial y^2}} \tag{5.18}$$

方向角为

$$\phi(x,y) = \arctan \left| \frac{\partial f}{\partial y} \middle/ \frac{\partial f}{\partial x} \right| \tag{5.19}$$

类似常用的方法有差分边缘检测算子、Roberts 边缘检测算子[1]、Sobel 边缘检测算子[2]、Prewitt 边缘检测算子[3]、Kirsch 边缘检测算子[4]、Robinson 边缘检测算子、Laplace 边缘检测算子等。随着信号处理、模糊数学等基础理论的发展，越来越多的新技术被引入边缘检测方法中，如基于小波变换和小波包方法、数学形态学方法、模糊理论方法和分形理论方法等[5]。

5.3.2　焊缝边缘检测方法的计算比较研究

取焊缝噪声图像如图 5-7 所示。焊缝为单侧为未熔合和未焊透，高斯噪声背景，图像像素为 513×250。

经过消除噪声处理后(亮度值减小 25、对比度值增加 17)，如图 5-8 所示。

经过各种算子转化后的边缘检测，如图 5-9 所示。

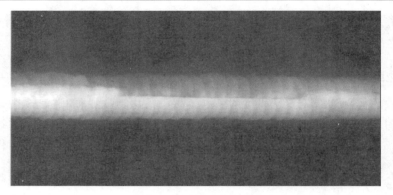

图 5-7　焊缝噪声图像

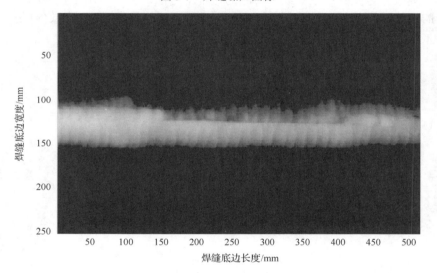

图 5-8　消除噪声焊缝图像

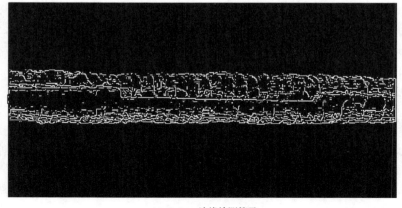

(a) Roberts边缘检测算子

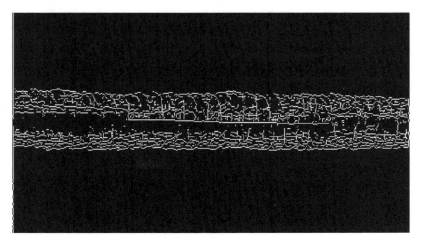

(b) Sobel边缘检测算子

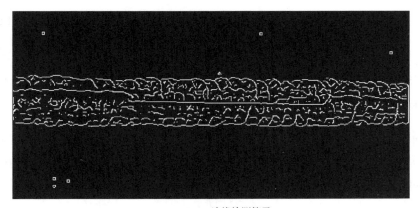

(c) Canny边缘检测算子

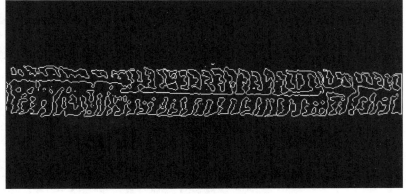

(d) LOG边缘检测算子

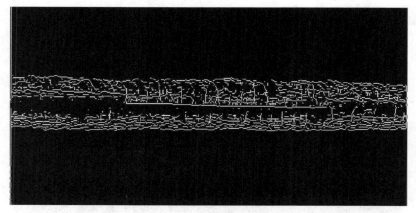

(e) Prewitt边缘检测算子

图 5-9　各种算子转化后的边缘检测

　　由图 5-9 可以看出，图像处理后在没有噪声的情况下，Canny 算子、LOG 算子、Roberts 算子、Sobel 算子、Prewitt 算子可以得到很好的边缘检测结果。处理后的图 5-9(c)存在少量高斯噪声，检测的结果出现了较多的伪边缘，进行图像边缘检测时都采用自动选取阈值的方法，能够取得比较合理的阈值。图 5-9(c)和图 5-9(d)得到的边缘图像中产生了大量的伪边缘，对比分析表明：Roberts 算子、Sobel 算子、Prewitt 算子比 Canny 算子、LOG 算子形成的图像要好。

　　将图 5-7 所示噪声图像，经过消除噪声处理后(亮度–10；对比度+20)，如图 5-10 所示。从图 5-10 看出，图像处理后，在仍有部分高斯噪声的情况下：采用 Prewitt、Roberts、Sobel 三种算子处理过的图像，其缺陷边缘都要比经过 Canny 算子处理的结果完整。但是 Sobel、Roberts 两种算子的处理结果存在边缘不连续、边缘点

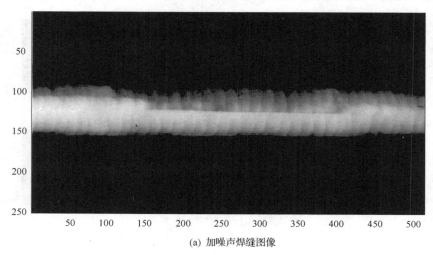

(a) 加噪声焊缝图像

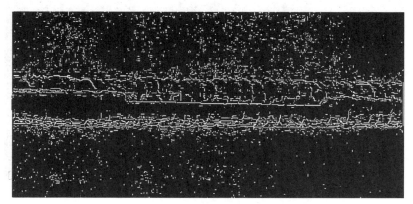

(b) Roberts算子处理后

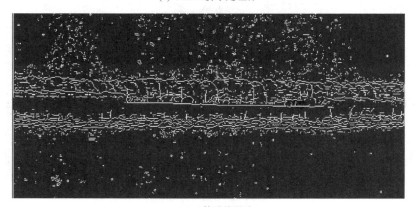

(c) Sobel 算子处理后

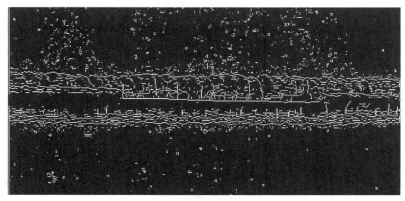

(d) Prewitt 算子处理后图像

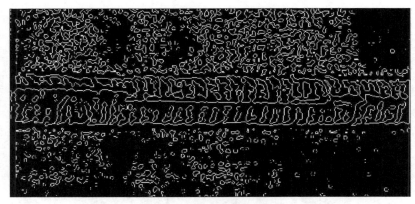

(e) LOG 算子处理后图像

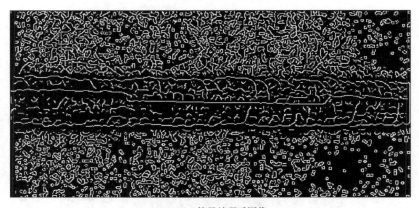

(f) Canny 算子处理后图像

图 5-10　加噪声检测

重复连接的问题。LOG 算子处理的边缘在焊缝中部边界不清晰，轮廓范围扩大化。而经过 Prewitt 算子处理的缺陷图像，缺陷的边缘不仅连续，而且不存在边缘点重复连接的问题，是这四种锐化算子中处理效果最好的一个。

5.3.3　基于多算子融合的改进的多结构元素形态学处理方法

1. 多算子融合处理

不同方向角的结构元素是构建多结构元素灰度形态学算法的关键，结构元素的大小影响形态学计算的结果。小尺寸结构元素抗噪能力弱，但图像细节可保存较好；大尺寸结构元素去噪能力强，但检测到边缘比较粗糙。综合考虑结构元素大小和方向的因素，本节采用的结构元素是 $B_1 \sim B_4$ 为 4 个 3×3 的 Prewitt 方形结构元素，对应的方向角分别为 0°、45°、90° 和 135°；$B_5 \sim B_8$ 为 Roberts 线形结构元素，对应方向角分别为 180°、225°、270° 和 315°。由于射线焊接图像缺陷在垂直和水平方向边缘细节较多，结构元素 B_9、B_{10} 为 Sobel 方形结构元素。改进的融合算子方向如图 5-11 所示。

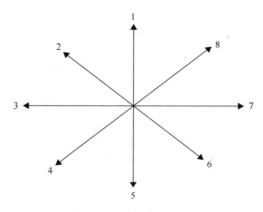

图 5-11　方向改进的线性算子和方形复合算子

$$B_1 = \begin{bmatrix} -1 & 1 & 1 \\ -1 & -2 & 1 \\ -1 & 1 & 1 \end{bmatrix}, \qquad B_2 = \begin{bmatrix} 1 & 1 & 1 \\ -1 & -2 & 1 \\ -1 & -1 & 1 \end{bmatrix}$$

$$B_3 = \begin{bmatrix} 1 & 1 & 1 \\ 1 & -2 & 1 \\ -1 & -1 & -1 \end{bmatrix}, \qquad B_4 = \begin{bmatrix} 1 & 1 & 1 \\ 1 & -2 & -1 \\ 1 & -1 & -1 \end{bmatrix}$$

$$B_5 = \begin{bmatrix} 1 & -2 \\ 1 & -2 \end{bmatrix}, \quad B_6 = \begin{bmatrix} 1 & -2 \\ -2 & 1 \end{bmatrix}, \quad B_7 = \begin{bmatrix} 1 & 1 \\ -2 & -2 \end{bmatrix}, \quad B_8 = \begin{bmatrix} -2 & 1 \\ 1 & -2 \end{bmatrix}$$

$$B_9 = \begin{bmatrix} -1 & 0 & 1 \\ -2 & 0 & 2 \\ -1 & 0 & 1 \end{bmatrix}, \qquad B_{10} = \begin{bmatrix} -1 & -2 & -1 \\ 0 & 0 & 0 \\ 1 & 2 & 1 \end{bmatrix}$$

2. 多结构元素数学形态学边缘提取算法

根据上节构建的多算子融合算法，多结构元素数学形态学边缘提取算法具体步骤如下。

设管道焊接底片图像经过预处理和焊缝提取后的灰度图像为 I'，对构造的结构元素 $S(1 \leqslant S \leqslant 10)$ 进行形态学梯度运算，获取形态学梯度，对形态学梯度进行加权处理，得到边缘图像。图形学处理表达式如下：

$$g_i(I') = (I' \oplus S_i) - (I' \ominus S_i) \tag{5.20}$$

$$I'' = \sum_{i=1}^{10} \omega_i g_i(I') = \sum_{i=1}^{10} \omega_i \left[(I' \oplus S_i) - (I' \ominus S_i) \right] \tag{5.21}$$

式中，g_i 为图像形态学梯度算法函数；ω_i 为对应不同结构元素 S_i 边缘检测的权重且 $0 \leqslant \omega_i \leqslant 1$；$I''$ 为边缘图像。

3. 算子计算结果比较

从图 5-12 和图 5-13 可以看出，基于形态学的多算子边缘检测在消除边缘方面有利于减小焊缝边缘检测的误差，采用经过焊缝形态学边缘处理，包括腐蚀、膨胀方法等，去除边缘后下边缘明显降低了黑度的影响，证明该方法是有效的，进一步验证了大尺寸结构元素去噪能力强，小尺寸结构元素细节保存较好的结论。

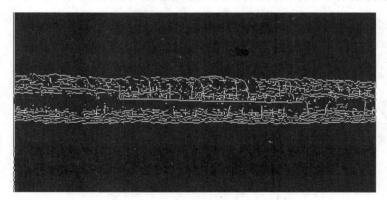

图 5-12　典型 Prewitt 算子边缘检测图

图 5-13　基于形态学的多算子边缘检测图

5.4 焊缝缺陷特征提取

为了对 X 射线检测图像中的焊缝缺陷进行识别和分类，需要首先了解常见的焊缝缺陷种类及它所呈现的影像特征，之后便可以对其缺陷的特征参数进行计算，从众多的特征参数中选取合适的特征参数对缺陷进行描述，是有效识别缺陷类别的前提。

5.4.1 焊缝缺陷种类和影像特征

了解了焊缝缺陷的种类、形态及其对应的影像特征后，才能进行下一步缺陷特征参数的选择和计算，最终实现计算机对焊缝缺陷的自动识别和分类。

1. 焊接缺陷种类介绍

焊接缺陷可分为外部缺陷和内部缺陷两种。外部缺陷包括表面裂纹、裂孔、咬边、凹陷、满溢、焊瘤、弧坑、电弧擦伤、明冷缩孔、烧穿、过烧及外形尺寸不符合要求等。内部缺陷包括夹渣、气孔、焊接裂纹、未熔合、未焊透、夹钨、夹珠等。下面重点介绍几种内部缺陷的产生原因和其可能造成的危害。

(1)夹渣。夹渣指残留在焊缝中的非金属夹杂物。夹渣的出现减少了焊缝的有效表面积，造成焊件的机械性能下降。其产生可能是由于焊接材料的化学成分不当，焊接环境不符合要求，焊接时运条角度和方法不对，焊条受潮等。

(2)气孔。气孔是指焊件在凝固时，熔池中的气泡未能逸出，在焊缝金属的内部或表面形成空穴，减小了焊缝的有效截面积，降低了焊缝的机械性能，损坏了焊缝的致密性，尤其是一些直径较小但很深的长气孔，严重时会造成管道泄漏。其产生可能是由于焊条受潮，电弧过长使熔池失去气体保护，空气入侵等。

(3)焊接裂纹。焊接裂纹是最常见的一种危害严重的焊接缺陷，包括冷裂纹、层状撕裂、热裂纹、再热裂纹等。其产生与焊件的材料性质和焊接工艺操作有关，且存在一定的潜伏期，可能会在焊后的再加热过程中出现，它具有扩展性，会在工作压力状态下不断生长，直至焊件结构完全失效。

(4)未熔合。未熔合是指在熔焊时，焊道与母材之间或焊道之间未能完全熔化地结合在一起的部分，也称为假焊。它是一种比较危险的焊接缺陷，极大地降低了焊接接头的强度，产生尖劈间隙，承载之后应力集中严重，极易产生裂纹。其产生可能是由于焊缝表面存在熔渣、氧化物等脏物，焊接时电流不稳定，焊接操作顺序不对等。

(5)未焊透。未焊透指的是焊接时接头根部未完全熔透的现象。它的出现明显地减小了焊缝的有效截面积，影响了焊接接头的机械性能，未焊透处的缺口及末端尖劈，会造成应力集中的现象，在承载后，容易引起裂纹。其产生是由于焊接电流过小、焊接速度过快、焊接操作不当等。

从以上缺陷类型可以看出，缺陷的产生大多是因为焊接环境不符合要求、选用的焊条受潮、焊接电流不稳定、焊接操作不符合规范等。针对这些问题，在焊接过程中，应注意保持焊接环境的干燥清洁，选取符合规定的焊条，在操作过程中应根据实际情况改变运条角度及速度等。只有不断改进焊接工艺操作水平，才能从根本上改善焊件质量，减少管道事故的发生。

2. 焊缝缺陷影像特征

图 5-14～图 5-18 为典型的焊缝缺陷剖面示意图，详细介绍如下。

图 5-14 所示为焊缝横向裂纹。针对焊缝此类裂纹，一般焊缝的底片会有明显特征，中间是不规则的黑色线条，逐渐向两边延伸变细。裂纹线条有时会出现直线状或是树状的短分支，一般相互平行。

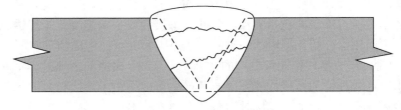

图 5-14　横向裂纹

图 5-15 所示为气孔缺陷。底片上的气孔一般为黑色的圆形或椭圆形，有的密集集中，有的单个出现，分布不均，且有明显的边界，中部可能存在斑状影响，黑度明显大于背景。

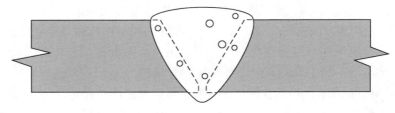

图 5-15　气孔缺陷

图 5-16 所示为单个夹渣。夹渣主要分为条状夹渣和球状夹渣。条状夹渣一般来说呈长条状，边界不规则，棱角分明，黑度分布均匀。球状夹渣的缺陷外形呈球状，球面内黑度不均匀，边界不规则。

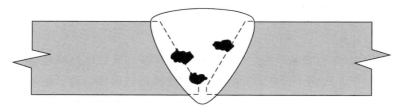

图 5-16　单个夹渣

图 5-17 所示为未焊透焊缝。其在底片上呈现为长度不一的黑色线条状，宽度取决于两段构件对口的间隙大小。

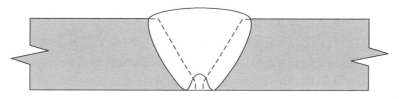

图 5-17　未焊透焊缝

图 5-18 所示为内侧未熔合焊缝。其一般偏离中心，处于边缘位置，呈现为宽度、大小不一的条形。在靠近母材的部位黑度较高且呈直线状分布，另一侧黑度偏低，边界轮廓线不规则。

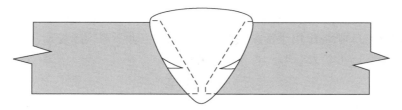

图 5-18　内侧未熔合焊缝

5.4.2　焊缝缺陷特征参数

图像预处理实现了图像去噪、对比度增强等目的，很大程度上改善了图像质量。通过对常见焊缝缺陷类别及其对应影像特征的了解发现，每一种缺陷都呈现出不同的外形几何特征和灰度特征，而焊缝缺陷的自动识别分类也恰好需要利用这些特征将缺陷区分开来。要从众多的特征值中选择高效的特征参数组合，就需要满足一定的条件，即选择相互之间存在明显差异的，可区别性高的参数，还需保证每个参数的稳定性，同样类型缺陷的特征参数值要相似或相近，且要选择相对而言易于识别的、分类错误率低的参数。

前面经过阈值分割、边缘检测的图像，呈现出明显直观的边缘特征。通过将其量化成参数值的方式，从不同的角度对同一类型的缺陷进行描述，同时将其与剩余缺陷区别开来。

常见的用来描述焊缝缺陷的特征包括几何特征、区域灰度特征等。提取这些特征的步骤如下，先将不同的缺陷区域进行分割，然后寻找连通区域中的高亮像素点，确定缺陷位置，然后抽象出其最小外切矩形，并计算出其定点坐标，最后计算其周长、面积、质心等参数，这些参数组合起来能够对不同缺陷本质加以描述和区分。在实践应用中需要根据实际情况选择合适、高效的组合形式，以提高识别的速度和准确率。一般选用包括周长、面积、外接矩形椭圆的长短轴，以及在此基础上衍生出来的各参数的比值在内的特征值来描述缺陷。

(1)周长。周长表示缺陷区域边界的长度总和。在图像中，每个像素点都占用一个单位方块，可以通过计算缺陷外形边界像素点的总个数 n 来计算边界长度。

(2)面积。面积是指包括边界在内的所有缺陷区域的总像素点。对于二值化图像，若 1 代表目标缺陷，0 代表背景区域，那么计算缺陷的面积，也就是计算所有灰度值为 1 的像素点的个数。

(3)质心。质心即缺陷区域形状的中心，用(x_i, y_i)来表示缺陷区域的点。对于质量分布均匀的二值化图像，其质心与形心重合，表达式为

$$s_x = \frac{1}{mn}\sum_{i=1}^{n}\sum_{j=1}^{m}x_i, \quad s_y = \frac{1}{mn}\sum_{i=1}^{n}\sum_{j=1}^{m}y_i \tag{5.22}$$

(4)圆形度。圆形度用来衡量缺陷形状的圆形程度。形状越复杂，圆形度越大。圆形度为 1 时，形状为圆形。其表达式为

$$e = \frac{C}{4\pi s} \tag{5.23}$$

式中，C 为周长；s 为面积。

除以上介绍的缺陷的几何外形特征之外，还可用缺陷与背景的灰度差、缺陷自身的灰度差来描述缺陷的灰度特征。通过计算得到的参数值需要经过归一化处理，消除不同指标数据在量级上的差异，避免在训练过程中出现小量级数据被弱化的情况。

5.5　管道焊缝缺陷纹理特征 CLTP 模式提取技术研究

管道焊缝质量关系到油气管道的运行安全。随着大数据、射线成像、数据深度挖掘技术的发展，管道焊缝的图像自动识别和分析技术已成为油气行业重要的研究领域。在焊缝图像中，其原始特征数量非常多，如何准确提取焊接的裂纹、

夹渣、气孔、弧坑、未焊透、未熔合、咬边等缺陷，将高维特征变为低维特征是目前面临的难题。本节研究分析局部二值模式(local binary pattern，LBP)\局部三值模式(local ternary pattern，LTP)特征提取算法，提出一种改进的完全局部三值模式(completely local ternary pattern，CLTP)算法，重构中心描述子，包括符号描述子和大小描述子，表征焊缝缺陷的特征大小、符号信息和中心区域信息。该算法克服了以往算法幅度、方向精度不足的缺点，在分类准确率上优于单纯的形状特征和传统的 LTP、LBP、完全局部二值模式(completely local binary pattern，CLBP)纹理特征描述方法。本节为保证管道焊缝特征提取的准确度提供一种新的方法。实验证明该方法具有较好的精度，为焊缝特征识别技术的发展打下基础。

　　管道建设焊接检测技术的可靠性直接影响管道建设的质量和未来运行的安全[6]。X 射线成像技术已经在管道焊接检测过程中普遍使用，为智能化辅助评片打下基础。虽然计算机智能辅助评片发展迅速，且目前一定数量的底片分析处理系统已经投入使用，但这些系统应用还不成熟，目前的评片工作大多情况下需要人工干预，人机交互进行[7~13]。射线底片缺陷识别是通过底片的数字化处理，依靠计算机的高速处理能力，将焊缝底片评片的工作转化为自动图像处理工作技术，并将焊缝底片的识别逐步标准化，包括图像预处理、图像焊缝区域的分割、缺陷特征提取、缺陷分类识别等工作，最终将缺陷结果显示出来。因此，完全的计算机智能评片系统是射线检测的一个非常重要的研究分支。

　　图像识别中涉及图像预处理技术、图像分割和特征提取技术。其中图像预处理使用的特征提取技术尤为重要，包括图像提取的速度和计算的准确性。图像特征可分为四大类：直观性特征、灰度统计特征、代数特征与变换系数特征。直观性特征即几何特征，也称形状特征，该特征稳定性高，不易受到外部因素的影响，缺点是该特征的抽取比较复杂且精度不高。灰度统计特征是指研究灰度的空间相关特性来描述纹理的方法，提出图像空间中相隔某距离的两像素之间的灰度关系，缺点是未考虑几何特征影响。代数特征的基础是统计学习方法，该特征识别精度比较高。变换系数特征是指先对图像进行一些变换，如傅里叶变换、小波变换，得到一些系数，将这些系数作为特征进行识别。灰度统计特征的特征提取方法有以下两类：线性投影特征抽取和非线性特征抽取。线性投影特征抽取中，最具有代表性的是 PCA 和 LDA(Fisher 线性鉴别分析)。该方法的缺点为需要学习大量样本，且对外部条件比较敏感，因此需要较高的采集条件。对于自动检测系统，单方面的速度快或者单方面的准确率高都不能很好地满足人们的需求，必须做到速度快且准确率高[14~16]。

　　目前，图像特征主要表现为纹理特征[17]和形态(形状)特征[18]。对于焊缝而言，一类是焊缝缺陷几何特征的提取，另一类是焊缝缺陷纹理特征的提取。焊缝缺陷几何特征的提取是缺陷的大小、形状、椭圆度、长宽比等的量化；焊缝缺陷纹理特征的提取是设计边界清晰度、局部信息细化程度等。其中焊缝缺陷纹理特征应用更为广泛，表现比较稳定，性能通常优于单纯的形状特征。用得最多的纹理特征是局部二值模式(LBP)特征及其改进特征。LBP 特征实现简单、计算速度快、鲁棒性强，能较好地描述图像的微观结构信息[19~25]。现有的基于 LBP 或改进原理的纹理特征在描述局部微观结构上有优势，但对于描述全局结构上仍有缺陷，而实际上通常都是在对焊缝整体形状、图像形貌进行最直接观察的基础上，再通过局部细节信息进行精细划分。因此，局部纹理信息和整体形貌信息具有很强的互补性，组合使用应该能获得更好的分类结果。

基于以上研究，本节提出一种组合纹理描述的焊缝图像特征提取方法。为了保留更丰富的纹理结构信息，焊缝特征借鉴完备 LBP 模式 CLBP 原理，提出一种改进的 CTLP 算法，重构中心描述子，包括符号描述子和大小描述子，分为 3 个分量(两个分量包含大小、符号信息，另一个分量保留焊缝图像中心区域信息)进一步表征焊缝缺陷的特征大小、符号信息和中心区域信息。该算法克服了幅度、方向精度不足的缺点，在分类准确率上优于单纯的形状特征轮廓直接判断法和传统的 LTP、LBP、CLBP 纹理特征描述方法。

5.5.1　纹理特征

焊缝缺陷纹理特征参数主要有以下 4 个。在下面 4 个参数的计算公式中，所有的灰度共生矩阵使用 $\boldsymbol{G}(i,j)$ 来表示。

(1)能量(angular second moment，ASM)。该参数是计算所有元素的平方和，因此该参数称为能量。这个参数表示的是图像中纹理精细的程度及灰度分布是否均匀。当元素分布比较集中时，ASM 的值会比较大，表示纹理比较均匀并且规则。该参数的计算公式为

$$\text{ASM} = \sum_{i=1}^{k}\sum_{j=1}^{k}(\boldsymbol{G}(i,j))^2 \tag{5.24}$$

(2)对比度(contrast)。该参数(用 CON 表示)表征的是图像的清晰程度及纹理沟纹的深度。沟纹深，则该参数的值大，并且直观上看起来较清晰，同理，当对比度比较小时，沟纹比较浅且直观上看起来较模糊。在灰度共生矩阵中，离对角线越远，CON 的值越大。该参数的计算公式为

$$\text{CON} = \sum_{n=0}^{k-1} n^2 \left\{ \sum_{|i,j|=n} \boldsymbol{G}(i,j) \right\} \tag{5.25}$$

(3)相关度(correlation，COR)。该参数表示的是矩阵元素在行列上的相似程度。由此可知，相关度值的大小确切地表征了图像中的局部灰度相关性。当灰度

共生矩阵中各个元素值比较均匀时，相关度值就大，反之亦然。若图像中有水平方向纹理，则水平方向矩阵的 COR 函数计算相关矩阵系数大于其余矩阵的相关系数值。该参数的计算公式为

$$\text{IDM} = \sum_{i=1}^{k}\sum_{j=1}^{k}\frac{\boldsymbol{G}(i,j)}{1+(i+j)^2} \tag{5.26}$$

（4）熵。该纹理特征参数（用 ENT 表示）表示的是某个图像的信息量。由于纹理信息是图像信息的一部分，并且它是一个随机性的度量，因此，当灰度共生矩阵中的元素随机性比较大且该矩阵的空间共生矩阵中元素的值基本相等时，熵较大。该特征参数表征的是图像中纹理的非均匀程度或者说复杂程度。该参数的计算公式为

$$\text{ENT} = -\sum_{i=1}^{k}\sum_{j=1}^{k}\boldsymbol{G}(i,j)\lg \boldsymbol{G}(i,j) \tag{5.27}$$

5.5.2　特征算法

1. 局部二值模式

局部二值模式由 Ojala 等[6]提出，其原理是将图像中所有的像素点与其邻域像素点的灰度值求差，对求得的所有结果进行二进制编码。这个像素点的二值模式就是刚才得到的二进制编码。局部二值模式可以利用下列公式定义：

$$\text{LBP}_{P,R}(x_c, y_c) = \sum_{p=0}^{P-1} s(g_p - g_c)2^p \tag{5.28}$$

设 $x = g_p - g_c$，则

$$s(x) = \begin{cases} 1, & x \geqslant 0 \\ 0, & x < 0 \end{cases}$$

式中，P 为像素点的个数；R 为邻域半径；g_p 为邻域像素点的灰度值；g_c 为中心像素点的灰度值；$s(x)$ 为算子值。

假设中心像素点的坐标为(0,0)，那么通过计算，可以得到邻域像素点的坐标为 $(-R\sin(2\pi p / P), R\cos(2\pi p / P))$。

2. 基于自适应阈值的 LTP 模式

假设局部纹理结构 T 由一定邻域的像素点构成，其包含灰度级为 $P+1\,(P>0)$ 的图像像素点集合。任取一位为起始位，按顺时针排序，则纹理结构 T 可表示为

$$T = t(g_o, g_0, g_1, \cdots, g_{P-1}) \tag{5.29}$$

式中，g_o 为局部图像中心像素点；$g_0, g_1, \cdots, g_{P-1}$ 为中心像素点的 P 邻域像素点的灰度值。

LTP 算子是 LBP 的扩展，采用三值编码，增加了-1 值模式及用户自定义阈值 t，映射到[-t, t]之间为零值，大于该区间的差值量化为 1，小于该区间的差值量化为-1。LTP 中的 $s(x)$ 定义如下：

$$s(x) = \begin{cases} 1, & x \geqslant \text{TH} \\ 0, & 0 \leqslant x < \text{TH} \\ -1, & x \leqslant 0 \end{cases} \tag{5.30}$$

阈值 TH 由下式计算可得

$$\text{TH} = \frac{\sum_{i=1}^{N} \sum_{j=1}^{P} (g_j - g_i) \cdot s(g_j - g_i)}{P \times N} \tag{5.31}$$

$$s(g_j - g_i) = \begin{cases} 1, & g_j - g_i > 0 \\ 0, & g_j - g_i \leqslant 0 \end{cases}$$

式中，g_j 为第 j 点像素；g_i 为相邻 i 点像素；P 为邻域像素点数目；N 为计算区域像素点数目。

将权重 3^p 分配给每个 $s(g_p - g_c)$，由此可得到一个唯一的 LTP 编码，用符号表示为

$$\text{LTP}_{P,R} = \sum_{p=0}^{P-1} s(x) 3^p \tag{5.32}$$

式中，R 表示邻域半径。具体计算过程如图 5-19 所示。

3. 完全局部三值模式(CLTP)

CLTP 同样包含了 3 种核心算子，为中心描述子、符号描述子和大小描述子，分别用 CLTP_C、CLTP_S、CLTP_M 表示。将算子转化后，得到修正的 CLTP_C*、CLTP_S*、CLTP_M* 表示，它们的计算过程如下：

$$\text{CLTP\_S}^* = \sum_{p=0}^{P-1} s_1(x) 3^p$$

$$s_1(x) = \begin{cases} 2, & x \geqslant \text{TH} \\ 1, & 0 \leqslant x < \text{TH} \\ 0, & x < 0 \end{cases} \tag{5.33}$$

$$\mathrm{CLTP\_M}^* = \sum_{p=0}^{P-1} s_2(x)3^p$$

$$s_2(x) = \begin{cases} 2, & x \geqslant b \times \mathrm{TH} \\ 1, & a \times \mathrm{TH} \leqslant x < b \times \mathrm{TH} \\ 0, & x < a \times \mathrm{TH} \end{cases}$$

式中，a、b 为自定义常量，可取 $a = 0.3$，$b = 0.7$。

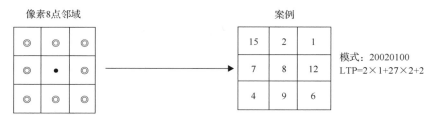

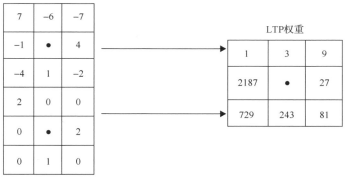

图 5-19　LTP 模式编码值计算

$$\mathrm{CLTP\_C}^* = \begin{cases} 1, & x \geqslant \mathrm{TH}1 \\ 0, & x < \mathrm{TH}1 \end{cases} \tag{5.34}$$

式中，TH1 为图像像素点均值。

　　然后用 $\mathrm{LTP}_{P,R}^{\mathrm{Riu}2}$ 模式分别转化编码值，$\mathrm{CLTP\_S}^*$、$\mathrm{CLTP\_M}^*$、$\mathrm{CLTP\_C}^*$ 分别对应。

　　图 5-20 所示的计算示例说明如下。图 5-20（a）表示的是中心像素为 38 的 3×3 样本块，邻域的 8 个像素为[27,72,69,32,25,43,26,88]；在图 5-20（b）中计算局部差值，得到的算子结果为[−11,34,31,−6,−13,5,−12,50]；图 5-20（c）中，$\mathrm{CLTP\_S}^*$ 局部差值符号的三值编码向量为[0,2,2,0,0,1,0,2]；图 5-20（d）中，$\mathrm{CLTP\_M}^*$ 算子值

为 $[1,2,2,0,1,0,1,2]$；图 5-20(e)为由 $[27,72,69,32,25,43,26,88]$ 计算的平均值，表示 CLTP 的 $CLTP\_C^*$ 值为 $[0,0,0,0,0,0,0,1]$。

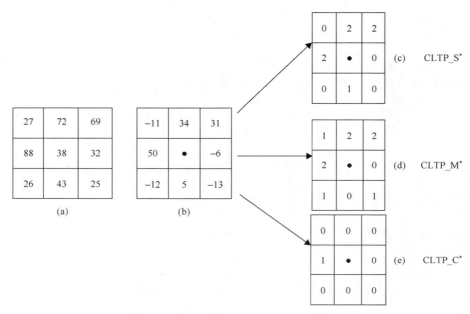

图 5-20　CLTP 计算子

4. 特征精细化维度组合

（1）首先将 CLTP_S 与 CLTP_M 组合，得到 CLTP_SM，表示为

$$CLTP\_SM = [CLTP\_S_{n\times1}, CLTP\_M_{n\times1}] \tag{5.35}$$

式中，n 为 CLTP_S 的编码个数；$CLTP\_M$ 为 n 个 2 维向量；CLTP_SM 为统计直方图。

（2）然后将 CLTP_M 利用式(5.36)计算得到 CLTP_MC：

$$CLTP\_MC = (CLTP\_C \cdot CLTP\_M + DIM) + (1 - CLTP\_C) \cdot CLTP\_M \tag{5.36}$$

式中，DIM 为 LTP 模式维度。

（3）用类似的方法组合 CLTP_S 与 CLTP_MC 得到 CLTP_SMC：

$$CLTP\_SMC = [CLTP\_S_{n\times1}, CLTP\_MC_{n\times1}] \tag{5.37}$$

（4）同样，做直方图统计，得到特征 CLTP_SMCH。最后结合 CLTP_SMH 和 CLTP_SMCH 得到 CLTP 特征。

$$CLTP = [CLTP\_SMH, CLTP\_SMCH] \tag{5.38}$$

该 CLTP 特征的维度和 LTP 模式有关，当使用 $LBP_{P,R}^{Riu2}$ 时，$DIM(LBP_{P,R}^{Riu2})$=45，则 $LBP_{P,R}^{Riu2}$ 为 45×45+45×45×2=6075 维。

5.5.3　实验研究

1. 特征纹理提取

选取陕京天然气管线 $\varPhi$1016，焊缝底片长度 350mm，宽度为 80mm，经过处理后上下宽度为 50mm，使用 CLTP 方法进行焊缝底片的纹理识别，识别情况如图 5-21 所示。

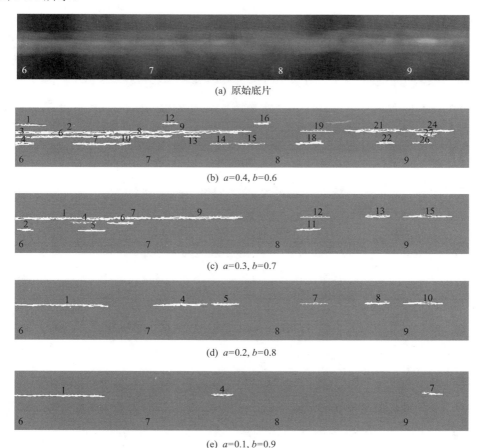

(a) 原始底片

(b) *a*=0.4, *b*=0.6

(c) *a*=0.3, *b*=0.7

(d) *a*=0.2, *b*=0.8

(e) *a*=0.1, *b*=0.9

图 5-21　焊缝底片的 CLTP 大小算子 CLTP_M* 的纹理识别（文后附彩图）

a.几何特征系数；*b*.纹理系数

2. 气孔特征的纹理特征提取

由图 5-21 和图 5-22 可以得出，选择的参数不同，则对焊缝纹理特征的描述不同。图 5-21 (c) 中 $a = 0.3$、$b=0.7$，对于缺陷识别提取具有较好的纹理特征值，$CLTP\_M^*$ 显示的特征范围丰富；图 5-22 (e) 中 $a = 0.4$、$b=0.6$，具有明显的优势，$CLTP\_M^*$ 值特征表现最为明显。

3. 缺陷特征与纹理库比对

使用 Outex_TC_10010 纹理库的资料，利用本节研究的 CLTP 算法对其进行纹理分类提取，并将 CLTP 算法的分类准确率与几种常见的纹理特征提取算法，如 LBP、LTP、CLBP 进行对比。为了保证分类比较的客观性，选取了 3 组不同的 (P, R) 数值进行实验，得到的结果如表 5-1 所示。

(a) 原始底片

(b) a=0.1, b=0.9

(c) a=0.2, b=0.8

(d) a=0.3, b=0.7

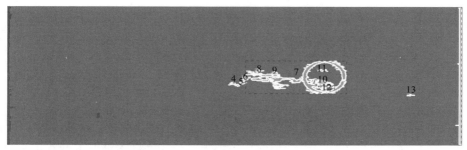

(e) a=0.4, b=0.6

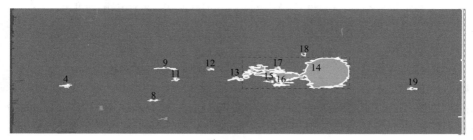

(f) a=0.5, b=0.5

图 5-22　气孔纹理特征提取技术（文后附彩图）

表 5-1　Outex_TC_10010 纹理库纹理分类准确率　　　（单位：%）

(P,R)=(8,1)	(P,R)=(16,2)	(P,R)=(24,3)
86.70	88.23	82.78
87.45	85.30	92.18
97.12	96.34	95.26
79.18	95.20	96.34
94.57	95.23	98.85
96.82	97.47	99.66

　　使用上述 CLTP 纹理特征提取算法，对焊缝缺陷特征进行提取，提取了纹理特征的对比度、熵、能量、相关度等信息，具有实用性和高效性，经参数运算，得到如下的特征参数数据，展示的部分数据如表 5-2 所示。

表 5-2 部分样本的 5 个特征参数值

缺陷与背景灰度差 Δh	对比度 CON	熵 ENT	圆形度 e	等效面积 S/C
52	0.61	5.24	0.14	0.6
−44	2.01	2.56	0.32	0.9
32	0.34	4.04	081	1.6
−30	0.35	5.32	0.89	1.5
37	0.39	4.57	0.15	3.2
39	0.36	3.56	0.18	1.1

5.6 基于 CLTP 纹理和形状特征的管道焊缝
缺陷 SVM 方法研究

管道焊缝底片缺陷和自动识别技术，伴随着大数据、射线数字成像、人工智能等技术不断发展，由于焊缝的缺陷类型比较复杂，包括焊缝裂缝、夹渣、气孔、弧坑、未焊透、未熔合等，自动识别技术仍未获得实质性突破。上节分析了焊缝纹理特征的提取，对缺陷的描述精度有所提高，但如何实现缺陷特征的自动识别，仅凭纹理特征的提取还不能满足需求，还需要考虑更多的因素，如形状特征描述与纹理特征描述。

形状特征提取和缺陷的精准识别是焊缝图像识别的重要内容，目前一般采用轮廓直接判断法，即形状参数直接表征缺陷特征的方法。该方法的缺点是对特殊缺陷的识别率不高，其纹理特征不能参与缺陷识别。对于未焊透和未熔合、夹渣和气孔裂纹缺陷、条形缺陷等判断不准，而基于纹理特征和形状特征的 SVM 方法，可有效解决此类问题。

本节提出了 CLTP 纹理特征和形状特征结合的 SVM 管道焊缝缺陷识别方法，纹理特征包括能量、对比度、相似度、熵四个信息，该纹理特征与焊缝形状特征相融合，建立焊缝底片图像缺陷特征库，包含灰度差、等效面积、圆形度、熵、相关度等参数，开发了 SVM 分类方法，进一步表征了焊缝缺陷的特征大小、符号信息和中心区域信息。该算法克服了幅度、方向的精度不足的缺点，在分类准确率上优于单纯的形状特征轮廓直接判断法和传统的 LTP、LBP、CLBP 纹理特征描述方法。

5.6.1 缺陷形状特征和纹理特征

焊缝缺陷的纹理特征和形状特征描述是焊缝缺陷识别的基础，焊缝纹理特征参数主要有 4 项，包括能量、对比度、相似度和熵，参见 5.5.1 节的介绍。形状特征包括 5 项，有圆形度、缺陷与背景的灰度差、缺陷自身灰度偏差、缺陷的相对位置、等效面积。总结如下。

(1)圆形度 e。首先要知道的是面积和周长，圆形度的数学表达式为

$$e = \frac{4\pi S}{C^2}$$

式中，e 为圆形度；S 为区域面积；C 为区域周长。

(2)缺陷与背景的灰度差 Δh。首先计算母材区域的平均灰度值 Z_1，然后计算缺陷区域的平均灰度值 Z_2，则 $\Delta h = Z_1 - Z_2$；Δh 为负，可以初步判断为夹渣；为正，则可以判断该区域的缺陷为气孔。

(3)缺陷自身灰度偏差 δ。该参数主要用来分辨圆形夹渣和圆形气孔，点状夹渣的 δ 小，而气孔的 δ 大。

$$\delta = \frac{\sum (z_{max} - z)}{n}$$

式中，z_{max} 为缺陷区域的灰度最大值；z 为任意一点的灰度值。

(4)缺陷的相对位置 d。该参数是计算缺陷的中心位置，然后得出该位置到焊缝中心的距离，一般用归一化之后的值来衡量这个位置，一般用来识别未焊透和未熔合。

(5)等效面积 S/C。该参数反映缺陷的单位边界长度所占面积的大小。S/C 越小，表明缺陷越是曲折细长的。该参数一般用来表征裂纹。等效面积主要指的是特征区域面积和特征区域周长的比值大小。

5.6.2　完全局部三值模式

焊缝纹理特征提取涉及边界清晰度、局部信息细化程度。传统方法使用二值法 LTP、LBP、CLBP 纹理特征描述方法，但纹理描述的精度受到影响，完全局部三值模式 CLTP 可解决纹理特征描述的精度问题。

5.6.3　SVM 特征分类

1. 建立底片缺陷库

建立典型特征的缺陷库，见表 5-3。综合以上形状特征和纹理特征，对应的底片黑度不同形成不同缺陷特征，包含特征向量为焊片编号、图像长度像素、图像宽度像素、缺陷与背景的灰度差 Δh、缺陷的相对位置 d、缺陷自身灰度偏差 δ、缺陷长宽比 L/b、等效面积 S/C、圆形度 e、熵 ENT、相关度 COR、惯性矩 CON、能量 ASM 等。

表 5-3　缺陷底片数据库示例

序号	焊片编号	图像长度像素	图像宽度像素	缺陷与背景的灰度差 Δh	缺陷的相对位置 d	缺陷自身灰度偏差 δ	缺陷长宽比 L/b	等效面积 S/C	圆形度 e	熵 ENT	相关度 COR	惯性矩 CON	能量 ASM	缺陷类别
1	QH-1-B-Y-1	3905	351	23	−5.12	67	5.74	1.0491	4.17	3.41	20.3	0.39	0.95	未焊透
2	QH-1-B-Y-2	4553	469	45	5.34	68	7.94	1.18	2.49	3.52	19.4	0.42	1.24	未熔合
3	QH-1-B-Y-3	4586	517	56	−6.56	43	0.93	1.62	1.32	2.53	18.5	0.24	0.83	夹渣
4	QH-1-B-Y-4	4576	505	34	7.89	28	6.20	1.047	0.52	2.42	17.3	0.19	1.31	未熔合
5	QH-1-B-Y-5	4559	555	−29	5.34	67	4.83	1.51	1.26	3.73	16.5	0.34	2.30	夹渣
6	QH-1-B-Y-6	3858	529	45	−3.43	89	2.10	1.44	3.43	5.25	14.3	0.35	0.89	未熔合
7	QH-1-B-Y-7	4261	439	67	3.62	18	1.24	1.66	1.88	3.67	13.2	0.46	0.97	未熔合
8	QH-1-B-Y-8	3272	505	−34	2.15	37	6.94	1.17	1.37	2.42	11.5	0.56	0.95	夹渣
9	QH-1-B-Y-9	4255	598	45	0.31	58	8.75	1.03	0.7	3.73	12.3	0.61	1.32	未熔合
10	QH-1-B-Y-10	4298	555	69	10.93	36	1.01	1.02	0.44	3.43	15.3	0.32	1.23	气孔
11	QH-1-B-Y-11	2967	596	35	8.51	49	7.48	0.9	341	3.14	14.8	0.34	1.45	未熔合
12	QH-1-B-Y-12	4172	607	26	4.57	27	9.0	1.1	2.48	5.31	13.4	0.27	2.02	未焊透

2. 多类 SVM 模型

构造 M-SVM 分类器时，可使用单个类与剩下的类进行构造，确定这个分类器的判断标准，对所有的类别重复以上过程，求出每个判断函数的值，将这些数值进行对比，最大的类别即为样本的最好分类结构。在该方法中，需要构造 M 个分类器，使用直接全局优化方法（M-SVM），构造多批分类器，对 M 个分类器的求解一次性完成。该方法是直接全局优化问题。

设 $M(x, y) = [(x_i, y_i)]_{i=1}^N$，$i = 1, 2, \cdots, l$ 为样本训练集，l 为样本个数，N 为样本维数，M 为样本的类别，引入非负松弛变量 ξ_i，p 为初始样本总量，必须大于等于 2，则该方法的优化问题为

$$\min \frac{1}{2} \sum_{p=1}^{M} \|\boldsymbol{w}\|^2 + C \sum_{i=1}^{N} \sum_{m=y_i}^{l} \xi_i^m \tag{5.39}$$

判别函数为

$$\text{s.t.} \quad y_i(\boldsymbol{w}^{\mathrm{T}} \phi(x_i) + b) \geqslant 1 - \xi_i$$

式中，w 为最优分类超平面法线；$\xi_i \geqslant 0(i = 1,2,\cdots,l)$；$\phi(\bullet)$ 为输入空间到高维特征空间的非线性映射函数。通过求解最优化问题，可得到相应的最优决策函数 $f(x)$：

$$f(x) = \mathrm{sgn}\left(\sum_{i=1}^{l} y_i \alpha_i M(x,x_i) + b\right) \tag{5.40}$$

3. SVM 多分类器构造

分类器构造应优先采用类别差异性排除法，即在整体结构中，先将相似量作为一类，然后根据相似量之间的细微变化，通过模型算法进行区分，这种分类无论在分类准确率上还是平衡准确率上都有极高的效率。本节构造了裂纹、圆形夹渣、条形夹渣、气孔、未焊透、未熔合等 6 种典型缺陷 SVM 多类分类器，如图 5-23 所示。

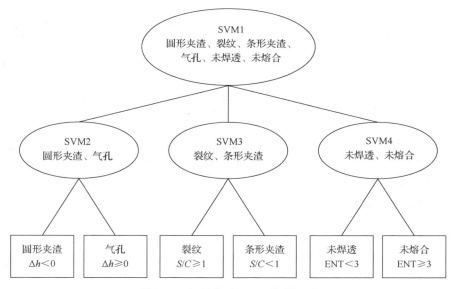

图 5-23　焊缝缺陷 SVM 分类识别

5.6.4　实验研究

采用上述模型，首先对焊缝底片进行 CLTP 纹理识别，采用缺陷边缘检测和跟踪处理技术计算各参数。上述纹理识别和特征识别计算参数包括图像长度像素、图像宽度像素、缺陷与背景的灰度差 Δh、缺陷的相对位置 d、缺陷自身灰度偏差 δ、缺陷长宽比 L/b、等效面积 S/C、圆形度 e、熵 ENT、相关度 COR、惯性矩 CON、能量 ASM 等，所有特征参数输入 SVM 模型，进行 SVM 焊接底片的缺陷识别，最终得到缺陷的类别如图 5-24 所示。

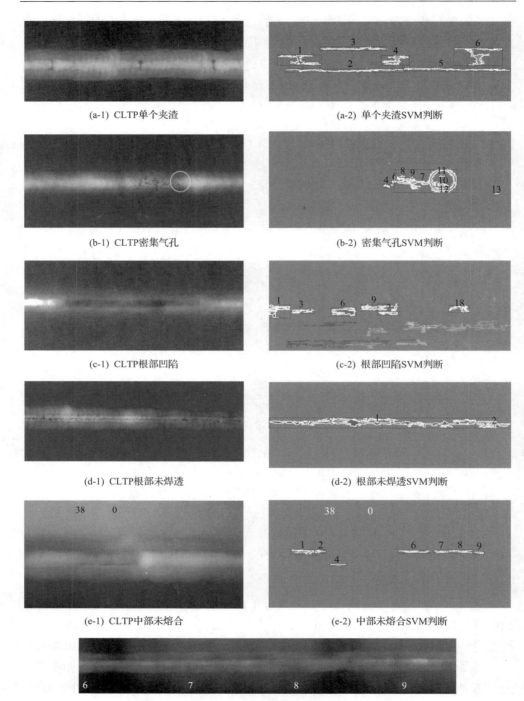

(a-1) CLTP单个夹渣　　　　　　　　　　(a-2) 单个夹渣SVM判断

(b-1) CLTP密集气孔　　　　　　　　　　(b-2) 密集气孔SVM判断

(c-1) CLTP根部凹陷　　　　　　　　　　(c-2) 根部凹陷SVM判断

(d-1) CLTP根部未焊透　　　　　　　　　(d-2) 根部未焊透SVM判断

(e-1) CLTP中部未熔合　　　　　　　　　(e-2) 中部未熔合SVM判断

(f-1) CLTP根部未熔合影像

(f-2) *Φ1016焊缝底片SVM判断*

图 5-24　焊缝底片缺陷 CLTP 识别和 SVM 缺陷判断（文后附彩图）

　　焊接底片经过 CLTP 纹理识别后，应用基于缺陷数据库的 SVM 数据分类技术，CLTP 使焊接底片图像边缘检测和缺陷跟踪识别精度大大提高，SVM 缺陷分类模型使图像缺陷的自动识别判断准确度大大提高，基本达到了工业应用级水平。其中，图 5-24(e-1)是中国西气东输管道"7·28"事故段焊口 X 射线底片，在位置点 38 左下方体现了未熔合特征，其计算机系统判别与人工评片结果完全一致。图 5-24(f)为中国陕京二线焊接底片，表现为未熔合特征，主要的缺陷位于位置点 6 和 7 之间。实验结果表明该方法具有较好的精度。

参 考 文 献

[1] Dong S H. Pipeline Integrity Assessment and Practice. Beijing: Oil Industry Press, 2014.

[2] Kushwaha A, Srivastava S, Srivastava R. Multi-view human activity recognition based on silhouette and uniform rotation invariant local binary patterns. Multimedia Systems, 2017, 23(4): 451-467.

[3] Ojala T, Pietikainen M, Harwood D. A comparative study of texture measures with classification based on featured distributions. Pattern Recognition, 1996, 29(1): 51-59.

[4] Kasban H, Zahran O, Arafa H, et al. Welding defect detection from radiography images with a cepstral approach. Ndt & E International, 2011, 44(2): 226-231.

[5] Halim S A, Hadi N A, Ibrahim A, et al. The geometrical feature of weld defect in assessing digital radiographic image. 2011 IEEE International Conference on Imaging Systems and Techniques (IST), Penang, 2011.

[6] Ojala T, Pietikainen M, Maenpaa T. Multiresolution gray-scale and rotation invariant texture classification with local binary patterns. IEEE Transactions on Pattern Analysis and Machine Intelligence, 2002, 24(7): 971-987.

[7] Guo Z H, Zhang L, Zhang D. A completed modeling of local binary pattern operator for texture classification. IEEE Transactions on Image Processing, 2010, 19(6): 1657-1663.

[8] Tian Y, Du D, Cai G R, et al. Automatic defect detection in X-ray images using image data fusion. Tsinghua Science and Technology, 2006, 11(6): 720-724.

[9] Fellsberto M K, Lopes H S, Centeno T M, et al. An object detection and recognition system for weld bead extraction from digital radiographs. Computer Vision and Image Understanding, 2006, 102: 238-249.

[10] Anand A R S, Kumar P. Flaw detection in radiographic weld images using morphological approach. Ndt & E International, 2006, 39(1): 29-33.

[11] Wang Y, Sun Y, Lv P, et al. Detection of line weld defects based on multiple thresholds and support vector machine. Ndt & E International, 2008, 41(7): 517-524.

[12] Anand A R S, Kumar P. Flaw detection in radiographic weldment images using morphological watershed segmentation technique. Ndt & E International, 2009, 42(1): 2-8.

[13] Nacereddine N, Tridi M, Hamami L, et al. Statistical tools for weld defect evaluation in radiographic testing. 9th European Conference on Non-Destructive Testing, Berlin ,2006.

[14] Zhang X G, Zhu Z C, Xu J H, et al. The classification algorithm of defects in weld image based on asymmetrical SVMs. Proceedings of International Conference on Control and Automation, Budapest, 2005.

[15] Sagiv C, Sochen N A, Zeevi Y Y. Integrated active contours for texture segmentation. IEEE Transactions on Image Processing, 2006, 15(6): 1633-1646.

[16] Sumengen B, Manjunath B S. Edgeflow-driven variational image segmentation: Theory and performance evolution. IEEE Transactions on PAMI, 2005, 8: 1-35.

[17] Vellsavljevic V, Beferull L B, Verrerli M, et al. Directionlets: Anisotropic multidirectional representation with separable filtering. IEEE Transactions on Image Processing, 2006, 15(7): 1916-1933.

[18] Candes E, Demanet L, Donoho D, et al. Fast discrete curvelet transforms. Multiscale Modeling and Simulation, 2006, 5(3): 861-899.

[19] Chew H G, Lim C C, Bogner R E. Dual-nu support vector machines applications in multi-class image recognition. Proceedings of the International Conference on Optimization Techniques and Applications, Ballarat, 2004.

[20] Chew H G, Crisp D, Bogner R, et al. Target detection in radar imagery using support vector machines with training size biasing. Proceedings of the Sixth International Conference on Control, Automation, Robotics and Vision, Sydney, 2000.

[21] Chen X W, Gerlach B, Casasent D. Pruning support vectors for imbalanced data classification. Proceedings of the International Joint Conference on Neural Networks, Montreal, 2005.

[22] Lecomte G, Kaftandjian V, Cendre E,et al.A robust segmentation approach based on analysis of features for defect detection in X-ray images of aluminium castings. Insight-Non-Destructive Testing and Condition Monitoring, 2007, 49(10):526-532.

[23] Lim T Y, Ratnam M M, Khalid M A. Automatic classification of weld defects using simulated data and an MLP neural network. Insight-Non-Destructive Testing and Condition Monitoring, 2007, 49(3): 154-159.

[24] Zapata J, Vilar R, Ruiz R. Performance evaluation of an automatic inspection system of weld defects in radiographic images based on neuro-classifiers. Expert Systems with Applications, 2011, 38(7): 8812-8824.

[25] Zafeiriou S, Tefas A, Pitas I. Minimum class variance support vector machines. IEEE Transactions on Image Processing, 2007, 16(10): 2551-2564.

第6章 管道缺陷预测预警随机森林模型研究

6.1 概　　述

随着我国经济的飞速发展，作为一种较理想的可持续发展能源，天然气以它储量丰富、清洁环保、使用方便的优点，越来越被人们重视。在天然气的使用中，最大的问题就是天然气单位体积能量密度较低，不易压缩和储存，因此管道输送成为我国甚至是国际上最常用的天然气输送方式。目前，我国已经形成了以西气东输一、二、三线，陕京一、二、三线，川气东送等输气管道为主，大量区域性管网为辅的输气管道网络格局。在未来，由于对天然气的需求量持续增加，输气管道还会有更加巨大的发展前景。

现阶段，我国多半在役管道系统已经逐步进入中老年期。同时，由于生产技术相对落后、存在部分制造或施工缺陷、第三方破坏、误操作及自然地质灾害等，管道系统极易出现开裂、孔洞、腐蚀等缺陷，进而造成管道系统弯曲、断裂、泄漏等事故，给人民群众的生命财产安全、国家经济建设及环境保护造成严重影响[1]。

在我国，管道缺陷导致的泄漏事故时有发生，东北、华北和华东地区管道泄漏事故总和每年都在 20 次左右[2]。

目前，工业管道向着大型化、参数化和输送环境复杂化发展[3]。因此，对管道缺陷的预测及预警就更加势在必行。目前，各管道企业通过内检测的公里数已达 50000 多千米，内检测数据信号总量已达 TB 量级。内检测数据中蕴含着大量的管道安全信息。采集管道检测相关数据，对管道的缺陷进行预测并预警，对管道进行风险分级，有利于相关企业单位和工作人员采取进一步的行动和措施来消除缺陷、控制风险，对管道系统安全运行与管理而言意义重大。

6.2 国内外研究现状

6.2.1 管道缺陷预测模型研究

在国内，管道缺陷预测虽然起步较晚，但发展迅速。在管道地质灾害中，李俊彦等[4]利用逻辑回归模型，分析滑坡灾害的发生与其影响因子的函数关系，利用 GIS 技术计算区域内各单元发生滑坡的概率，对油气管道工程沿线滑坡的危险性区域做出级别划分。在管道腐蚀缺陷预测中，国外学者 Ahammed[5]采用基于断裂力学的失效模型估测管道寿命。Ossai 等[6]利用马尔可夫建模和蒙特卡罗模拟技术来预测腐蚀管道在给定时间内、不同腐蚀损耗率下能正常运行的概率，同时使用韦布尔概率函数来计算管道泄漏的时间间隔。屈纯[7]在灰色理论法和神经网络法的基础上，提出了 GM(1,1,λ)模型和遗传算法优化的 BP 神经网络，并将两种方法组合建模，进行缺陷腐蚀发育的预测。在管道缺陷预警中，刘路等[8]利用支持向量机模型，识别对管道安全造成威胁的事件，分析管道沿线的振动信号，并进行特征分类。还有很多研究人员研究了朴素贝叶斯模型、相似度模型、表查询模型等。此外，董绍华和安宇[9]构建了基于大数据环境下的内检测数据管理模型。本节将建立随机森林模型来进行管道缺陷预测。

6.2.2　随机森林模型相关研究

随机森林法最早由国外学者提出。1995 年，Ho[10]提出了随机森林(random forest)的概念。在 1998 年，他又提出了随机子空间的集成方法[11]。2001 年，Breiman[12]提出随机森林算法，并对该算法进行了详细阐述。从本质上讲，该算法是 Ho 的随机子空间方法和 Breiman 的装袋算法的结合。Ishwaran 等[13]改进了随机森林的构建过程，提出了随机生存森林算法，该算法综合了生成分析树的预测结果及内容。

由于具有优良性能，随机森林算法开始成为数据挖掘类别划分算法中不可或缺的一部分，该算法在实际中也得到了广泛应用。在电力系统中，王德文和孙志伟[14]提出基于随机森林算法的并行负荷预测方法，并进行了负荷预测试验，证明了随机森林算法的预测准确率明显高于其他算法。程淼海等[15]提出了基于随机森林算法的配电网故障预测。首先，对历史数据进行特征映射等预处理，再建立模型，预测不同条件下未来一天的故障量。Lahouar 和 Slama[16]利用随机森林算法来预测风力发电，找出了风速和风向对模型性能的影响，并建立风力预报系统。在风险评价领域，赖成光等[17]根据流域灾害系统理论，整合了承灾体、致灾因素及导致灾害发生的环境等因素，选取了 10 个特征指标，从而建立了以随机森林算法为基础的洪灾风险评价模型。此外，随机森林算法在生物学、医学、遗传学等领域[18~20]都取得了比较好的效果，深受各领域研究人员欢迎。

6.2.3　研究现状

在以往管道缺陷预测模型的研究中，多数研究者以管道腐蚀数据为基础，采用相关模型对管道缺陷进行预测，忽视了很多其他因素对管道使用年限造成的影响，显得不全面且过于理想化。而基于大数据的随机森林模型，涉及各个方面的数据，如腐蚀数据、建设数据、监测检测数据等，更加系统和全面。当前的预测模型大都只是预测管道剩余寿命，缺少对管道缺陷进行预测分级的研究，相关企业和技术人员也就无法根据管道缺陷分级，针对不同风险级别的管道采取对应的措施。

随机森林算法是一种非常高效的类别划分预测方法，其对噪声值和异常值的容忍度较好，分类准确率及精度较高，泛化能力较强，很少有过度拟合的现象[21]。在上述很多领域(如电力领域等)的研究中，随机森林算法都被证明比神经网络等其他算法的预测准确率要高。在油气管道领域，随机森林算法还未能实现大规模应用。故本章将针对管道缺陷数据建立随机森林模型，对管道缺陷进行分级预测并预警，对管道进行风险分析，从而解决泄漏、腐蚀、第三方破坏等问题，指导管道企业的可持续发展。

6.3　随机森林算法简介

6.3.1　决策树

决策树是随机森林算法的一种单分类器，主要用于预测、类别划分和数据挖掘，无剪枝的决策树是随机森林的基础分类器。决策树可以被看作一个对象的属性，从根节点出发并经过若干个中间节点，最后到达叶节点，这条路径就表示某个规则[22]。因此整个决策树像对应着一组由训练样本确定的表达式规则。

决策树自上而下地使用递归的方式，可由一组没有规则的数据推知决策树表达形式的规则。具体来说，就是在决策树的内部节点开展属性值的比较，并根据不同的属性值，判定从该节点向下发展的分枝[23]，进而开展数据分析和数据挖掘。

6.3.2　随机森林的定义及基本思想

随机森林是一个树形分类器 $\{h(x, \beta_k), k=1,2,\cdots, n\}$ 的集合。其中，元分类器 $h(x, \beta_k)$ 通过简单平均单棵决策树的输出结论得到。

随机森林方法利用采样的技术，从原先的训练样本集 N 中，有放回地反复随机抽取 k 个样本，生成海量的训练样本集合，其实质是对决策数算法的一种改进，将多棵决策树组合在一起，每棵树的建立依赖于一个独立抽样样本，森林中每棵树具有相同的分布，分类决策取决于每一棵树的分类能力和它们之间的相关性，特征选择采用随机的方法，对照不同情况下生成的误差，监测内部估计误差、类别，但在随机生成大量的决策树后，一个测试样本可以统计分析每棵决策树的分类结果，最后来确定最可能的类别划分。

6.3.3　随机森林的构建过程

随机森林单棵决策树生成过程和随机森林的构建过程如图 6-1 和图 6-2 所示。

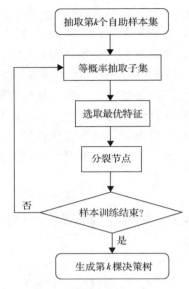

图 6-1　单棵决策树生成过程

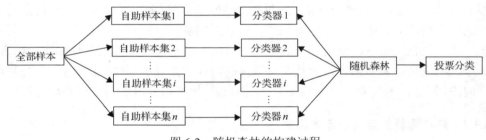

图 6-2　随机森林的构建过程

6.3.4　重要参数

影响随机森林类别划分功能的主要因素包括森林中单棵树的类别划分强度和森林中树与树之间的关联度。在随机森林中，每一棵决策树的类别划分强度越大，即每棵树越枝繁叶茂，整体随机森林分类性能就越好；树与树之间的关联度越大，即树和树中间的枝叶交互越多，随机森林的类别划分功能越差。

树节点预先选择的变量个数(mtry)和随机森林中决策树的棵数(ntree)是建立随机森林模型过程中的两个十分重要的参数，它们分别从微观和宏观的角度确定整片森林的结构。单棵决策树的情况由树节点预先选择的变量个数确定，而随机森林的整体规模由随机森林中树的棵数确定。

6.3.5　几种实现随机森林算法的软件

（1）Weka 软件。该软件是基于 Java 语言编写的机器学习和数据挖掘软件，是一款非商业化的免费软件，在分类领域优势突出，但开放性还有待提高。

（2）MATLAB 软件。该软件是一款商业化应用软件，向用户提供许多应用函数，且运行界面友好，但在使用正版软件时需支付一定费用。

（3）R 软件。同 Weka 软件一样，该软件是一款免费软件，在数据处理、计算和绘图方面都有较大优势。本书采用随机森林算法构建模型时均使用 R 软件。

在 R 软件中实现随机森林算法，首先要获取数据信息，并对数据进行预处理[24]。其次，读入随机森林算法程序包 library（randomForest）。该程序包以 Breiman 关于随机森林理论的 R 语言软件包 random Forest 4.6-6 为基础，导入采集的数据，设置好相关参数，运行程序并分析其结果[25]。

6.4　基于随机森林算法的管道缺陷预测方法

6.4.1　数据采集

管道系统业务涉及很多业务部门，系统高效率地运行取决于各部门的密切配合。将 GIS 作为集合各业务信息的系统，实现相互沟通关联的共享平台全都基于管道运输系统的资料和资源内部的空间分布特征。根据电子地图和管道运输相联合的方法，可以面面俱到且直观正确地反映运输对象、运输工具及其有关信息的现有状况、分布及技术特点，最大限度地实现信息资料共享，为管道运输的运营及管理提供了参考依据和辅助决策支持[26]。

本节数据均来自陕京管道 GIS 的监控和记录。本节所采集数据共 223 组（见附录），包括缺陷的位置、缺陷深度、缺陷宽度、缺陷长度及缺陷分级，埋深、钢管类型、管道壁厚、焊缝类型，管道所处位置的土壤类型等（详见表 6-1）。

6.4.2　实验数据预处理

管道生产运行过程中充满各种各样的不确定性、复杂性、多样性等，导致采集到的原始数据非常杂乱、不完整，甚至含有噪声。而这些数据不符合随机森林算法所要求的规范和标准。对这些原始数据进行预处理，不仅可以节约大量时间和空间，而且通过随机森林算法得到的数据挖掘结果能更好地起到决策和预测作用[27,28]。

1. 指标选择

通过查看数据统计的情况，发现管径和钢管材质的指标数据均为单一值，对接下来的拟合模型工作并无影响，故可以删除这两个指标。此外，桩号指标均为唯一值，可以用作唯一标识符，对拟合模型不产生影响，也可以删除。指标名称用其英文名称或缩写表示，具体如表 6-1 所示。

表 6-1　用于数据分析的指标名称

指标名称	英文名称	使用名称
时钟	direction	direction
缺陷宽度	width	width
缺陷深度	depth	depth
缺陷长度	length	length
埋深	buried depth	bd
钢管类型	pipe type	pt
管道壁厚	pipe wall thickness	pwt
焊缝类型	weld type	wt
土壤类型	soil type	st
缺陷分级	defect classification	dc

2. 缺失值填充

缺失值的填充有很多方法，如忽略元组、使用全局常量填充、使用最邻近方法填充、使用属性均值或同类样本的属性均值填充等。

(1)针对缺陷宽度缺失值，本节采用同类样本的属性均值进行缺失值的填充。通过数据统计可以发现，缺陷宽度缺失值大都处于某一时钟范围之内。此类缺陷大都是由管道表面大面积腐蚀产生的，深度浅而范围大。因此只需计算出此类缺陷未缺失的宽度平均值，即可对此类缺陷宽度缺失值进行填充。

经计算，得其属性均值为 130mm，故将 130mm 作为缺陷宽度缺失值的填充值来进行缺失值填充。

(2)针对管道埋深的缺失值，每一桩号所对应的埋深值基本不相同，且无同类样本的属性规律可言，因此采用属性均值的方式进行缺失值填充。经计算，得所有桩号对应管道的埋深平均值为 1.64m，故将 1.64m 作为管道埋深缺失值的填充值来进行数据填充。

(3)针对管道壁厚的缺失值，通过数据统计可以发现，每一管段的不同桩号都对应着一个管道壁厚值，所以可以采用最邻近方法进行缺失值填充。结合每个桩号对应管道的焊缝类型和土壤类型，可将含有缺失值的桩号划分进相应管段，从而得出两个缺失值的填充值分别为 7.14mm 和 10.3mm。

（4）针对土壤类型的缺失值，也可以采用最邻近方法进行缺失值填充。由统计数据可知，含有缺失值的管道穿越地区的土壤类型均为黄土，故该缺失值的填充值也应为"黄土"。

3. 噪声数据处理

噪声是一个测量变量，包含错误值或偏离期望的孤立点值，即测量中存在较大偏差[29]。通过编程绘图查看数据的基本分布（图 6-3），从而判断数据中是否存

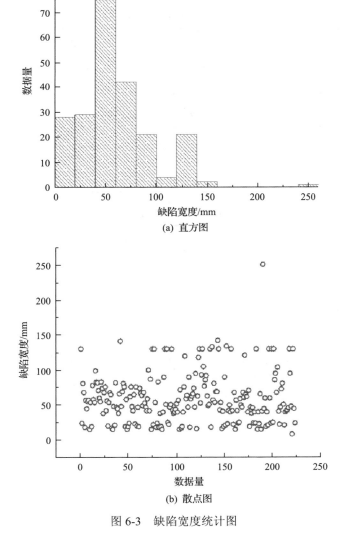

(a) 直方图

(b) 散点图

图 6-3　缺陷宽度统计图

在离群值。缺陷宽度有一个离群值，即 251mm。同理，可找出缺陷深度、缺陷长度、埋深及管道壁厚的离群值。由于原始数据中包含离群值的数据类别很少，因此在数据预处理阶段直接删除离群值。

4. 明确转换规则

通过查看数据统计的情况，发现焊缝类型、钢管类型、土壤类型等指标下的数据均为字符型数据，故通过 R 软件中的"str(data_x)"指令，将其转换为数值型数据，转换规则如表 6-2～表 6-4 所示。

表 6-2　焊缝类型转换规则

焊缝类型	数据转换规则
螺旋焊缝	1
直焊缝	2

表 6-3　钢管类型转换规则

钢管类型	数据转换规则
直管	2
弯管	1

表 6-4　土壤类型转换规则

土壤类型	数据转换规则
黄土	2
黏土	4
砂石土	3
湖泊、河流、沟、排水沟、池塘	1

经过指标选择、缺失值填充、噪声数据处理、明确转换规则等一系列数据清理的工作后，即可开始建立随机森林模型，实现对缺陷等级的预测。

6.4.3　随机森林算法的实现

1. 测试集和训练集的选取

训练集，即学习样本数据集。训练集通过匹配一些参数来建立一个分类器，或者建立一种分类的方式，主要用于模型训练或确定模型参数。测试集主要用于测试训练好的模型或数据的分辨能力，如识别率等。

由于样本数据较少，为了保证预测结果的准确性，本书选取 2/3 的数据作为训练集，然后在训练集上拟合预测值，与原始数据比较，通过误差率来判断随机森林模型的效果。

2. 随机森林模型的建立

以缺陷等级作为预测变量，其他指标作为变量，建立随机森林模型。设置生长数为 500 棵，每一个分裂节点处样本预测器的个数为 4 个。

6.4.4　结果分析

1. 预测结果的误判率分析

通过表 6-5 可以看出，模型将缺陷等级为 4 中的 31 个训练集样本预测正确，将其中 19 个训练集样本错误地预测为缺陷等级为 3，将其中 2 个训练集样本错误地预测为缺陷等级为 1，在该类样本下预测误判率为 40.38%。同样，模型将缺陷等级为 3 中的 64 个训练集样本预测正确，将其中 19 个训练集样本错误地预测为缺陷等级为 4，将其中 7 个训练集样本错误地预测为缺陷等级为 2，在该类样本下预测误判率为 28.89%。模型将缺陷等级为 2 中的 36 个训练集样本预测正确，将其中 1 个训练集样本错误地预测为缺陷等级为 4，将其中 10 个训练集样本错误地预测为缺陷等级为 3，将其中 2 个训练集样本错误地预测为缺陷等级为 1，在该类样本下预测误判率为 26.53%。模型将缺陷等级为 1 中的 20 个训练集样本预测正确，将其中 1 个训练集样本错误地预测为缺陷等级为 4，将其中 1 个训练集样本错误地预测为缺陷等级为 3，将其中 4 个训练集样本错误地预测为缺陷等级为 2，在该类样本下的预测误判率为 23.07%。非对角线元素之和与样本总数之比为整体误差率，结果为 30.41%。通过绘图，结果如图 6-4 所示。从模型建立过程来看，随着决策树数量的增加，在最初，预测误判率快速下降，到决策树数量为 400～500 棵时，基本维持在一定水平上。

表 6-5　预测结果

实际等级	分类结果				分类误差
	4	3	2	1	
4	31	19	0	2	40.38%
3	19	64	7	0	28.89%
2	1	10	36	2	26.53%
1	1	1	4	20	23.07%

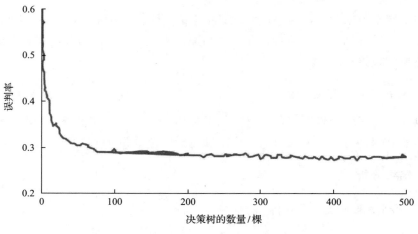

图 6-4　模型误差与决策树数量关系图

2. 自变量的重要程度

随机森林模型和普通线性回归模型存在差异。通常情况下，在一般的判别模型中无法比较各个自变量对模型结果的影响程度，在模型构建之后无法对各个自变量开展显著性检验。但是，在随机森林模型中，可以采用函数计算出各个自变量对模型判别效果的影响程度。

根据自变量及在不同测算标准下自变量的重要程度值可知，自变量对应的指标值较高，表明该自变量对模型判别效果影响较大。以 MDA（mean decrease accuracy）和 MDG（mean decrease Gini）值的降序排列绘图进行随机森林模型中自变量的重要程度对比，结果如图 6-5 所示。其中，MDA 衡量把一个变量的取值变

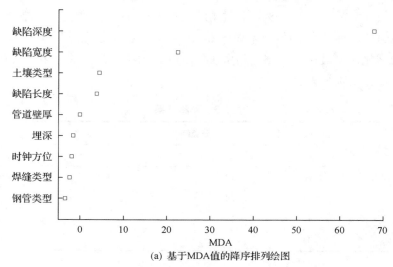

(a) 基于MDA值的降序排列绘图

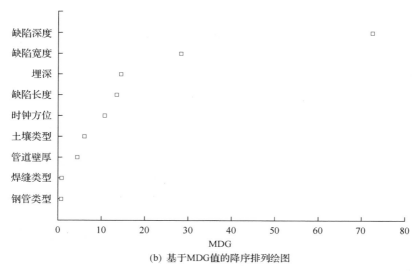

(b) 基于MDG值的降序排列绘图

图 6-5　随机森林模型中两种测算方式下的自变量重要程度对比图

为随机数时，随机森林预测准确性的降低程度；MDG 则是通过基尼指数计算每个变量对每个节点观测值的异质性影响。

3. 模型优化

由图 6-6 可知，对模型判别效果影响较大的因素为缺陷深度、缺陷宽度、管道埋深以及土壤类型。将这 4 个影响程度较大的指标挑选出来，对随机森林模型进行优化，结果如表 6-6 所示。由输出结果可知，优化模型后，整体预测误差率(非对角线元素之和与样本总数之比)下降至 29.49%，减少约 1 个百分点。

表 6-6　优化结果

实际等级	分类结果				分类误差
	4	3	2	1	
4	32	18	0	2	38.46%
3	19	66	5	0	26.67%
2	1	10	35	3	28.57%
1	1	1	4	20	23.08%

由此可知，随机森林算法以树的形式来表示规则集，通过对树深和树数的控制来反映数据规律的预测结果，其预测准确性较高。

6.5　管道缺陷预警模型

6.5.1　预警的相关理论

1. 预警和预测的基本概念

预警一词的英文表述为 early-warning，可以解释为，在灾害或灾难及其他需要防范的危险状况发生之前，人们在总结系统发展规律或观测到可能性前兆的基础上，向相关部门发出紧急信号，以便有关部门提前采取相应措施，预防事故在不知情或准备不充分的情况下发生，从而最大限度地减少危险所造成的损失的行为[30]。

预测和预警存在一定的差异。进行安全预警活动时，预测这一过程是必须存在的，是预警的前提。预测就是根据事物或系统已知的演化规律，在掌握已有信息的基础上，运用科学的方法对事物或系统未来演变趋势和状态进行推测，从而提前了解事物或系统发展的趋势、过程及结果[31]。

预测与预警的相同点是，它们都具有依据事物或系统的历史数据和现状来了解其未来发展状况的功能。预测与预警的主要区别如下。

预测是人们对事物或系统未来演变方向的分析与推测，它的对象既可以是良性发展的事物或系统，也可以是恶性发展的事物或系统。而预警是指对事物或系统的未来状况进行分析和判断，其评判的对象一般会恶性发展，从而导致一系列的安全问题。

在指标(也就是被分析对象的特征类型)上，预测要求的指标较全面，预警指标不一定要非常全面，而是重点研究对一些具有敏感性、先导性、对整体影响较大的指标[32]。

从结果来看，预测的关键是计算预测值，并不需要做出相应的判断，即不需要事先设置相应的界限值来评判结果。而预警的关键是分析警情，并根据警情的严重程度进行相应的判断，需要预先设置对应的界限值。

从二者的最终目的来看，预测的目的是了解事物未来可能的状况，一般不设置报警的功能；而预警的目的是通过分析事物或系统的不良发展状态，根据其严重程度划分相应等级，对不希望发生的结果在不同等级上进行报警，并且由此制定相应的方法和措施。

由此可见，预警是预测的一种特殊形式。评价是预测的基础，而预测是预警的基础。

2. 预警的基本要素

在管道缺陷预警中，使用如下几种要素。

(1)警情。在管道系统中，因为系统与外部环境之间不停地产生物质和能量的交换，从而使系统或子系统产生不希望的偏差，这种偏差就是警情[33]。在本书中，警情来源于陕京管道 GIS 针对府谷站至神池站陕西段和山西段的监控和记录。

(2)警源。警源是某一管段或管道系统发展过程中潜藏的隐患，是警情产生的根本所在。

(3)警义。警义是指管道运行过程中出现警情的含义。警义由警素和警度组成，警素组成警情的指标或者特性类型；警度通过对警素进行定性与定量的评价及判断，来表示警情的严重程度。

(4)警兆。警兆是指在风险出现前，管段或管道系统的各种不正常状态导致警情发生变化的综合反映。

(5)警限。警限也称警点，是各个预警等级的分界点，也是相关警情通过量变到质变的临界点。在管道风险预警中，根据警源的变动及系统距离临界状态的位置来合理地判断警限，是预警成功与否的关键步骤。

(6)排警措施。要通过排警措施来有效化解由管道缺陷引发的一系列事故。排警措施分为短期排警措施和长期排警措施。短期排警措施为一些应急方面的措施，如立即切断泄漏源、疏散周围群众、隔离污染物等。而长期排警措施则更多的是一些政策性的措施，如加强安全相关企业的安全管理监控、严防偷油盗油等犯罪行为等。

3. 预警的基本步骤

美国学者霍尔在 1969 年就提出了系统工程的三维结构，概括了系统工程的工作程序、步骤及其相关的专业知识，在解决复杂大系统问题方面，给研究人员提供了一个十分系统的思想方法[34]。

图 6-6 为管道缺陷预警的三维结构图，分为三个方面：知识维、时间维和逻辑维。下面着重从逻辑维的层次上进行分析。

(1)明确警义。明确警义包括明确警素及警度。在复杂的风险因子中，找出对结果影响最大的、最主要的警素，是管道缺陷预警的根本前提。

(2)寻找警源。不是所有的警源都会成为警情，这需要一个由量变到质变的过程。在这个过程里，警源经过最初萌芽，到成长发展，最后壮大成熟，成为警情。找出警源与预警的效率有着直接的联系，也是顺利解除警情的基础[35]。

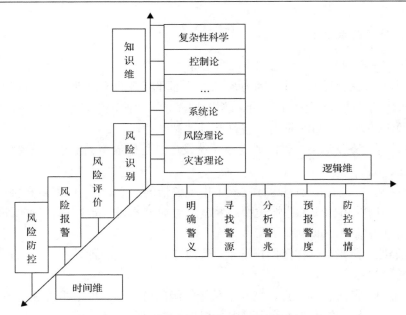

图 6-6　管道缺陷预警的三维结构图

（3）分析警兆。每一种警兆都对应着不一样的警素，然而，在不同的前提下，同样一种警素也可能会激发不一样的警兆。警兆可以非常直观地体现出警素的规律和特点，当警素由量变到质变积累到一定程度后，就会产生相应的警情和警兆。此时，通过分析警兆，就能根据其对应的预警级别发出相应的警报。本书通过陕京管道 GIS 对相应管段警情和警兆的监控和记录，以及随机森林模型对缺陷等级进行预测。以上三个步骤目前均已完成。

（4）预报警度。需要根据警度指标明确一个合理的等级，并且在对应级别上进行预警。经研究，本书将管道缺陷预警设置为四个等级，其中 4 级预警对应颜色为绿色，表明该管段处于安全状态，事故不容易发生；3 级预警对应颜色为黄色，表明该管段处于危险状态，事故有可能发生；2 级预警对应颜色为橙色，表明该管段处于较高危险状态，事故比较容易发生；1 级预警对应颜色为红色，表明该管段处于严重危险状态，事故几乎会发生。管道缺陷预警等级体系如表 6-7 所示。

表 6-7　管道缺陷预警等级体系

预警级别	事故发生的概率	对应颜色	备注
1	几乎会发生	红色	严重危险
2	比较容易发生	橙色	较高危险
3	有可能发生	黄色	危险
4	不容易发生	绿色	安全

(5)防控警情。成功控制警情是预警工作的关键所在。有关部门要根据不一样的警情制定相应的措施规范，最大限度地控制风险。

6.5.2　基于随机森林预测法的管道缺陷预警分析

根据上述步骤及 6.5.1 小节的预测结果，对陕京管线府谷站至神池站陕西段和山西段的管道缺陷进行预警分析，结果如表 6-8 所示。

表 6-8　府谷站至神池站陕西段和山西段管道缺陷预警等级

预警级别	缺陷个数	对应颜色	备注
1	20	红色	严重危险
2	35	橙色	较高危险
3	66	黄色	危险
4	32	绿色	安全

由表 6-8 可知，该管段存在的大部分缺陷对应于黄色预警及以上级别。相关企业及部门应引起足够重视，并采取相应措施来控制管道风险。

6.5.3　基于管道适用性评估模型的管道缺陷预警分析

1. 管道缺陷评价系统

Pipeline Defect Assessment System 软件是国际上唯一适用于管道的适用性评估软件，具有较好的界面和良好的计算精度，该软件依据 API 579、API 1104 等标准，由国际材料力学工程科技学会(International Material Mechanics Engineering Technology Society, IMMETS)开发而成。该软件运行界面如图 6-7 所示。

2. ASME B31G 评价方法

ASME B31G 评价方法是由美国机械工程师协会(The American Society of Mechanical Engineers, ASME)颁布的，它基于断裂力学的 NG-18 公式。该评价方法在计算上具有较大优势，可以快速计算得到带有缺陷的管道的失效压力和最大允许安全运行压力[36]。

单击管道缺陷评价系统主界面的 HOME 按钮，进入 ASME B31G 即可看到导航界面，如图 6-8 所示。在软件导航界面选择 ASME B31G 评价方法，并选择单位为"公制"。在数据录入界面录入相应的管道壁厚、管径，以及缺陷的长度、宽度、深度，并设置设计压力为 6.4MPa(图为 Mpa，为了和软件保持一致，图中未做修改，后同)，试压压力为 7.04MPa，运行压力(MAOP)为 6.4MPa，操作压力

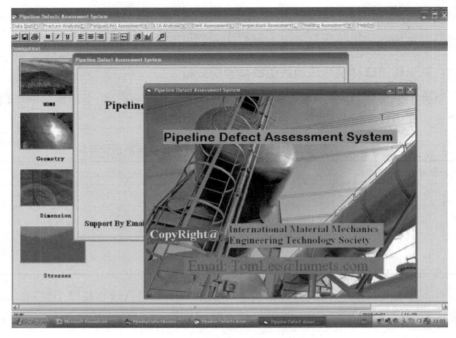

图 6-7　软件运行界面(文后附彩图)

图 6-8　软件导航界面(文后附彩图)

为 6.4MPa，如图 6-9 所示。继续选择钢管类型等，便可由软件自行计算出使钢管失效的压力。

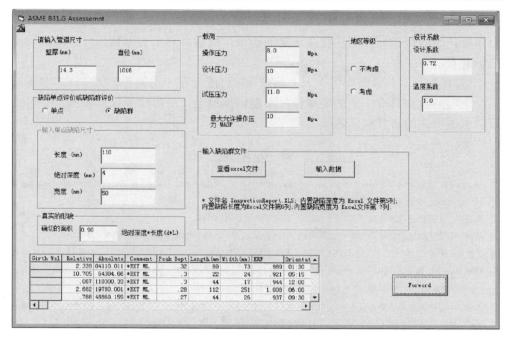

图 6-9 数据录入界面

3. 预警分析及比较

基于随机森林模型的预警划分为 4 个等级，而基于管道适用性评估模型的预警由于其计算数据的相似性，故划分为 3 个等级，分级情况见表 6-9。

表 6-9 基于 ASME B31G 的管道缺陷预警等级

预警级别	对应缺陷点个数	对应颜色	备注
1	23	红色	需要尽快进行维修
2	129	黄色	需要进行动态监控和再检测
3	69	绿色	比较安全

在上述两种预警方法中，对于具体桩号的预警级别详见附录。基于随机森林预测法的预警划分为 4 个等级，而基于管道适用性评估模型的预警由于其计算数据的相似性，划分为 3 个等级。每个缺陷的预警等级大体相同，但仍存在少许差异。分析原因如下。

(1)两种方法分析计算的指标种类不同。后者只考虑了管径、钢管材质、缺陷的长宽深、管道壁厚等指标，而前者在分析时还同时考虑了缺陷方位、管道埋深、钢管类型、焊缝类型、土壤类型等指标，故前者分析范围更广，考虑因素更加全面。

(2)后者使用的 ASME B31G 评价方法基于相应的公式,并可由软件准确计算出数据,而随机森林预测法存在一定的误差,故后者对于实际数据分级的准确率高于前者。

(3)此外,本书数据均为人工手动录入,可能存在一定误差。加之样本容量偏小,选取的数据具有一定的特殊性,不能以偏概全,所得结论仅供参考,也可为日后更深层次的研究奠定基础。

参 考 文 献

[1] Brunone B. Transient test-based technique for leak detection in outfall pipes. Journal of Water Resources Planning & Management, 1999, 125(5): 302-306.

[2] 董绍华. 管道完整性评估理论与应用. 北京: 石油工业出版社, 2014.

[3] 骆畅. 在役天然气管道缺陷安全评定系统研发与应用. 成都: 西南石油大学硕士学位论文, 2015.

[4] 李俊彦, 王敬奎, 陈祥, 等. 基于 GIS 的管道工程滑坡危险性区划研究. 长江科学院院报, 2014, 31(4): 114-118.

[5] Ahammed M. Probabilistic estimation of remaining life of a pipeline in the presence of active corrosion defects. International Journal of Pressure Vessels & Piping, 1998, 75(4): 321-329.

[6] Ossai C I, Boswell B, Davies I J. Application of Markov modelling and Monte Carlo simulation technique in failure probability estimation—A consideration of corrosion defects of internally corroded pipelines. Engineering Failure Analysis, 2016, 68: 159-171.

[7] 屈纯. 腐蚀型缺陷管道剩余寿命预测方法的研究. 沈阳: 东北大学硕士学位论文, 2014.

[8] 刘路, 李新民, 何岚, 等. 基于优化支持向量机的管道安全威胁事件识别. 油气储运, 2014, 33(11): 1225-1228.

[9] 董绍华, 安宇. 基于大数据的管道系统数据分析模型及应用. 油气储运, 2015, 34(10): 1027-1032.

[10] Ho T K. Random decision forests. Document Analysis and Recognition. Proceedings of the Third International Conference on IEEE, 1995, 1: 278-282.

[11] Ho T K. The random subspace method for constructing decision forests. IEEE Transactions on Pattern Analysis & Machine Intelligence, 1998, 20(8): 832-844.

[12] Breiman L. Random forests. Machine Learning, 2001, 45(1): 5-32.

[13] Ishwaran H, Kogalur U B, Blackstone E H, et al. Random survival forests. Journal of Thoracic Oncology Official Publication of the International Association for the Study of Lung Cancer, 2011, 6(12): 1974-1975.

[14] 王德文, 孙志伟. 电力用户侧大数据分析与并行负荷预测. 中国电机工程学报, 2015, 35(3): 527-537.

[15] 程淼海, 楼俏, 王琼, 等. 基于随机森林算法的配网抢修故障量预测方法. 计算机系统应用, 2016, 25(9): 137-143.

[16] Lahouar A, Slama J B H. Hour-ahead wind power forecast based on random forests. Renewable Energy, 2017, 109: 529-541.

[17] 赖成光, 陈晓宏, 赵仕威, 等. 基于随机森林的洪灾风险评价模型及其应用. 水利学报, 2015, 46(1): 58-66.

[18] Perdiguero-Alonso D, Montero F E, Kostadinova A, et al. Random forests, a novel approach for discrimination of fish populations using parasites as biological tags. International Journal for Parasitology, 2008, 38(12): 1425-1434.

[19] Lee S L A, Kouzani A Z, Hu E J. Random forest based lung nodule classification aided by clustering. Computerized Medical Imaging & Graphics the Official Journal of the Computerized Medical Imaging Society, 2010, 34(7): 535-542.

[20] Díazuriarte R, Andrés S A D. Gene selection and classification of microarray data using random forest. BMC Bioinformatics, 2006, 7(1): 3.

[21] 董师师, 黄哲学. 随机森林理论浅析. 集成技术, 2013, 2(1): 1-7.

[22] 冯少荣. 决策树算法的研究与改进. 厦门大学学报(自然科学版), 2007, 46(4): 496-500.

[23] 卢东标. 基于决策树的数据挖掘算法研究与应用. 武汉: 武汉理工大学硕士学位论文, 2008.

[24] 黄文, 王正林. 数据挖掘: R 语言实战. 北京: 电子工业出版社, 2014.

[25] 曹正凤. 随机森林算法优化研究. 北京: 首都经济贸易大学博士学位论文, 2014.

[26] 董绍华. 管道完整性管理技术与实践. 北京: 中国石化出版社, 2015.

[27] 方洪鹰. 数据挖掘中数据预处理的方法研究. 重庆: 西南大学硕士学位论文, 2009.

[28] 彭高辉, 王志良. 数据挖掘中的数据预处理方法. 华北水利水电学院学报, 2008, 29(6): 63-65.

[29] 菅志刚, 金旭. 数据挖掘中数据预处理的研究与实现. 计算机应用研究, 2004, 21(7): 117-118.

[30] 邵长安, 李贺, 关欣. 煤矿安全预警模型应用系统的构建研究. 煤炭技术, 2007, 26(5): 63-65.

[31] 郑人权. 预测学原理. 北京: 中国统计出版社, 1988.

[32] 陈国阶. 对环境预警的探讨. 重庆环境科学, 1996, 18(5): 1-4.

[33] 刘年平. 煤矿安全生产风险预警研究. 重庆: 重庆大学博士学位论文, 2012.

[34] Hall A D. Three-dimensional morphology of systems engineering. IEEE Transactions on System Science and Cybernetics, 1969, SSC-5(2): 156-160.

[35] 郑言. 我国天然气安全评价与预警系统研究. 武汉: 中国地质大学博士学位论文, 2013.

[36] 程海霞, 司姗姗, 王炳英, 等. 三版 ASME B31G 标准的评价方法比较研究. 内蒙古石油化工, 2014, 40(4): 34-36.

第7章 基于径向基神经网络的含缺陷管道安全系数修正

7.1 国内外研究现状

7.1.1 完整性评价

各类油气管道事故的发生会造成大量的人员伤亡和财产损失[1]。为了保证含缺陷的老管道能够继续合理利用，各管道公司先后展开了以管道检测与维修、风险管理为主的完整性评价技术研究，但是尚未建立成熟、评价体系。到 20 世纪 90 年代，几例重大管道事故的发生再次推动了完整性评价的发展，研究人员将管道的安全和可靠性作为重点，并由政府机构制定了相关法律法规。

目前，油气管道完整性评价在国外已经取得了突破性的成果[2]，形成了一套全面、系统、科学的管道完整性评价技术和成熟、精确的理论与方法。在大数据应用方面，韩小明等提出了基于大数据和神经网络的管道完整性预测方法[3]。国外在现役管道运行可靠性分析、管道检测与评价和管道风险分析等方面的研究也在迅速发展，正朝着工程化、智能化、概率化和模糊化方向前进。

20 世纪 80 年代初，原机械工业部(已撤销)和原化学工业部(现为中国石油和化学工业联合会)组织开展了"压力容器缺陷评定规范"的研究和编制，是管道完整性评价开始的标志。目前，国内对管道的评价主要是使用无损检测技术来确定各种缺陷的形状、尺寸及位置，并在此基础上预测剩余寿命、评价缺陷剩余强度。参照部分国外的评价标准，结合我国管道特点，相关机构制定了适合我国的完整性评价标准。

对管道实施完整性评价，可以降低管线事故的发生率，也可以避免不必要的、盲目的管道维修和更换[4]，从而获得最大化的经济效益和社会效益。我国评价人员应加强该领域的技术跟踪，研究出适合中国管道的评价技术，提高我国管道运营的可靠性和经济性。

7.1.2 基于大数据的管道数据分析研究现状

大数据能使人们获得新的认知并创造新的价值来源，其核心就是预测，由随机样本转向全体数据、精确性转向混杂性、因果关系转向相关关系。管道大数据的定义[5]是基于管道内检测数据，实现内检测、外检测、设计施工资料、历史运行与维修、管道环境、日常管理等数据的校准和对齐整合，使各种数据可以准确对应于环焊缝信息，形成统一的数据库或数据表。

我国石油天然气管道每天会产生大量数据。电子化记录和网络化管理的基本实现，标志着管道大数据时代的到来。管道系统的一系列信息系统集成、管理程序、检测记录和日常运行记录等都可以通过庞大的数据网络连接起来[6]，大数据已经渗入管道公司的管道系统管理与技术中。但管道系统大数据的形成还处于起步阶段，大数据分析在管道系统中的应用案例还较少。

管道大数据常用的分析模型包括相似度模型、朴素贝叶斯模型、回归模型、支持向量机及其他模型。本书将对径向基神经网络模型在完整性评价中的应用进行研究[6]。

7.2　含缺陷管道的完整性评价方法与主要参数

在 2015 年，完整性评价的定义首次以国家标准的形式在《油气输送管道完整性管理规范》（GB 32167—2015）[7]中给出，提出管道完整性评价是指采取适当的检测或测试技术，获取管道本体状况信息，结合材料与结构可靠性分析，对管道的安全状态进行全面评价，从而确定管道适用性的过程。对于管道完整性而言，其具体含义是管道在结构和功能上是完整的，且处于受控状态，管道运营商将不断采取行动以防止管道事故的发生。在管道领域中，完整性评价的目的是保证现役管道安全、可靠运行。

为满足在管道运行条件下对整个输油气系统及各部分单元的完整性进行评价的要求[8]，完整性评价的内容主要包括：完整性检测，即对管道焊缝质量、腐蚀情况等方面进行检测；管道剩余强度评价，即针对不同类型缺陷或者特种工况下的管道，对它们的最大安全压力进行分析；管道剩余寿命评价，即通过对影响管道寿命各类因素的分析，科学地对管道剩余寿命做出预测。管道的完整性评价在现在和将来都具有非常重要的工程意义[9]。

7.2.1　管道完整性评价相关标准与方法

从 1960 年开始，一些西方国家就已经着手对含有缺陷的长输油气管道评价问题进行探讨，以美国、英国及加拿大为首，共出台了 ASME B31G 标准、RS TRENG 标准、DNV RP-F101 标准、API 579 标准、弹性极限准则、塑性失效准则、有限元仿真评价方法、AGA NG-18 方法、PRORRC 方法、极限荷载解析法、可靠性理论等管道完整性评价标准和方法。这些方法有各自的适用范围和保守性[10]。

ASME B31 G 标准、DNV RP-F101 标准、API 579 标准中的评价方程多是根据管道爆破试验，结合相关理论提出的半经验计算公式，主要是将管道缺陷的尺寸参数和管道属性参数代入评价公式，计算出腐蚀缺陷管道的安全运行压力，通过与最大允许操作压力比较，判断管道安全状况；极限荷载解析法是主要以强度准则为理论依据，推导出管道极限承载能力的数学算法；有限元仿真评价方法是通过建立腐蚀缺陷管道实体模型，对模型进行网格划分、加载和求解，确定腐蚀缺陷管道的等效应力，根据管道失效判定准则，实现对腐蚀缺陷管道的评价。

1. ASME B31G 标准

ASME B31G 标准到目前共颁布了四个版本，分别为 ASME B31G—1984 标准、ASME B31G—1991 标准、ASME B31G—2009 标准[11]和 ASME B31G—2012 标准[12]，其中 ASME B31G—1984 标准又名腐蚀管道剩余强度的简明评价方法，是目前在欧美国家应用最为广泛的标准之一，ASME B31G—1991 标准对 ASME B31G—1984 标准进行了部分修正和完善[13]，而 ASME B31G—2009 标准则是在大量试验数据的基础上对 ASME B31G—1991 标准进行了较大的改动，希望能够通过此次修正克服 ASME B31G—1991 标准的保守性，但是加拿大的诺瓦公司和英国管道公司随后通过爆破试验等研究方法，先后证明了 ASME B31 G 标准对于腐蚀缺陷管道的评价仍然具有保守性，并指出 ASME B31G 标准具有保守性的原因之一是对单个腐蚀缺陷、双腐蚀缺陷及相互作用腐蚀缺陷的影响和具有螺旋角的腐蚀缺陷均按照同一种评价方法进行评价。针对这一问题，ARCO 阿拉斯加股份有限公司根据以往经验和对腐蚀缺陷的预评价结果，提出了将不连续的多个腐蚀缺陷看作一个腐蚀缺陷的极近似的条件。

ASME B31G 标准是由 ASME 颁布的，它以半经验公式和断裂力学的 NG-18 公式作为理论依据。该标准在计算上具有较大优势，可以快速计算得到带有缺陷的管道的失效压力和最大允许安全运行压力。计算公式为

$$S_{FC} = S_{flow} \left[\frac{1 - A / A_0}{1 - (A / A_0) / M} \right] \tag{7.1}$$

式中，S_{FC} 为预测的环向失效应力；A_0 为缺陷处管壁面积；A 为缺陷剖面投影面积；M 为膨胀系数；S_{flow} 为材料的流变应力。

该标准认为，当 S_{FC} 大于或等于管道的安全系数 SF 与操作压力下的环向应力 S_0 的乘积时，缺陷可以接受，表示为

$$S_0 = \text{MAOP} \times D / (2t) \tag{7.2}$$

式中，MAOP(maximum allowable operating pressure)为最大允许操作压力；D 为管道外径；t 为管道壁厚。

为简化评价步骤，方便实现软件编程，得到可以直接与最大允许操作压力进行比较的安全运行压力：

$$P_{\text{SW}} = \frac{S_{\text{FC}} \times 2t}{\text{SF} \times D} = \left[\frac{1 - A/A_0}{1 - (A/A_0)/M} \right] \frac{2tS_{\text{flow}}}{\text{SF} \times D} \tag{7.3}$$

式中，设

$$R_{\text{S}} = \frac{1 - A/A_0}{1 - (A/A_0)/M} \tag{7.4}$$

$$P_0 = \frac{2tS_{\text{flow}}}{D} \tag{7.5}$$

由式(7.4)和式(7.5)可得

$$P_{\text{SW}} = P_0 R_{\text{S}} / \text{SF} \tag{7.6}$$

式中，P_{SW} 为安全运行压力；R_{S} 为剩余强度系数；P_0 为预测的普通管道屈服时的破坏压力。

当 P_{SW} 大于或等于 MAOP 时，认为缺陷在规定的压力下运行是安全的。在评价时将腐蚀缺陷的参数和管道参数代入式(7.3)中，即可得到该腐蚀缺陷的安全运行压力。

ANSI/ASME B31G—2012 中规定[14]：

$$A = 0.85dL \tag{7.7}$$

$$S_{\text{flow}} = 1.1\text{SMYS} \tag{7.8}$$

$$S_{\text{flow}} = \text{SMYS} + 68.95 \tag{7.9}$$

$$S_{\text{flow}} = \frac{\text{SMYS} + \text{SMTS}}{2} \tag{7.10}$$

式中，SMYS 为管道材质最小屈服强度；SMTS 为材料拉伸强度。

剩余强度系数的取值为

$$R_{\text{S}} = \frac{1 - 0.85(d/t)}{1 - 0.85(d/t)/M} \tag{7.11}$$

膨胀系数 M 定义如下：

当 $z \leqslant 50$ 时，

$$M = (1 + 0.6275z - 0.003375z^2)^{1/2} \tag{7.12}$$

当 $z > 50$ 时，

$$M = \left(0.032\frac{L^2}{Dt} + 3.3\right)^{1/2} \tag{7.13}$$

$$z = \frac{L^2}{Dt} \tag{7.14}$$

式(7.11)~式(7.14)中，L 为腐蚀缺陷的轴向长度；D 为腐蚀缺陷的深度；t 为管道的公称壁厚，SMYS 为管道材质的最小屈服强度；z 为形状因子，与缺陷长度、管径、壁厚有关。

2. RSTRENG 标准

RSTRENG 标准共分为 RSTRENG 0.85dL 标准和 RSTRENG 有效面积法，该标准的理论依据与 ASME B31G 标准相同，是 ASME B31G 标准的改进，同样需要缺陷深度和长度两个参数，只是在材料流变应力的定义和腐蚀缺陷的剖面面积上做了部分修正，将流动应力值定义为 SMYS+68.95MPa，计算出来的结果相对于 ASME B31G 标准就不再保守[15]。RSTRENG 有效面积法主要对缺陷剖面投影面积 A 的计算方法进行了修正。在 RSTRENG 有效面积法中，将缺陷剖面投影面积 A 近似为多个梯形面积的总和，在采用 RSTRENG 有效面积法对腐蚀缺陷进行评价时，评价过程较为烦琐，需要对腐蚀缺陷尺寸进行多次测量，RSTRENG 有效面积法在评价时所需要的数据主要有腐蚀缺陷长度、深度、沿腐蚀轴向方向的参数及沿腐蚀环向方向的参数，其不适用于大范围评价，但是 RSTRENG 有效面积法的评价结果比 RSTRENG 0.85dL 标准的结果更加精确。

对腐蚀缺陷长度和深度进行 i 次测量后，得到缺陷剖面投影面积 A 的表达式为

$$A = \sum_{i=1}^{n} \frac{1}{2}(d_{i-1} + d_i)(x_i - x_{i-1}) \tag{7.15}$$

式中，d_{i-1} 为第 $i-1$ 次测量得到的腐蚀缺陷深度；d_i 为第 i 次测量得到的腐蚀缺陷深度；x_i 为第 i 次测量时距离缺陷开始测量端的距离；x_{i-1} 为第 $i-1$ 次测量时距离缺陷开始测量端的距离。

3. DNV RF-101 标准

DNV RF-101 标准主要包括分项安全系数法和许用应力法[16]。两者的安全原理不同。分项安全系数法与 DNV 海上标准 OS-F101 "管道系统" 中采用的安全原理一致，特别考虑了材料性质和缺陷深度测定尺寸的不确定性，给出了确定受腐蚀管道的许用操作压力的概率校准方程。许用应力法基于许用应力设计，计算

腐蚀缺陷的失效压力（承载能力），再乘以初始设计系数，即可计算出安全运行压力。

DNV RP-F101 标准能够分别评价独立的、相互影响的及形状复杂的腐蚀缺陷[17]，也能够评价只有内压荷载作用下的纵向腐蚀缺陷管道、叠加内压与纵向压应力的纵向腐蚀缺陷与环向腐蚀缺陷，适用范围广泛。但是采用分项安全系数法对腐蚀缺陷管道进行评价时，需要更为详细的管道参数、腐蚀缺陷参数及检测参数，对缺失管道信息的部分老管道的评价具有局限性。

4. 有限元仿真评价方法

有限元仿真评价方法主要分为线性有限元评价分析和非线性有限元评价分析两种方法，可以分析单个腐蚀缺陷和相互影响的腐蚀缺陷等多种情况，主要以弹性极限准则和塑性失效准则为理论依据，采用 ANSYS、COMSOL 等有限元仿真软件，建立腐蚀缺陷管道实体模型，对模型进行网格划分、加载和求解[18]，通过通用后处理功能，查看管道等效应力云图，得出腐蚀缺陷管道等效应力的大小，评价腐蚀缺陷管道。

相比较而言，有限元仿真评价方法能够准确描述长输油气管道及腐蚀缺陷的实际运行状况，评价结果比较准确，但采用有限元仿真评价方法进行管道评价时，对评价过程要求较为严格，过程比较烦琐，计算量较大，不适用于大范围评价。

7.2.2　管道完整性评价主要参数

1. 安全系数分析

安全系数（safety factor，SF）是工程结构设计方法中用以反映结构安全程度的系数。为了防止因材料的缺点、工作的偏差、外力的突增等因素所导致的后果，对于工程的受力部分，理论上能够担负的力必须大于其实际担负的力，即极限应力与许用应力之比，称为安全系数。

在管道领域，体积型缺陷剩余强度评价也常用到安全系数。对于不同的管道，安全系数不同。通过文献调研发现，现行标准中影响安全系数的因素包括设计系数和地区等级。某些情况下安全系数较大，如管线处于人口密集地区时，因为当用较大的安全系数评价管道缺陷时，会使较小的缺陷变得不可接受，所以会提出对其进行维修，对管线安全要求更为严格；而有些情况下安全系数较小，如管线处于偏远地区或可减少失效后果的地方。因此，对于不同管线施工、管线运行模式和缺陷类型，安全系数必定会有所差异，在确定具体管段安全系数时，评价人员也需要综合考虑腐蚀深度、长度测量的精度，管段的特性、水压试验及影响管段风险的外部因素等。不同标准中安全系数的规定取值如表 7-1 所示[19]。

表 7-1　安全系数取值

标准名称	是否考虑安全系数	取值范围
ASME B31G—2012	是	建议为水压试验压力与最大允许操作压力的比值,且不小于 1.25
API 579-1—2007	均匀腐蚀:否	局部腐蚀:缺陷处管道设计系数的倒数
BS 7910—2013	是	缺陷处管道设计系数的倒数
GB/T 19624—2004	是	按失效后果分,缺陷尺寸、应力需要考虑安全系数,取值范围为 1.0~1.5
SY/T 6151—2009	按缺陷尺寸评价:否	按最大应力评价时为缺陷处管道设计系数的倒数
SY/T 6477—2017	均匀腐蚀:否	局部腐蚀:缺陷处管道设计系数与焊缝系数乘积的倒数

根据表 7-1,ASME B31G—2012 中建议安全系数的最小值取管道的水压试验压力与最大允许操作压力(MAOP)之比,《输油管道工程设计规范》(GB 50253—2014)[20]标准中规定输油管道水压试验压力的取值范围如表 7-2 所示。其中地区等级的规定见表 7-3。

表 7-2　水压试验压力的取值范围

地区等级	水压试验压力
一级地区	不应小于设计压力的 1.1 倍
二级地区	不应小于设计压力的 1.25 倍
三级地区	不应小于设计压力的 1.4 倍
四级地区	不应小于设计压力的 1.5 倍

表 7-3　地区等级划分

地区等级	条件
一级地区	户数在 15 户或以下的区段
二级地区	户数在 15 户以上、100 户以下的区段
三级地区	户数在 100 户或以上的区段,包括市郊住区、商业区、工业区、发展区及不够四级地区条件的人口稠密区
四级地区	四层或四层以上楼房较为集中、来往车辆频繁、地下设施多的区段

同时,根据 ASME B31G—2012 规定,当满足

$$P_F \geqslant (\mathrm{SF} \times P_0) \tag{7.16}$$

时，视为缺陷在规定的管道压力下是可以安全运行的，运行安全系数可以表示为

$$SF \leqslant \frac{P_F}{P_0} \tag{7.17}$$

式中，P_0 为固定值。在不存在管壁发生腐蚀并且不考虑流变应力强化效果的情况下，可得到 P_F 的最大值：

$$P_F = \frac{P}{F} \tag{7.18}$$

可以得到：

$$SF \leqslant \frac{P}{P_0 F} \tag{7.19}$$

式中，SF 为安全系数；P_0 为操作压力；P_F 为预测失效压力；P 为设计压力；F 为设计系数。

根据安全系数的定义，选择较大的安全系数会导致出现更多不可接受的缺陷，使计算结果更加保守。而在实际评价过程中，往往会遇到地区等级发生改变的情况，在评价时应该按照管道设计时的地区等级确定对应的安全系数，因为若按照改变后的地区等级选择相应的安全系数，则若管段所处地区等级升高，重新选择的安全系数变大，会导致整个管段均不满足壁厚要求。在实际评价过程中，还可能会出现管道实际壁厚大于设计壁厚的情况，那么应按照实际壁厚来计算该管道的理论设计压力，从而计算出更准确的安全系数。

从大量文献中可以发现，大多数情况下，国内天然气长输管道中的设计压力与其最大允许操作压力取值相等，因此，表 7-4 中的安全系数取值范围可以进一步确定，具体如表 7-5 所示。

表 7-4　不同等级地区输气管道安全系数的取值范围

地区等级	安全系数
一级地区	$\max\left(1.25, \dfrac{1.1P}{\text{MAOP}}\right) \leqslant SF_1 \leqslant \dfrac{P}{P_0 \times 0.72}$
二级地区	$\dfrac{1.25P}{\text{MAOP}} \leqslant SF_2 \leqslant \dfrac{P}{P_0 \times 0.6}$
三级地区	$\dfrac{1.4P}{\text{MAOP}} \leqslant SF_3 \leqslant \dfrac{P}{P_0 \times 0.5}$
四级地区	$\dfrac{1.5P}{\text{MAOP}} \leqslant SF_4 \leqslant \dfrac{P}{P_0 \times 0.4}$

表 7-5　不同等级地区输气管道安全系数的取值

地区等级	安全系数
一级地区	$1.25 \leqslant SF_1 \leqslant 1.39$
二级地区	$1.25 \leqslant SF_2 \leqslant 1.67$
三级地区	$1.4 \leqslant SF_3 \leqslant 2$
四级地区	$1.5 \leqslant SF_4 \leqslant 2.5$

2. 预估维修比

对含缺陷管道当前情况下的完整性进行评价时，主要有两个参数可以判定管道目前是否处于安全状态，分别为安全运行压力和预估维修系数(estimated repair factor, ERF)。其中安全运行压力可以由各评价标准计算得出。为了清晰直观地显示含缺陷管道的完整性情况，一般采用压力图来表示其安全程度。对于压力图，当腐蚀缺陷的安全运行压力位于最大允许操作压力线的上方时，认为该缺陷可以在规定的运行压力下安全运行，当腐蚀缺陷的安全运行压力位于最大允许操作压力线的下方时，认为该缺陷不可以在规定的运行压力下安全运行。预估维修比是管道 MAOP 与计算得到的缺陷处的最大安全工作压力 P_{SW} 的比值：

$$ERF = MAOP / P_{SW} \tag{7.20}$$

当 ERF＜1 时，认为腐蚀缺陷可以在规定的压力下安全运行，当 ERF≥1 时，认为腐蚀缺陷不可以在规定的压力下安全运行，预估维修比图可以清楚地显示腐蚀缺陷管道的安全情况。

7.3　缺陷安全系数的研究

在对各种管道缺陷的剩余强度评价方法进行对比研究之后，可以发现当前的评价方法多基于某种特定方程[21]，没有对缺陷具体风险情况做出针对性评价。若按照其评价结果指导管道维修，可能会造成不必要的管段维修或更换，给管道的运营与管理带来巨大压力。

根据 7.2 节中对安全系数的分析，依据

$$SF = \frac{P_F}{P_0} \tag{7.21}$$

本节提出将安全系数作为缺陷评价依据，在基于管道内压、缺陷尺寸的同时

结合缺陷相关风险因素，对该安全系数进行修正，进而做出更能反映缺陷安全状态的评价。根据修正后的安全系数，对管道有计划地进行维护维修，能够使有限的资源得到合理分配。

7.3.1　预测失效压力值计算

安全系数的值为预测失效压力与操作压力之比。根据 7.2.1 小节对各完整性评价标准的研究[22]，结合将要计算管道的情况，本节对预测失效压力的计算采用 ASME B31G 标准，根据内检测提供的金属损失缺陷相关数据，利用已有完整性评价软件 Pipeline Defect Assessment System 进行计算，具体见 6.5.3 节介绍。

7.3.2　基于层次分析法相关风险因素分值计算

要对管道所含缺陷进行研究，首先必须明确与缺陷有关的风险因素。经过查阅相关文献及分析国内外管道事故原因，根据相关标准《埋地钢质管道风险评估方法》（GB/T 27512—2011）[23]及实际情况，选择了三个方面共 9 个风险因素进行比较并确定分值。

1. 层次分析法原理

层次分析法是定性和定量分析的优势的集合[24]，是一种复杂系统的数学化评价思维过程，可以同时解决多个问题的评价决策事件。决策者初步凭借经验确定各标准的重要度排序，利用相应的算法程序算出各个标准的权数，通过具体权数可以准确表达出各标准相互之间、标准与总体目标之间的重要度关系，特别适用于标准结构复杂且必要数据相对匮乏的结构模型。

层次分析法主要考虑了专家的经验知识和个人偏好，是一种多准则决策方法。其基本原理是：对同一层次的评价指标模型根据相关准则进行两两比较判断，确定出判断矩阵，然后进行一致性检验，修正判断矩阵直至通过一致性检验，最后求出判断矩阵最大特征值和特征向量作为评价指标的主观权重。另外，随着评价指标的增加，阶数也随之增加，对指标两两比较相对困难，使一致性检验不易通过，因此一般情况下选用 1~9 来说明其相对重要性。具体的分析流程图如图 7-1 所示。

2. 层次分析法步骤

基于层次分析法对具体问题进行综合分析、评价，层次分析法求指标因素权重具体步骤如下。

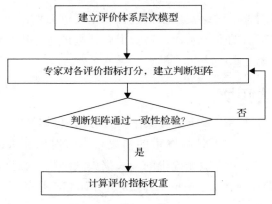

图 7-1　层次分析法流程

1）构建层次分析模型

根据风险因素的提取确定评价指标层次模型，根据其相互关系将目标、因素和对象建立出相应的层次结构。

2）构造判断矩阵

根据专家经验知识，对同一层的因素进行两两对比，确定两个因素的相对重要度。重要度赋值标准如表 7-6 所示。

表 7-6　判断矩阵构造标准

相对重要程度 a_{ij}	定义	解释
1	同等重要	目标 i 与 j 同等重要
3	略微重要	目标 i 比 j 略微重要
5	相当重要	目标 i 比 j 相当重要
7	明显重要	目标 i 比 j 明显重要
9	绝对重要	目标 i 比 j 绝对重要
2、4、6、8	介于两重要程度之间	

表 7-6 采用 5 级定量法，表示一个指标对另一个指标的相对重要程度。反之，另一个指标则相对这一指标是次要的，用对应数值的倒数表示。同时，为了提高判断矩阵的准确度，引入了 2、4、6、8 这 4 个数分别介于 1、3、5、7、9 之间，用来构造判断矩阵。构造相应的判断矩阵为

$$A = (a_{ij})_{n \times n} = \begin{bmatrix} a_{11} & a_{12} & \cdots & a_{1n} \\ a_{21} & a_{22} & \cdots & a_{2n} \\ \vdots & \vdots & & \vdots \\ a_{n1} & a_{n2} & \cdots & a_{nn} \end{bmatrix} \quad (7.22)$$

式中，a_{ij} 为影响因素 a_i 对影响因素 a_j 的重要度。

3) 计算权重值向量

经过相应程序算法得出的计算结果中，最大特征值为 $\lambda_{\max}$，特征向量为 $\boldsymbol{v}$，得出的初步计算结果为判断矩阵中表征因素之间的相对重要度的权重值向量。要想直观地找出要素与上层要素或准则之间的相互关系，还需进行统一的归一化处理后才能得出子要素相对于其上层要素重要度关系的数值。权向量的得出将要素与要素、要素与上层要素之间模糊的重要度关系用具体的数值表征出来，使人一目了然，并能更加方便地验证计算结果是否与实际经验、专家评估、历史数据相一致。

4) 判断矩阵一致性检验

为了验证所得出的计算结果是否与评价标准相符，判断是否能够直接用于对问题的进一步分析，防止系统外的无关因素对判断矩阵造成干扰而给计算结果带来偏差，需要检验初步计算结果是否具有一致性；只有判断矩阵基本符合一致性检验[25]，才能进行下一步相关操作，而通过一致性检验则表明判断矩阵中的权重标度赋值具有合理性且相互之间不矛盾，从而才能进一步进行对问题的相关分析。进行一致性检验[26]的计算公式为

$$CR = \frac{CI}{RI} \tag{7.23}$$

式中，CR 为一致性比率，当 CR<0.10 时，说明判断矩阵对应的一致性在可接受的范围之中；反之，则需要重新更改判断矩阵中相应重要度的赋值，修正成符合实际重要度的数值，代入判断矩阵直到其最终满足一致性检验。

CI 是表征一致性的指标，计算方法如下：

$$CI = \frac{\lambda_{\max} - n}{n - 1} \tag{7.24}$$

式中，$\lambda_{\max}$ 为判断矩阵的最大特征值，阶数为 n。

RI 为平均随机一致性指标，与判断矩阵阶数 n 有关。RI 的对应值可查阅表 7-7。

表 7-7　平均随机一致性指标 RI

判断矩阵阶数	1	2	3	4	5	6	7	8	9	10
RI	0	0	0.52	0.89	1.12	1.26	1.36	1.41	1.46	1.49

5) 计算评价指标主观权重

以判断矩阵 $\boldsymbol{A}$ 为例，计算出 $\boldsymbol{A}$ 的特征向量和特征根[27]：

$$AW' = \lambda_{\max} W' \tag{7.25}$$

计算出的 W' 就是各影响因素的主观权重。

$$W' = \begin{bmatrix} w_1 & w_2 & \cdots & w_n \end{bmatrix}^{\mathrm{T}} \tag{7.26}$$

3. 基于层次分析法的风险分值

依据预先规定的准则将各个要素的重要度用相应数值表示,以此构造出对应的判断矩阵。一般运用从数值 1~9 的标度法来对判断矩阵中各因素的重要度赋予相应的数值,本书判断方法主要依据大量文献调研中的标准,得到表 7-8。

表 7-8　风险因素重要度

风险因素	管道埋深	缺陷位置	地区等级	区域环境	外部环境温差	地质灾害	土壤腐蚀性	大气腐蚀	电流密度
管道埋深	1	6/5	6/9	1	6/5	6/8	6/4	6/5	6/7
缺陷位置	5/6	1	5/9	5/6	1	5/8	5/4	1	5/7
地区等级	9/6	9/5	1	9/6	9/5	9/8	9/4	9/5	9/7
区域环境	1	6/5	6/9	1	6/5	6/8	6/4	6/5	6/7
外部环境温差	5/6	1	5/9	5/6	1	5/8	5/4	1	5/7
地质灾害	8/6	8/5	8/9	8/6	8/5	1	8/4	8/5	8/7
土壤腐蚀性	4/6	4/5	4/9	4/6	4/5	4/8	1	4/5	4/8
大气腐蚀	5/6	1	5/9	5/6	1	5/8	5/4	1	5/7
电流密度	7/6	7/5	7/9	7/6	7/5	7/8	8/4	7/5	1

确定了相关因素之间的权重,经层次分析法的计算,风险因素权重计算结果如表 7-9 所示。

表 7-9　风险因素权重

管道埋深	缺陷位置	地区等级	区域环境	外部环境温差
0.11	0.09	0.16	0.11	0.09

地质灾害	土壤腐蚀性	大气腐蚀	电流密度
0.15	0.07	0.09	0.13

最大特征值 $\lambda_{\max}=8.9830$。经过一致性检验,此判断矩阵的一致性可以接受,其中,CI= −0.0021、CR= −0.0015。以相关标准为主要依据,得到各风险因素分值如下。

1)设计和施工风险(36 分)

(1)管道埋深(11 分)。如果是跨越段或露管段,则为 0 分;如果是埋地管段,非水下穿越管道埋深的得分计算如下：

$$管道埋深得分值=\min\left(\frac{d}{145},11\right) \tag{7.27}$$

式中，d 为实际的覆土层厚度。

(2)缺陷位置(9分)。位于山川和河流众多区域，则为0分；位于城市交叉混杂区域，则为4.5分；位于平原农田，则为9分。

(3)地区等级(16分)。按照《输气管道工程设计规模》(GB 50251—2015)确定管道区段沿线地区等级，如果是四级地区，则为0分；如果是三级地区，则为6分；如果是二级地区，则为10分；如果是一级地区，则为16分。

2)环境风险(35分)

(1)区域环境(11分)。存在季节性河流的区域，且管道途经该区域，得4分；管道位于冻胀融沉、水塘众多区域得7分；管道位于长江以南区域，无季节性河流得9分；管道位于长江以北区域，无季节性河流、稳定区域得11分。

(2)外部环境温差(9分)。外部环境冬夏季平均温差大于20℃，得3分；外部环境冬夏季平均温差大于15℃，得5分；外部环境冬夏季平均温差为0~15℃，得9分。

(3)地质灾害(15分)。经常发生地震、滑坡、雪灾等自然灾害，则为6分；偶尔发生地震、滑坡、雪灾等自然灾害，则为12分；几乎不发生地震、滑坡、雪灾等自然灾害，则为15分。

3)腐蚀风险(29分)

(1)土壤腐蚀性(7分)。如果没有测量土壤电阻率，则为0分；如果土壤电阻率小于20Ω·m则为0分；如果土壤电阻率为[20, 50]Ω·m，则为4分；如果土壤电阻率大于50Ω·m，则为7分。

(2)大气腐蚀(9分)。缺陷处于跨越段，大气腐蚀的评分为5分。如果没有进行大气腐蚀性调查，则为0分；如果是海洋性气候且含化学品，则为0分；如果是工业大气或是一般大气且含化学品，则为1分；如果是海洋性气候且不含化学品，则为1.5分。缺陷处于埋地段，大气腐蚀的评分为9分。

(3)电流密度(13分)。电流密度超过20μA/m²，得0分；电流密度为10~20μA/m²的得2分；电流密度为2~10μA/m²的得6分；电流密度为0.5~2μA/m²的得9分；电流密度小于0.5μA/m²的得13分。

4. 风险分值计算

管道风险评价的风险计算需要输入大量的数据，利用管道企业建设的GIS系统，获取管道的运营和管理数据，GIS系统一般采用时空结合的空间架构，数据是不断更新的，有利于基础数据的管理。

　　本书用到的数据均来自陕京管道 GIS 对府谷站至神池站陕西段和山西段的监控和记录。该管线采用 X60 管材钢，管道直径 660mm，设计压力为 6.4MPa，所采集的数据包括缺陷的深度、宽度、长度，缺陷处管道埋深、地区等级、外部环境温差、土壤腐蚀性、电流密度等 12 个属性数据。

　　(1)部分原始数据如表 7-10 所示。

表 7-10　　部分原始数据

长度/mm	宽度/mm	深度/%	管道埋深/mm	缺陷位置	地区等级	区域环境	外部环境温差	地质灾害	土壤电阻率/(Ω·m)	大气腐蚀	电流密度/(μA/m²)
154	58	9.5	800	平原农田	二级地区	稳定区域	大于 15℃	几乎不发生	42	埋地段	7.86
67	24	11.3	1300	平原农田	二级地区	稳定区域	大于 15℃	几乎不发生	37	埋地段	8.75
67	81	5.48	1200	平原农田	二级地区	稳定区域	0～15℃	几乎不发生	39	埋地段	6.92
48	68	6.01	900	城市交叉混杂区域	二级地区	无季节性河流	大于 15℃	偶尔发生	48	埋地段	15.24
38	18	19.16	1020	平原农田	二级地区	稳定区域	大于 15℃	几乎不发生	74	埋地段	9.65
24	57	4.69	1350	平原农田	二级地区	冻胀融沉区域	大于 15℃	几乎不发生	36	跨越段	8.82
67	45	8.95	1250	城市交叉混杂区域	三级地区	稳定区域	大于 15℃	偶尔发生	41	埋地段	6.78
86	55	8.48	1600	平原农田	二级地区	稳定区域	0～15℃	几乎不发生	38	埋地段	7.65
38	57	12.32	830	平原农田	二级地区	无季节性河流	大于 15℃	几乎不发生	62	埋地段	8.93
34	15	21.34	900	平原农田	二级地区	无季节性河流	0～15℃	偶尔发生	41	埋地段	7.62
67	54	10.77	800	山川和河流众多区域	二级地区	稳定区域	0～15℃	几乎不发生	36	埋地段	9.76
58	19	18.39	1300	平原农田	二级地区	稳定区域	大于 15℃	几乎不发生	45	埋地段	8.67
96	78	7.21	1000	平原农田	二级地区	无季节性河流	大于 15℃	几乎不发生	36	埋地段	8.87
48	58	6.91	1000	平原农田	二级地区	稳定区域	大于 15℃	几乎不发生	29	跨越段	9.58

　　(2)根据各因素对应的分值，对原始数据进行整理，可得到表 7-11。

表 7-11　缺陷风险分值

管道埋深	缺陷位置	地区等级	区域环境	外部环境温差	地质灾害	土壤腐蚀性	大气腐蚀	电流密度	总分
5.52	9	10	11	5	15	4	9	6	74.52
8.97	9	10	11	5	15	4	9	6	77.97
8.28	9	10	11	9	15	4	9	6	81.28
6.21	4.5	10	9	5	12	4	9	2	61.71
7.03	9	10	11	5	15	7	9	6	79.03
9.31	9	10	7	5	15	4	5	6	70.31
8.62	4.5	6	11	5	12	4	9	6	66.12
11.03	9	10	11	9	15	4	9	6	84.03
5.72	9	10	9	5	15	7	9	6	75.72
6.21	9	10	9	9	12	4	9	6	74.21
5.52	0	10	11	9	15	4	9	6	69.52
8.97	9	10	11	5	15	4	9	6	77.97
6.90	9	10	9	5	15	4	·9	6	73.90
6.90	9	10	11	5	15	4	5	6	68.40

　　对整理好的风险分值做归一化处理，利用 MATLAB 程序对其实现归一化。通过在 Pipeline Defect Assessment System 软件中输入各数据点的信息得到相应的预测失效压力，再代入式(7.21)，结合管道工作压力求得原方法的安全系数，通过与归一化后的风险分值相乘对安全系数进行修正。结果如表 7-12 所示。

表 7-12　安全系数修正结果

数据点	1	2	3	4	5	6	7	8
总分	74.52	77.97	81.28	61.71	79.03	70.31	66.12	84.03
归一化系数	0.88	0.93	0.96	0.73	0.94	0.83	0.78	1
安全系数	1.49	1.51	1.53	1.53	1.52	1.54	1.52	1.51
修正后安全系数	1.31	1.4	1.47	1.12	1.43	1.28	1.19	1.51

数据点	9	10	11	12	13	14	15	16
总分	75.72	74.21	69.52	77.97	73.9	68.4	59.12	80.17
归一化系数	0.9	0.88	0.82	0.92	0.88	0.81	0.7	0.95
安全系数	1.52	1.51	1.5	1.5	1.52	1.53	1.54	1.53
修正后安全系数	1.37	1.33	1.23	1.38	1.34	1.24	1.08	1.45

7.4　基于径向基神经网络安全系数计算模型研究

7.4.1　径向基神经网络

1. 径向基神经网络原理

20 世纪 90 年代，基于生物神经元具有局部响应的特点，并采用径向基函数的研究成果，Broomhead 和 Lowe 在神经网络模型的构建中引入径向基函数，形成了径向基神经网络[28]。径向基(radial basis functions, RBF)神经网络的基本思想是通过以网络中的隐含单元提供的径向基函数作为"基"，对输入数据进行变换，将输入数据由低维模式转换到一个合适的高维空间，再对隐含单元加权求和得到输出单元，这就为低维空间内的线性不可分问题提供了合理的解决方法[29]。

径向基神经网络是一种结构简单、收敛速度快[30]，能够逼近任意非线性函数的网络，具有良好的模式分类和函数拟合能力[31]。径向基神经网络是三层前向网络，第一层为输入层，节点个数等于输入的维数；第二层为隐含层，节点个数视问题的复杂度而定；第三层为输出层，节点个数等于输出数据的维数。不同层有不同的功能，隐含层是非线性的，采用径向基函数作为基函数，从而将输入向量空间转换到隐含层空间，使原来线性不可分问题变得线性可分。径向基神经网络结构如图 7-2 所示。

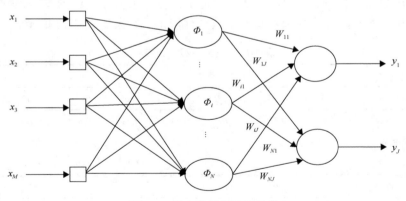

图 7-2　径向基神经网络结构

2. 径向基神经网络创建步骤

本节利用径向基神经网络确定管道安全系数的步骤如图 7-3 所示。

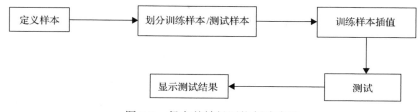

图 7-3　径向基神经网络创建步骤

（1）定义样本数据，根据样本集所给的数据，定义各样本的输入向量及其目标输出值。

（2）划分训练样本与测试样本。

（3）为充分利用训练样本，对训练样本进行二维插值，将样本数量增加到 500份。这里用到了 MATLAB 软件的二维插值函数 interp2。

（4）使用神经网络通过函数 newrb() 创建径向基神经网络。

（5）对模型进行测试，使用创建完成的径向基神经网络模型对样本进行测试。

7.4.2　基于径向基神经网络的模型

在已有数据的基础上，该模型采用了缺陷本身参数及相关风险因素共 12 个因素作为自变量，分别为缺陷的长度、宽度、深度、缺陷处管道埋深、缺陷位置、地区等级、区域环境、外部环境温差、地质灾害、土壤腐蚀性、大气腐蚀、电流密度，缺陷安全系数作为因变量，形成函数关系：

$$y = f(x_1, x_2, \cdots, x_{12}) \tag{7.28}$$

式中，$x_1 \sim x_{12}$ 分别表示上述 12 个自变量；y 为本书提出的缺陷安全系数。

1. 定义样本数据

根据所整理的数据，定义样本的输入向量及其目标的输出值，输入向量定义为 12×500 的矩阵，目标输出值为 1×500 的行向量。

2. 划分训练样本和测试样本

通过对陕京管道 GIS 数据的整理，此次将 1/10 的数据作为测试样本，9/10 的数据作为训练样本。对训练数据进行训练得出模型，再对测试数据进行检验。

为了使训练样本得到最充分的利用，本书对训练样本进行二维插值，使样本数据增加到原来的 5 倍。采用的是 MATLAB 中二维插值函数 interp2。先将训练输入向量与对应的目标输入合并为一个 13×400 的矩阵，经过插值，得到一个

13×2000 的矩阵，最后将其拆分为 12×2000 的矩阵作为训练输入，1×2000 的行向量作为训练样本的输出。

3. 径向基神经网络的创建

在该模型中，使用 newrb 函数创建径向基神经网络。MATLAB 自带的神经网络工具箱提供了可直接使用的 newrb 函数，但是在 newrb 函数创建的径向基神经网络中，每个网络隐含层的节点个数是不同的，所以使用者需要根据自己的实际情况调整误差目标，函数会根据不同误差目标值，向网络添加新的隐含层节点，同时调整节点中心、标准差及权值，使网络达到设置的误差要求。

在该网络中，设置误差容限为 1×10^{-6}，扩散因子为 38，最大神经元个数为 300。当调用 newrb() 函数时，程序将会自动增加神经元以便向设定目标值靠近，逐渐减小训练误差，直到误差小于误差容限。误差下降曲线如图 7-4 所示。当目标值为 1×10^{-6} 时，得到计算结果为 1.23123×10^{-6}。

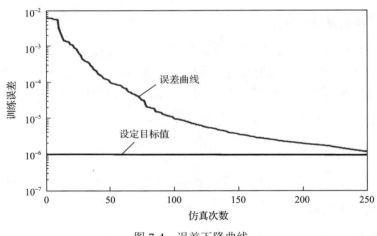

图 7-4　误差下降曲线

命令窗口中显示了模型实际训练的神经元节点的个数及对应的具体训练误差值，训练误差为 10^{-6} 数量级[32]，具体如表 7-13 所示。

表 7-13　训练误差值

神经元节点个数	0	50	100	150	200	250
训练误差值	0.0061677	0.0061677	9.62773×10^{-6}	3.6752×10^{-6}	2.05146×10^{-6}	1.23123×10^{-6}

用 view(net) 命令可以查看最终的径向基神经网络结构。由图 7-5 可以看出，在导出的径向基神经网络结构图中，隐含层包含了 269 个神经元节点。

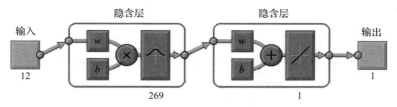

图 7-5　径向基网络结构

w 代表权重，b 代表偏量

4. 径向基神经网络的测试

用创建完成的模型对样本数据进行测试，真实值与预测出的缺陷安全系数关系如图 7-6 所示。

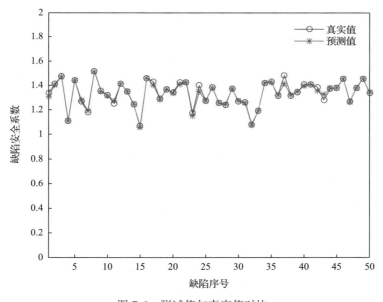

图 7-6　测试值与真实值对比

从图 7-6 可以看出缺陷安全系数预测值与真实值之间吻合度较好，通过测试证明了该模型的准确性。

图 7-7 对修正前后的部分缺陷安全系数进行了对比，可以发现修正后缺陷安全系数波动更大，因为修正后的缺陷安全系数针对不同缺陷的风险做出了评价。下面对修正后缺陷安全系数较低的 10 个缺陷进行详细分析。

(1)缺陷 88，修正后的安全系数为 1.00。该处缺陷各风险因素都比其他缺陷大，其中，设计与施工风险最大，与其他缺陷相比，管道埋深浅、地区等级高。管道埋深浅可能造成该缺陷更易受到第三方破坏。若该处缺陷发生事故，地区等级高使事故后果更加严重，结合实际情况可以说明该缺陷安全系数具有一定的合理性。

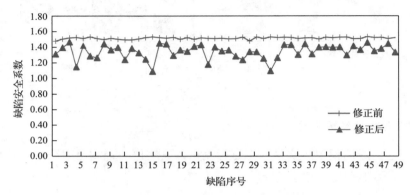

图 7-7 修正前后部分缺陷安全系数比较

（2）缺陷 15，修正后的安全系数为 1.07。该处缺陷土壤腐蚀率极低，设计与施工风险也大于平均风险水平，结合实际情况可以说明该缺陷安全系数具有一定的合理性。

（3）缺陷 196，修正后的安全系数为 1.07。该处缺陷位置处于山川河流众多区域，若造成泄漏将给维修带来极大困难，所以此种缺陷不可只按其缺陷深度来提供维修决策。结合实际情况可以说明该缺陷安全系数具有一定的合理性。

（4）缺陷 32，修正后的安全系数为 1.08。该处缺陷位置处于山川河流众多区域且土壤腐蚀率极低，其风险较缺陷 15 和缺陷 196 大，但是它的缺陷安全系数更大，其原因是该处金属损失长度较小。结合实际情况可以说明该缺陷安全系数具有一定的合理性。

（5）缺陷 68，修正后的安全系数为 1.09。该处缺陷与缺陷 196 情况相似，因其所处位置不佳，修复困难，所以应提前对该缺陷进行监控与补强工作。结合实际情况可以说明该缺陷安全系数具有一定的合理性。

（6）缺陷 97，修正后的安全系数为 1.11。该处缺陷长度较大，无其他相关较大的风险因素，所以是缺陷本身决定了它较低的缺陷安全系数。

（7）缺陷 4，修正后的安全系数为 1.11。该处缺陷深度大，与缺陷 97 相似，缺陷本身决定了它较低的缺陷安全系数。

（8）缺陷 113，修正后的安全系数为 1.14。电流密度大，可能是管道防涂层老化严重。结合实际情况可以说明该缺陷安全系数具有一定的合理性。

（9）缺陷 133，修正后的安全系数为 1.15。该处缺陷处于跨越段，大气腐蚀较为严重，可将该管段列为重要评价对象进行详细评价。结合实际情况可以说明该缺陷安全系数具有一定的合理性。

(10)缺陷 23，修正后的安全系数为 1.17。该处缺陷环境风险大，属于冻涨融沉区域，且外部环境温差大，这些环境特点对管道影响较大。结合实际情况可以说明该缺陷安全系数具有一定的合理性。

参 考 文 献

[1] 王玉梅，郭书平. 国外天然气管道事故分析. 油气储运，2000，(7)：5-10.

[2] 钱成文，刘广文，高颖涛，等. 管道的完整性评价技术. 油气储运，2000，(7)：11-15.

[3] 韩小明，苗绘，王哲. 基于大数据和神经网络的管道完整性预测方法. 油气储运，2015，34(10)：1042-1046.

[4] 洪险峰，崔昊，贾会英，等. 浅谈含缺陷管道的完整性评价及维护维修. 长江大学学报(自然科学版)，2011，8(11)：48-49.

[5] 冯庆善. 基于大数据条件下的管道风险评估方法思考. 油气储运，2014，33(5)：457-461.

[6] 董绍华，安宇. 基于大数据的管道系统数据分析模型及应用. 油气储运，2015，34(10)：1027-1032.

[7] 中华人民共和国国家质量监督检验检疫总局，中国国家标准化管理委员会. 油气输送管道完整性管理规范. GB 32167—2015. 北京：中国标准出版社，2016.

[8] 于洋，刘德俊，孙东旭. 基于漏磁内检测与分级理念的管道完整性评价. 中国安全科学学报，2017，27(1)：169-174.

[9] 高惠临，周敬思，冯耀荣，等. 长输管道定量风险评价方法研究. 油气储运，2001，20(8)：5-8.

[10] 刘凤艳. 基于漏磁内检测的长输油气管道完整性评价研究. 沈阳：沈阳工业大学硕士学位论文，2014.

[11] American Society of Mechanical Engineers. Manual for determining the remaining strength of corroded pipelines. ANSI/ASME B31G—2009. New York: ASME B31G Committee, 2009.

[12] American Society of Mechanical Engineers. Manual for determining the remaining strength of corroded pipelines. ANSI/ASME B31G—2012.New York: ASME B31G Committee, 2012.

[13] American Society of Mechanical Engineers. Manual for determining the remaining strength of corroded pipelines. ANSI/ASME B31G—1991 .New York: ASME B31G Committee, 1991.

[14] 马彬，帅健，李晓魁，等. 新版 ASME B31G—2009 管道剩余强度评价标准先进性分析. 天然气工业，2011，31(8)：112-115.

[15] Kim Y J, Shim D J, Lim H. Reference stress based approach to predict failure strength of pipes with local wall thinning under single loading. Journal of Pressure Vessel Technology, 2004, 126(2): 194-201.

[16] Benjamin A C, Franzoi A R, Leal C J J, et al. Additional test results and analysis of pipeline containing irregular shaped corrosion defects. SEM Annual Conference and Exposition on Experimental and Applied Mechanics, Albuquerque, 2009.

[17] Veritas D N, Recommended practice DNV-RP-F101 corroded pipelines. Hovik, Norway, 2004, 11: 135-138.

[18] 肖国清，阚文华，邓洪波，等. 基于有限元分析的 X80 高钢级管道剩余强度计算公式构建. 中国安全生产科学技术，2016，12(12)：110-115.

[19] 青松铸，范小霞，阳梓杰，等. ASME B31G—2012 标准在含体积型缺陷管道剩余强度评价中的应用研究. 天然气工业，2016，36(5)：15-121.

[20] 中华人民共和国住房和城乡建设部. 输油管道工程设计规范. GB 50253—2014. 北京：中国计划出版社，2015.

[21] 陈兆雄，吴明，谢飞，等. 腐蚀管道剩余强度的评价方法及剩余寿命预测. 机械工程材料，2015，39(5)：97-101.

[22] 张增昊. 体积型缺陷管道评价方法对比分析. 管道技术与设备，2014，(6)：53-55.

[23] 中华人民共和国国家质量监督检验检疫总局, 中国国家标准化管理委员会. 埋地钢质管道风险评估方法. GB/T 27512—2011. 北京: 中国标准出版社, 2012.

[24] 俞树荣, 马欣, 梁瑞, 等. 基于层次分析法的管道风险因素权数确定. 天然气工业, 2005, (6): 132-133.

[25] 黎涛, 朱建军, 王梦光, 等. 模糊判断矩阵的一致性判定及改进方法研究. 系统工程学报, 2007, (3): 256-261.

[26] 罗同顺, 左剑恶, 干里里, 等. 基于模糊综合评判模型的污水管道缺陷定量化评价方法. 环境科学学报, 2011, 31 (10): 2204-2209.

[27] 姜艳萍, 樊治平, 王欣荣. AHP 中判断矩阵一致性改进方法的研究. 东北大学学报(自然科学版), 2001, (4): 468-470.

[28] Broomhead D S, Lowe D. Radial basis functions, multi-variable functional interpolation and adaptive networks. Royal Signals and Radar Establishment Malvern (United Kingdom), 1988.

[29] Kokshenev I, Braga A P. A multi-objective approach to RBF network learning. Neurocomputing, 2008, 71 (7-9): 1203-1209.

[30] 柴杰, 江青茵, 曹志凯. 径向基神经网络的函数逼近能力及其算法. 模式识别与人工智能, 2010, 15(3): 310-316.

[31] Llanas B, Lantaron S. Hermite interpolation by neural networks. Applied Mathematics and Computation, 2007, 192(2): 429-439.

[32] 李钢, 吕国芳. 基于正则化 RBF 神经网络的混凝土强度预测. 电子设计工程, 2014, 22(13): 52-54.

第8章　基于大数据的洪水预测预警分析

本章对管道洪水灾害风险的评价，不考虑各管段社会经济易损性的差异，主要考虑洪水的相对危险度，即洪水的绝对威力和管段的抵御能力。影响洪水绝对威力的主要因子是每个穿河点汇水区的天气因素和下垫面因素，包括降雨、面积、高差、形状、土地利用、植被状况等，这些汇水区面对象上的因子处理后映射到对应管段的线对象上表示。影响管段抵御能力的主要因子是局部地形因素，主要包括穿河点纵向坡度和穿河点横向高差。以国家主干天然气管道陕京三线为例阐述洪水灾害的预测预警方法。

8.1　陕京三线临县段管道洪水风险评价

在洪水灾害风险评价中，输气管道可简化为线状对象。又由于管道穿越每个沟道、河道时，承受的洪水灾害主要位于沟道最低点，风险评价对象即可简化为离散的点对象。为表示方便，以各沟道、河道间的分水岭为界，将输气管线切分为以穿河最低点为中心的管段，以管段作为风险程度的表示对象(图 8-1)。

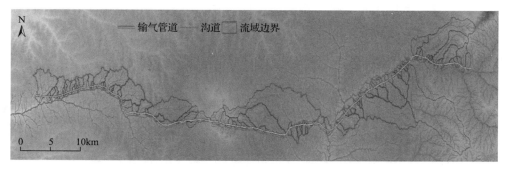

图 8-1　陕京三线山西临县段交叉河流、汇水流域及管道风险评价分段图(文后附彩图)

8.1.1　主要风险因子评价

应用地理信息系统的空间分析和栅格计算功能对洪水风险各因子进行定量处理，并综合各因子进行聚类分级，通过与水毁事件进行分析对比，得到管道洪水风险静态评价和风险分区图的绘制[1~3]，数据来源见表 8-1。

表 8-1　管道洪水风险因子数据的主要来源

数据内容	来源
降雨	雨量站多年实测降雨记录
汇水面积	
流域高差	清华大学 Hydro30 全球河网数据集
流域形状	
汇水区土地利用	MODIS MCD12Q1
汇水区植被覆盖	MODIS MOD13A1
河道比降	
穿河点横向高差	清华大学 Hydro30 全球河网数据集
发生水毁次数	中石油北京管道公司统计数据

1) 降雨

降雨是形成洪水灾害的前提和动力条件，没有降雨，尤其是暴雨，也就谈不上洪水灾害。按照全国的降雨强度标准，大于 50mm 的降雨为暴雨，但黄土高原地区降雨历时短、强度大，土壤可蚀性高，降雨量达到 30mm 以上就有发生洪水灾害的可能，因此选择年降雨量和 30mm 以上年暴雨日数作为降雨因子量化的参数。根据年降雨量越大、年暴雨天数越多，形成致灾洪水概率越大的原则，确定了降雨因子对洪水影响的评价标准。对各管段交叉河流汇水区内的降雨因子进行空间平均，并映射到管段上，得到降雨因子分布如图 8-2～图 8-4所示。

图 8-2　陕京三线山西临县段雨量站多年平均年降雨量分布图（文后附彩图）

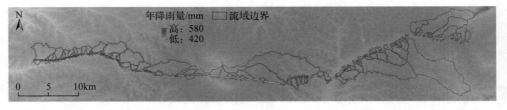

图 8-3　陕京三线山西临县段管道穿河点汇水流域多年平均年降雨量分布图（文后附彩图）

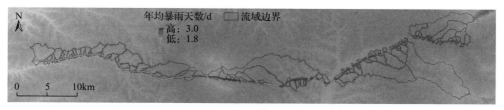

图 8-4　陕京三线山西临县段管道穿河点汇水流域多年年均暴雨天数分布图（文后附彩图）

以 440mm、480mm、520mm 及 560mm 为分界线，把年降雨量分成了 1～5 五个等级，降雨量越大，分级越大。年暴雨天数越多，分级也越大，分界线为 2d、2.25d、2.5d 及 2.75d，同时把汇水面积、流域高差、穿河段横向高差、河道比降、流域形状、汇水区植被覆盖分成 1～5 级。各个管道分段的降雨因子的等级如表 8-2 所示。

表 8-2　陕京三线山西临县段各因子风险等级分类结果

管道分段编号	年降雨量	年暴雨天数	汇水面积	流域高差	穿河段横向高差	河道比降	流域形状	汇水区土地利用	汇水区植被覆盖	发生水毁次数
1	4	1	2	2	3	1	2	2	4	1
2	4	1	1	1	2	3	3	2	4	1
3	4	1	1	1	2	2	4	2	5	2
4	4	1	1	1	1	2	4	2	5	2
5	4	1	1	1	2	3	3	2	5	1
6	4	1	1	2	2	1	4	2	5	1
7	4	1	1	1	1	4	3	2	4	2
8	4	1	1	1	1	3	4	2	5	2
9	4	1	1	1	2	2	5	2	5	2
10	4	1	1	2	1	2	4	2	4	2
11	4	1	1	1	2	2	4	2	5	2
12	4	1	1	1	2	3	3	2	5	2
13	4	1	1	1	1	3	4	2	5	2
14	4	1	1	1	2	3	3	2	5	2
15	4	1	1	1	2	2	5	2	5	2
16	4	1	1	1	3	2	2	2	5	1
17	4	1	1	1	2	2	4	2	4	2
18	4	1	1	2	2	2	3	2	4	1
19	4	1	1	1	2	4	4	2	4	1
20	4	1	1	1	2	3	3	2	4	1
21	4	1	1	2	2	1	3	2	4	1
22	4	1	1	1	2	3	3	2	4	1
23	4	1	1	1	2	3	3	2	5	1
24	4	1	2	2	3	2	3	2	5	1
25	5	1	1	1	2	3	4	2	4	2

管道分段编号	年降雨量	年暴雨天数	汇水面积	流域高差	穿河段横向高差	河道比降	流域形状	汇水区土地利用	汇水区植被覆盖	发生水毁次数
26	5	1	1	1	1	4	5	2	4	2
27	5	1	1	2	2	2	1	2	4	1
28	5	1	1	2	2	2	3	2	5	1
29	5	1	2	2	3	1	2	4	4	1
30	5	1	1	1	2	3	4	2	4	2
31	5	1	1	2	2	2	3	2	4	2
32	5	1	1	1	2	4	2	4	4	1
33	5	1	1	2	3	2	3	2	4	1
34	5	1	1	1	2	3	3	4	5	1
35	4	1	3	4	3	2	5	2	5	2
36	4	1	1	2	3	2	3	1	4	1
37	3	1	1	3	2	3	5	2	4	1
38	3	1	1	3	1	1	4	2	4	0
39	3	3	1	4	2	2	4	5	3	0
40	3	5	1	3	3	2	1	5	1	0
41	3	5	1	3	4	4	1	5	1	0
42	3	5	1	3	3	5	2	5	1	0
43	3	5	1	2	2	3	3	2	2	0
44	3	5	1	3	2	4	5	5	1	1
45	3	2	1	2	1	2	4	4	1	0
46	2	4	1	3	3	1	5	4	2	0
47	2	4	1	1	2	4	2	2	3	0
48	2	4	3	3	4	1	4	4	3	1
49	2	4	1	2	2	2	4	4	4	0
50	2	4	1	2	5	1	4	4	4	0
51	2	4	1	1	2	5	3	2	4	0
52	2	4	1	2	2	2	4	4	4	0
53	2	4	1	1	1	3	4	2	4	1
54	2	4	1	1	2	2	5	4	4	1
55	2	4	1	1	1	2	5	4	4	0
56	2	4	1	1	2	4	3	4	5	0
57	2	4	5	5	2	1	4	2	3	0
58	2	4	1	1	3	5	2	4	4	0
59	1	4	1	2	3	1	3	4	4	0
60	1	4	1	2	2	4	4	2	4	0
61	1	4	2	2	5	1	3	2	4	0

管道分段编号	年降雨量	年暴雨天数	汇水面积	流域高差	穿河段横向高差	河道比降	流域形状	汇水区土地利用	汇水区植被覆盖	发生水毁次数
62	1	4	1	1	1	1	4	2	5	0
63	1	4	1	1	2	4	3	2	4	0
64	1	4	1	2	2	3	3	2	4	0
65	1	4	1	2	2	1	4	2	4	0
66	1	4	1	1	2	4	3	2	4	0
67	1	4	1	2	5	3	4	2	4	0
68	1	4	4	4	3	1	5	4	4	0
69	1	4	1	2	2	2	4	2	4	0
70	1	4	1	1	1	1	3	2	4	0
71	1	4	1	2	1	1	4	2	4	0
72	1	4	1	1	2	1	4	4	4	0
73	1	4	2	2	1	1	4	4	4	0
74	1	4	2	2	1	2	4	2	4	0
75	1	4	1	1	1	1	5	4	5	0
76	1	4	1	1	1	1	3	4	3	0
77	1	4	1	2	1	1	3	2	4	0
78	1	4	1	1	1	2	3	4	3	0
79	1	4	1	1	1	1	4	2	4	0
80	2	4	5	5	1	1	5	4	1	0
81	1	4	2	2	2	1	4	2	4	0
82	1	4	1	1	3	1	4	4	4	0
83	1	4	1	2	1	3	4	4	4	0
84	1	4	3	5	3	1	5	4	2	0
85	1	4	1	1	1	2	4	4	3	0
86	1	4	1	1	1	4	4	4	4	0
87	1	4	1	1	1	4	5	4	3	0
88	1	4	1	2	4	3	3	5	4	0
89	1	4	2	4	3	1	5	4	2	0
90	1	4	1	1	2	4	4	2	3	0
91	1	4	2	3	3	1	4	4	2	0
92	1	4	1	2	2	4	1	2	3	0
93	1	4	1	2	1	4	3	2	3	0
94	1	4	1	1	2	3	3	2	3	0
95	1	4	1	4	3	2	4	4	3	0
96	1	4	1	2	1	2	4	2	3	0

2）汇水面积

采用清华大学 Hydro30 全球河网数据集，统计各管段交叉河流的汇水面积。对汇水面积进行聚类，分为 5 个等级，以 2.5km²、7.5km²、12km²、20km² 为分界线，汇水面积越大，分级越大，如表 8-2 所示。将汇水面积因子映射到管段上，得到其分布如图 8-5 所示。

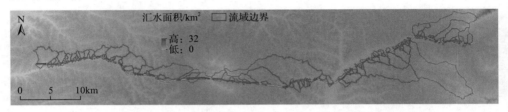

图 8-5　陕京三线山西临县段管道穿河点汇水面积分布图（文后附彩图）

3）流域高差

采用清华大学 Hydro30 全球河网数据集，统计各管段交叉河流干流源头至交叉点的高差。对流域高差进行聚类，划分为 1～5 五个等级，以 106m、200m、350m、530m 为分界线，流域高差越大，分级越大，如表 8-2 所示。将其映射到管段上，得到流域高差因子的分布如图 8-6 所示。

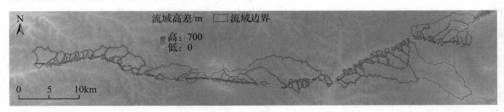

图 8-6　陕京三线山西临县段管道穿河点流域高差分布图（文后附彩图）

4）流域形状

采用清华大学 Hydro30 全球河网数据集，统计各管段交叉河流汇水流域的河流分叉比。对分叉比进行聚类，划分为 1～5 五个等级，分类结果形状越接近扇状，分级越大，如表 8-2 所示。将其映射到管段上，得到流域形状因子的分布如图 8-7 所示。

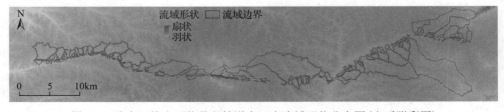

图 8-7　陕京三线山西临县段管道穿河点流域形状分布图（文后附彩图）

5) 汇水区土地利用

采用近期 MODIS MCD12Q1 数据获得研究区的土地利用情况，统计各管段交叉河流汇水流域内的主要土地利用类型。汇水区土地利用影响洪水的频率和强度，黄土高原地区的不合理土地利用导致水土流失加剧，加重洪水灾害。不同的土地利用类型对水分的截留作用不同，林地在减少径流方面的作用十分突出，农地减少径流的作用要强于荒坡。在暴雨条件下，减少径流强度由强到弱依次为林地、草地、农地。对径流截留作用越大的土地利用类型，发生洪水灾害的可能性越小。根据这样的原则，把土地利用分成 5 个等级，分级结果如表 8-2 所示。将汇水区土地利用因子映射到管段上，得到其分布如图 8-8 和图 8-9 所示。

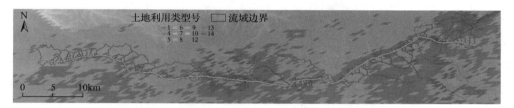

图 8-8　陕京三线山西临县段沿途土地利用分布图(文后附彩图)

图 8-9　陕京三线山西临县段管道穿河点汇水区土地利用分布图(文后附彩图)

6) 汇水区植被覆盖

采用近期 MODIS MOD13A1 数据获得汇水区植被覆盖情况，此数据为植被指数 NDVI 数据，值的范围为 0～1，越接近 1，植被覆盖状况越好。植被覆盖程度影响洪水的频率和强度。黄土高原地区中缺少植被的地区在强降雨下容易发生水土流失，加重洪水灾害。不同程度的植被覆盖对水分的截留作用不同，较好的植被覆盖在减少径流方面的作用十分突出，能够减小洪水灾害的威胁。根据上述原则，对汇水区植被覆盖因子进行聚类，划分为 1～5 五个等级，分类结果如表 8-2 所示。将汇水区的植被覆盖因子映射到管段上，得到其分布如图 8-10 和图 8-11 所示。

7) 河道比降

地形与洪水风险程度密切相关，本书采用管道穿越河流的 Hydro30 河段河道比降。河道比降越大，流速越快，对管道造成危害的可能性就越大。将河道比降映射到管段上，得到穿河点的河道比降分布如图 8-12 所示，分类结果如表 8-2 所示。

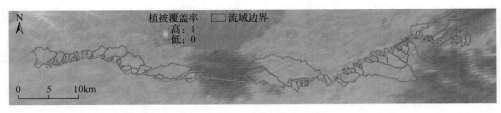

图 8-10　陕京三线山西临县段植被覆盖分布图（文后附彩图）

图 8-11　陕京三线山西临县段管道穿河点汇水区植被覆盖分布图（文后附彩图）

图 8-12　陕京三线山西临县段管道穿越河段河道比降分布图（文后附彩图）

8) 穿河段横向高差

本书根据 DEM 数据，计算穿河点所在位置与两侧山坡最高点的高程差，对横向高差进行聚类，划分为 1~5 五个等级，以 30m、60m、100m、140m 为分界线。穿河段的横向高差越大，分级越大，如表 8-2 所示。将其映射到管段上，得到汇水区内横向高差因子的分布如图 8-13 所示。

图 8-13　陕京三线山西临县段管道穿河段横向高差分布图（文后附彩图）

8.1.2　管道洪水灾害风险分区图

对表 8-2 中的数据进行分析，以管道穿河点的水毁次数为目标，初步进行多元线性回归分析，发现以上选取的汇水面积、流域高差、穿河段横向高差、汇水区土地利用都不是管道洪水风险的主要影响因素，这些因素的影响权重过低或正负相关性与预期不符。最后选择了年降雨量、年暴雨天数、河道比降、流域形状以及汇水区植被覆盖 5 个因子。图 8-14 显示了采用多元线性回归方法的静态风险评价结果与管道实际水毁次数的对比。如果将评价结果四舍五入到整数，评价准确度达到了 83%。

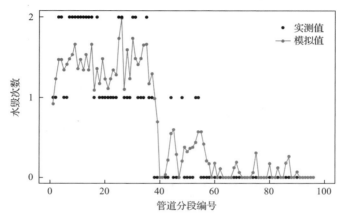

图 8-14　静态风险评价结果与管道实际水毁次数对比

　　在上述因子中，年降雨量、年暴雨天数、河道比降、流域形状及汇水区植被覆盖 5 个因子的权重分别为 0.314、0.120、0.060、0.191、0.111。可以看出，权重最大的为年降雨量，超过 30%；其次是流域形状、年暴雨天数及汇水区植被覆盖；同时河道比降也占有 6%的比重。年暴雨天数对管道洪水风险的影响与预期相反，结果反映出年暴雨天数越多，水毁的风险越小。分析认为这是因为年暴雨天数与年降雨量存在相关性，在年降雨量一定的条件下，年暴雨天数越多每场暴雨的强度变小，发生管道水毁的风险反而越小。

　　将上述采用多元线性回归方法得到的管道洪水风险值转换到区间[0,1]，得到逐个管段的风险分布如图 8-15 所示。

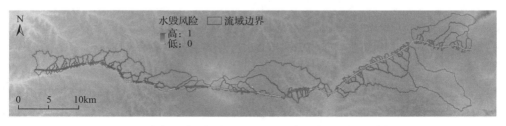

图 8-15　陕京三线山西临县段水毁风险分布图(文后附彩图)

　　总的来说,本章提出的静态风险评价方法实现了对管道洪水风险空间分布的评估,准确度超过了80%。该方法能够通过各种基础实测数据发现潜在的高风险管段,在相同的气候和地理条件下,上述参数也有望保持有效,相比经验方法,洪水风险评价的分辨率和准确性更高,是油气管线大规模风险评估的一种新方法。

8.2　临县地区天气预报降雨精度评价

8.2.1　降雨数据来源

1. 数值天气预报

THORPEX(The Observing System Research and Predictability Experiment) Interactive Grand Global Ensemble(TIGGE)数据集作为一种公开的全球数值天气预报(numerical weather prediction, NWP)集合已得到了行业应用的普遍认可,将用于本书研究。目前,TIGGE 数据集具备全球范围内十大机构发布的数值天气预报的历史和最新数据,起始时间为 2006 年[4,5]。这些机构在 TIGGE 计划中发布的天气预报的时间分辨率均为 6h,预见期最长达 16d。不同机构的空间分辨率不同,考虑预报的空间分辨率和预报精度,本书选择欧洲中期天气预报中心(European Center for Medium-Range Weather Forecasts, ECMWF)、中国气象局(China Meteorological Administration, CMA)、英国气象局(UK Met Office, UKMO)的数据进行研究。ECMWF 的空间分辨率是 0.28°,CMA 的空间分辨率是 0.56°,UKMO 的空间分辨率是 0.83°。

　　另外,使用美国国家海洋和大气管理局(National Oceanic and Atmospheric Administration, NOAA)发布的 GFS 天气预报数据,NOAA GFS 预报的空间分辨率为 0.5°,时间步长为 3h,较 TIGGE 计划的时间步长更优。

　　为了给输气管道的洪水风险预报提供最新发布的数值天气预报数据,本书建议预报系统的整体软件架构采用基于面向服务的体系结构(service-oriented architecture, SOA)的思想,将自动下载天气预报、实时动态解析数据、同步分析数据分别做成三个后台服务。采用 IONA 技术公司开发的 Apache CXF 技术构建 SOA 应用的技术框架,将这三个后台服务有效地组织起来。整个工程项目部署在稳定运行的甲骨文公司生产的 WEBLOGIC 大型服务器中,确保整个系统的不间断运行。

　　其中天气预报数据的自动下载采用目前性能较好的网络爬虫工具—HtmlUnit,作为动态实时获取天气预报数据的内核组件。使用 HtmlUnit 可以很好地模拟浏览器的操作,实现页面登录、页面跳转、表单填写、表单提交、执行页面上的 JavaScript 脚本、数据下载与保存等操作。这项技术对于网站数据获取具有普遍的适用性[3]。另外，某些机构的数据服务网站本身也会提供相关的数据下载接口，通过调用其对外公布的数据接口也可以方便地获取数据。

天气预报数据自动下载与管理的具体实现步骤如下。

(1) 实时动态获取数值天气预报数据。系统启动后，首先运行第一个服务模块——自动采集数据服务，采用网络爬虫工具或调用已经公布的对外数据下载接口，将天气预报数据文件下载到本地服务器上。

(2) 实现服务器端数值天气预报数据管理功能。系统内部各个服务组件的设计模式采用观察者模式。当下载服务运行完毕后，系统自动调用数据解析服务。通过编写的程序将数据文件转换为数据库中需要的数据格式，并入库。同时，将数据转化为可视化的标签图像文件格式(tag image file format, TIFF)。

(3) 降雨数据应用。数据解析完毕后，系统自动调用数字流域模型使用降雨数据进行模拟，系统转向后续业务流程。

需要注意的是，提供数值天气预报的网站会不断更新数据服务器，因此，需要实时监测数据服务器的运行状况，针对数据服务器的变化做出积极的调整。另外，由于每天都会产生大量的数值天气预报数据，在历史数据管理方面，会遇到海量数据管理的挑战。

2. 地面实测降雨

用于对比的实测降雨数据来自地面雨量站记录，出自《中华人民共和国水文年鉴》(2011 年、2012 年和 2013 年)中的汛期降雨摘录表和日降雨量表。其中汛期降雨摘录表的数据覆盖每年 6～9 月，本节主要以 3h 和 6h 降雨量为依据；本章采用的日降雨量数据为每年 5～10 月，用于日、旬、月尺度的分析。

8.2.2 降雨预报精度评价方法

每次发布的数值天气预报均提供整个预见期内的所有时段的降雨量。一般来说，越偏未来的降雨预报精度越低，本节选取每次预报的第 1 日降雨为评价目标，将每天发布的未来 1 日降雨组合成连续的时间序列用于评价。

假定雨量站测得的降雨量为降雨的真值。由于地面雨量站数据为点观测记录，数值天气预报降雨量代表栅格内的平均值，需将雨量站数据转化到天气预报栅格内，进行栅格内平均降雨量的对比。当天气预报栅格被研究区边界切割时，只考虑栅格处于研究区内的部分。考虑到研究区内雨量站密度较大和降雨量守恒问题[6]，采用最简单的泰森多边形方法在每个天气预报栅格内对多个雨量站的降雨量做加权平均。将天气预报栅格内的降雨预报值与加权平均后的实测值进行对比和统计分析。

采用相关系数，纳什效率系数和一致指标三个评价指标进行预报值与实测值时间序列的对比。

相关系数：

$$r = \frac{\sum_{i=1}^{n}(O_i - \bar{O})(P_i - \bar{P})}{\sqrt{\sum_{i=1}^{n}(O_i - \bar{O})^2}\sqrt{\sum_{i=1}^{n}(P_i - \bar{P})^2}}$$

纳什效率系数：

$$E = 1 - \frac{\sum_{i=1}^{n}(O_i - P_i)^2}{\sum_{i=1}^{n}(O_i - \bar{O})^2}$$

一致指标：

$$d = 1 - \frac{\sum_{i=1}^{n}(O_i - P_i)^2}{\sum_{i=1}^{n}(|P_i - \bar{O}| + |O_i - \bar{O}|)^2}$$

式中，O_i 为实测值；P_i 为预报值；$\bar{O}$ 为实测值的平均值；$\bar{P}$ 为预报值的平均值；i 为序列下标。

三个评价指标的特点如表 8-3 所示。

表 8-3　不同评价指标特点

评价指标	说明	缺点
相关系数 r	取值范围为[-1,1]，反映两变量之间的线性相关程度。1 表示完全线性正相关，-1 表示完全线性负相关，0 表示线性无关	只对离差进行了量化，当预报值在所有时间内都统一过高或者过低时，其结果仍然会很好地接近 1
纳什效率系数 E	取值范围为$(-\infty, 1]$，$E=1$ 代表完美匹配；E 接近 0 表示模拟结果接近实测值的平均值水平，但过程误差大；$E<0$ 表示实测值的平均值比预报值更好	在时间序列中，值越大越被高估，而低值被忽略
一致指标 d	取值范围为[0,1]，代表均方误差和潜在误差的比值。0 代表不相关，1 代表完全契合	较差的模型也可能得到较高的 d 值（0.65 以上），只留下一个很小的浮动空间来对模型进行评价；对模型系统性高估或者低估不敏感

更进一步，按降雨量大小对预报值和实测值进行分组，观察预报-实测降雨数据对组成的混淆矩阵。引入混淆矩阵的对角线距离加权 2 范数和对角线距离平方加权 2 范数作为新的评价指标，继续评价各机构天气预报的精度特征。

8.2.3　降雨预报精度评价

研究时段选为陕京三线建成后的 2011～2013 年汛期，其中 3h 和 6h 降雨量分析覆盖 6～9 月,日及以上尺度降雨量分析覆盖每年 5～10 月。

　　研究地区为山西省临县陕京三线沿线及湫水河林家坪水文站的控制流域。地面雨量站主要包括贺家会(40627350,站号,下同)、高家川(属于陕西省,但是在临县附近,可参考,40628050)、开化(40628100)、雷家碛(40628700)、石白头(40628750)、梁家会(40628850)、师庄(40628900)、穆家坪(40629000)、林家坪(40630000)、清凉寺(40628950)、曹峪坪(40629050)、代坡(40629300)、阳坡水库(40629350)、窑头(40629450)、程家塔(40629500)、车赶(40629700)、方山(40630550)、圪洞(40630800)等共 18 个。这些雨量站的位置及其代表的泰森多边形如图 8-16 所示。

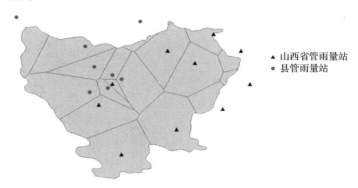

图 8-16　临县雨量站泰森多边形

1. ECMWF 预报降雨

　　ECMWF 预报降雨在研究区内涉及 4 个栅格,如图 8-17 所示,其中栅格 1 的数据资料覆盖 2011～2013 年每一年的汛期,而栅格 2、栅格 3 和栅格 4 的数据资料覆盖 2011～2012 年每一年的汛期。不同时间步长下和不同栅格的预报精度评价指标如图 8-18 所示。

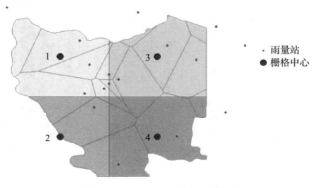

图 8-17　ECMWF 栅格示意图

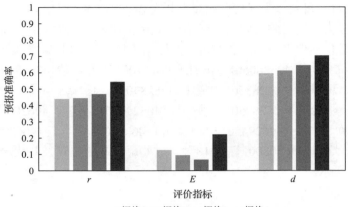

(a) 6h降雨量

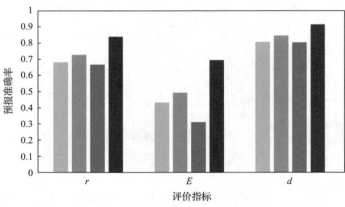

(b) 日降雨量

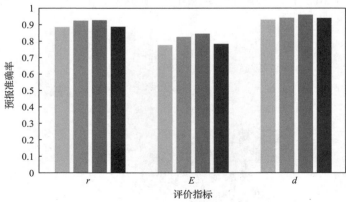

(c) 旬降雨量

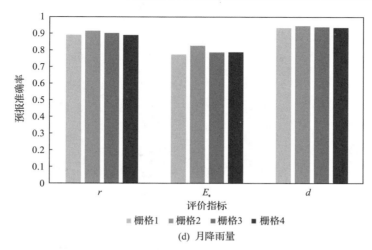

(d) 月降雨量

图 8-18　不同时间步长下 ECMWF 4 个栅格的预报精度指标(文后附彩图)

由图 8-18 可以看出,对于每一个栅格,从 6h 降雨量到日降雨量再到旬、月降雨量,随着时间步长的加大,预报值与实测值之间的相关系数、纳什效率系数、一致指标有所改善,其中从 6h 到日再到旬比较显著,这表示 ECMWF 在较长时间步长下降雨总量的预报结果更加准确,反映了 ECMWF 对预报地区气候特征的良好把握。6h 降雨量的三项指标均明显低于其他三个时段的指标,这表明时间步长越短,准确预报的难度越大,符合一般理解。综合而言,ECMWF 的全球尺度数值天气预报已经达到了很高的水准,其在研究区的降雨预报也处于这个较高的水准上。还注意到,4 个栅格的预报精度不同,这主要是由这 4 个栅格地理位置不同,实际降雨量序列不同引起的。大尺度天气预报较难反映局部地形引起的小气候产生的不同预报偏差。另外,雨量站点的不均匀分布导致加权平均后栅格真实降雨量的准确度不同,这也会引起 4 个栅格预报精度的差异。从旬降雨量和月降雨量上可以看出,随着时间步长的增长,4 个栅格的三项指标逐渐趋向一致。所以总体来说,由于研究区面积较小,我们可以认为 ECMWF 在整个研究区内的预报能力是相同的。

图 8-19 和图 8-20 分别显示了 ECMWF 6h 降雨量和日降雨量的预报-实测散点图。由图 8-19 可以直观地看出,ECMWF 的 6h 降雨量预报-实测散点基本均匀分布在 1:1 线的两侧,强降雨的绝对误差有所增大,但相对误差不大。对与该实验关系较大的强降雨而言,存在一定的漏报和低估,其中栅格 1 和栅格 2 最为显著。中等强度降雨的误报较多,各栅格均有一定的体现。从不同栅格看,栅格 4 的预报精度总体优于其他 3 个栅格,强降雨的漏报和低估较少。

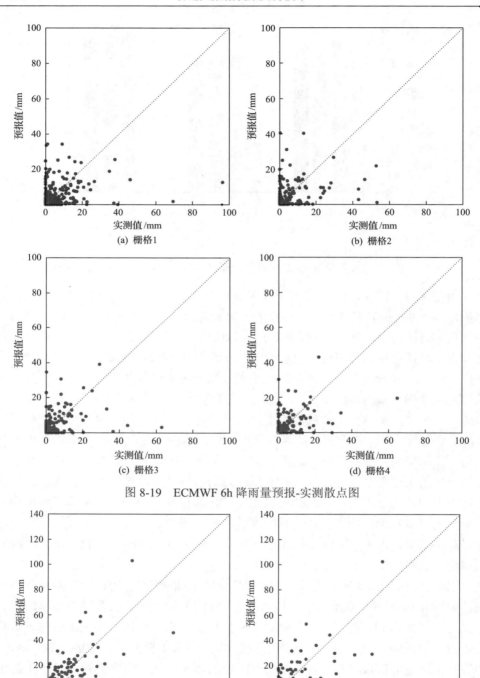

图 8-19　ECMWF 6h 降雨量预报-实测散点图

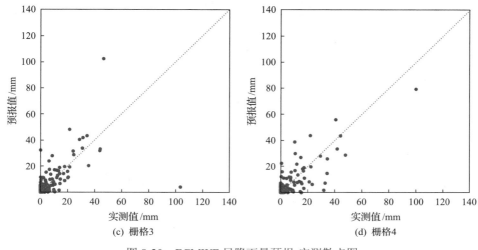

图 8-20　ECMWF 日降雨量预报-实测散点图

由图 8-20 可以看出，ECMWF 的预报日降雨量较 6h 降雨量的准确度更高。日降雨量的中小降雨结果不错，虽然存在低估和高估，但预报-实测散点对称分布在 1:1 线的两侧。日降雨量的低估和漏报比例也较 6h 降雨量有所减少。另外需要注意降雨量"真实"值的影响，栅格 3 的散点图结果很好，可能与范围内的雨量站较多、泰森多边形加权平均后的真实值更精确有关。

散点图反映出来的 4 个栅格预报精度的相对关系与图 8-18 中 4 个栅格的三项精度指标存在一定的差异，这主要是由少数强降雨预报点的较大绝对偏差导致的精度指标明显降低引起的。总体来说，ECMWF 对强降雨的预报能力仍然较弱，这是天气预报模型的天然弱项，也对本实验考虑强降雨的方法提出了较高要求。

采用 K-means 法对 6h 降雨量进行聚类，得到了以数值大小区分的 6h 降雨量的 10 个分组，其中小于 0.05mm 的降雨量归于 0 组，认为无降雨。表 8-4 为 ECMWF 6h 降雨量每组预报值对应不同组实测值的概率矩阵，即混淆矩阵。该矩阵理想情况为单位阵，即对角线数据为 1，其他数据均为 0，表示落入每组的预报值均具有处于相同组的实测值。

混淆矩阵可以直观地评价数据分类的质量，对角线数据代表预报值等于实测值的点的比例，非对角线数据为预报出错的点的比例。混淆矩阵对角线的值越高，说明预报值等于实测值的点的个数越多，预报水平越高。而偏离对角线的距离代表预报值与实测值的偏差程度，与对角线距离越远，代表预报值与实测值的偏差越大。混淆矩阵直观图可以反映出天气预报机构的预报特点，如图 8-21 所示。

表 8-4　ECMWF 6h 降雨量预报-实测混淆矩阵

实测值	预报值									
	[0,0.05)	[0.05, 1.28]	(1.28, 3.96]	(3.96, 7.66]	(7.66, 12.17]	(12.17, 17.79]	(17.79, 25.67]	(25.67, 36.66]	(36.66, 56.10]	>56.10
[0, 0.05)	0.864	0.620	0.204	0.108	0.025	0.070	0.120	0	0	0
[0.05,1.28]	0.109	0.234	0.424	0.279	0.139	0.211	0.120	0.400	0.250	0
(1.28,3.96]	0.014	0.083	0.176	0.235	0.114	0.105	0.120	0.100	0	0
(3.96,7.66]	0.007	0.029	0.104	0.171	0.190	0.088	0.200	0	0	0
(7.66,12.17]	0.003	0.018	0.032	0.117	0.190	0.175	0.120	0.200	0	0
(12.17,17.79]	0.001	0.011	0.036	0.027	0.202	0.193	0.080	0.100	0.250	0
(17.79,25.67]	0.001	0.001	0.012	0.036	0.089	0.070	0.080	0.100	0.250	0
(25.67,36.66]	0.000	0.001	0	0.018	0.038	0.035	0.040	0.100	0.250	0
(36.66,56.10]	0.001	0.003	0.004	0.009	0.013	0.035	0.080	0	0	0
>56.10	0	0	0.008	0	0	0.018	0.040	0	0	0

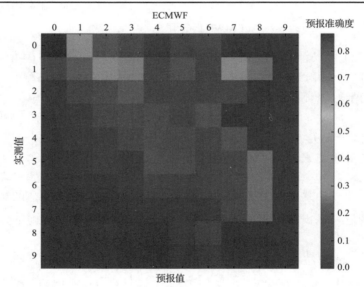

图 8-21　ECMWF 6h 降雨量预报-实测混淆矩阵直观图(文后附彩图)

为了使用单一数值评价混淆矩阵,对其做如下处理。

(1)将混淆矩阵对角线上的所有数据修改为零。非对角线数据按其与对角线的距离加权,即紧邻对角线的数据不变,再外层的数据均乘以 2,距对角线第 3 层的数据均乘以 3,依次类推。

(2)对按(1)处理的混淆矩阵,求其 2 范数,得到混淆矩阵的对角线距离加权 2 范数。

(3)重复步骤(1)和(2),但使用距离的平方加权。即紧邻对角线数据不变,再外层的数据均乘以 2^2,距对角线第 3 层的数据均乘以 3^2,依次类推,得到混淆矩阵的对角线距离平方加权 2 范数。

　　对 ECMWF 6h 降雨量混淆矩阵进行处理,得到对角线距离加权 2 范数为 3.47;对角线距离平方加权 2 范数为 19.88。这两个指标也可用于对比不同机构降雨预报的准确度,其中对角线距离平方加权 2 范数更多地考虑了雨量特别明显的高估和低估情况。

　　由于数据样本有限,混淆矩阵中元素的单调性和平滑度不太合理。为了合理地反映大降雨量的预报特点,并为流量和洪水预警的概率预报做准备,需要对上述混淆矩阵做修正。修正的数据分析重点在后三行,即实测大降雨量对应的元素。修正方法为根据已有元素,按照从对角线向两侧递减的原则对元素值进行单调平滑拟合插值。修正结果如表 8-5 所示。

表 8-5　ECMWF 6h 降雨量预报-实测的修正混淆矩阵

实测值	预报值									
	[0,0.05)	[0.05,1.28]	(1.28,3.96]	(3.96,7.66]	(7.66,12.17]	(12.17,17.79]	(17.79,25.67]	(25.67,36.66]	(36.66,56.10]	>56.10
[0,0.05)	0.864	0.620	0.203	0.107	0.023	0.070	0.110	0	0	0
[0.05,1.28]	0.108	0.234	0.423	0.278	0.137	0.211	0.110	0.270	0.170	0.142
(1.28,3.96]	0.014	0.083	0.175	0.234	0.126	0.105	0.110	0.093	0.046	0.108
(3.96,7.66]	0.007	0.028	0.103	0.173	0.170	0.110	0.165	0.020	0.040	0.110
(7.66,12.17]	0.003	0.016	0.031	0.112	0.170	0.170	0.120	0.150	0.020	0.110
(12.17,17.79]	0.001	0.01	0.034	0.028	0.220	0.160	0.070	0.090	0.180	0.120
(17.79,25.67]	0.001	0.003	0.012	0.031	0.090	0.070	0.140	0.093	0.230	0.130
(25.67,36.66]	0.001	0.003	0.010	0.017	0.030	0.045	0.075	0.127	0.105	0.082
(36.66,56.10]	0.001	0.002	0.006	0.013	0.020	0.034	0.060	0.090	0.118	0.090
>56.10	0	0.001	0.003	0.007	0.014	0.025	0.040	0.067	0.091	0.108

2. CMA 预报降雨

　　CMA 预报降雨在研究区内涉及 2 个栅格,如图 8-22 所示,其中栅格 C1 的数据资料的时段是 2011~2013 年每年汛期,栅格 C2 的数据资料的时段是 2011~2012 年每年汛期。不同时间步长下和不同栅格的预报精度评价指标如图 8-23 所示。

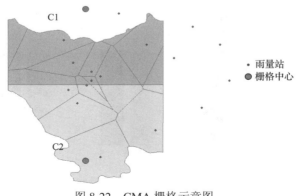

图 8-22　CMA 栅格示意图

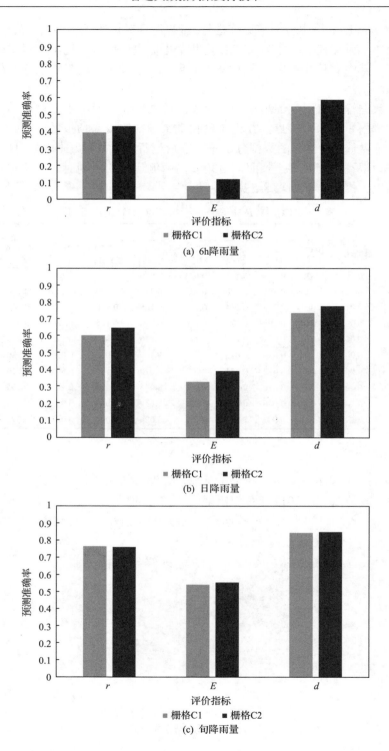

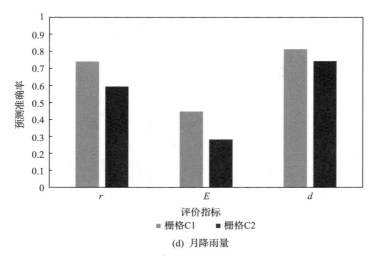

(d) 月降雨量

图 8-23　不同时间步长下 CMA 2 个栅格的预报精度指标

由图 8-23 可以看出,与 ECMWF 类似,CMA 对预报地区气候特征也有良好把握,各时间步长下 2 个栅格降雨量序列的各项评价指标虽较 ECMWF 预报的指标略低,但仍达到了较高水准。2 个栅格间的差距也不大,月降雨量评价指标的差异主要由两个栅格的时间序列长度不同引起。

图 8-24 和图 8-25 分别显示了 CMA 6h 降雨量和日降雨量的预报-实测散点图。从图 8-24 和图 8-19 的对比中可以直观地看出,CMA 的 6h 降雨量预报的特点与 ECMWF 基本相似,但精确度稍差一些,主要体现在散点图更加离散,存在更多的错报和漏报点。

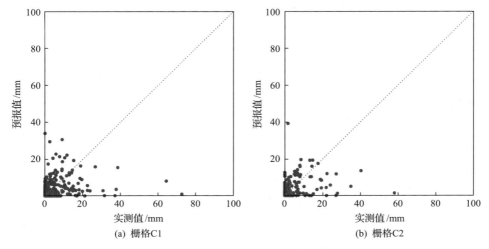

(a) 栅格C1　　　　　　　　　　　(b) 栅格C2

图 8-24　CMA 6h 降雨量预报-实测散点图

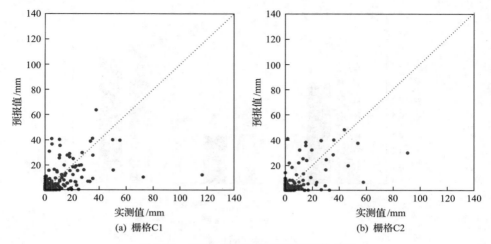

图 8-25　CMA 日降雨量预报-实测散点图

　　从图 8-25 和图 8-20 的对比中可以看出，CMA 的预报日降雨量较 ECMWF 的预报日降雨量的准确度明显差一些，也存在更多的错报和漏报点。

　　总体来说，CMA 日降雨量预报的精度可以接受，6h 降雨量的误差可能主要由降雨在日内分布的误差引起，对管道洪水风险预报的影响不会太显著。

　　表 8-6 为 CMA 6h 降雨量的预报-实测混淆矩阵，图 8-26 为其直观图。可以看出，CMA 的预报准确度明显低于 ECMWF，主要体现在对角线元素比重较小、偏大预报较多，并存在预报值远大于实测值的误报。CMA 6h 降雨量预报-实测混淆矩阵的对角线距离加权 2 范数为 6.28，对角线距离平方加权 2 范数为 37.09。

表 8-6　CMA 6h 降雨量预报-实测混淆矩阵

实测值	预报值									
	[0,0.05)	[0.05, 1.28]	(1.28, 3.96]	(3.96, 7.66]	(7.66, 12.17]	(12.17, 17.79]	(17.79, 25.67]	(25.67, 36.66]	(36.66, 56.10]	>56.10
[0,0.05)	0.848	0.524	0.22	0.112	0.050	0	0	0	0	0
[0.05,1.28]	0.119	0.304	0.333	0.338	0.175	0.047	0	0.333	0	0
(1.28,3.96]	0.020	0.075	0.182	0.175	0.200	0.048	0	0.333	1	0
(3.96,7.66]	0.009	0.044	0.136	0.163	0.175	0.286	0.200	0	0	0
(7.66,12.17]	0.002	0.01	0.038	0.088	0.150	0.190	0.500	0.334	0	0
(12.17,17.79]	0.001	0.022	0.038	0.062	0.075	0.238	0.300	0	0	0
(17.79,25.67]	0.001	0.006	0.03	0.050	0.125	0.048	0	0	0	0
(25.67,36.66]	0	0.009	0.008	0.012	0.025	0.048	0	0	0	0
(36.66,56.10]	0	0.003	0.008	0	0	0.095	0	0	0	0
>56.10	0	0.003	0.007	0	0.025	0	0	0	0	0

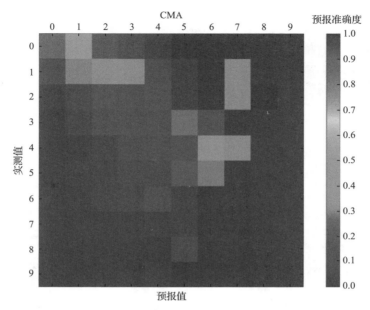

图 8-26　CMA 6h 降雨量预报-实测混淆矩阵直观图（文后附彩图）

表 8-7 为 CMA 6h 降雨量预报-实测的修正混淆矩阵。

表 8-7　CMA 6h 降雨量预报-实测的修正混淆矩阵

实测值	预报值									
	[0,0.05)	[0.05, 1.28]	(1.28, 3.96]	(3.96, 7.66]	(7.66, 12.17]	(12.17, 17.79]	(17.79, 25.67]	(25.67, 36.66]	(36.66, 56.10]	>56.10
[0,0.05)	0.848	0.525	0.220	0.105	0.042	0	0	0	0	0
[0.05,1.28]	0.119	0.305	0.332	0.325	0.160	0.035	0	0.215	0	0
(1.28,3.96]	0.020	0.076	0.181	0.165	0.200	0.035	0	0.230	0.654	0.050
(3.96,7.66]	0.009	0.045	0.135	0.155	0.160	0.275	0.100	0	0	0.200
(7.66,12.17]	0.002	0.011	0.037	0.081	0.150	0.185	0.331	0.215	0	0.250
(12.17,17.79]	0.001	0.022	0.036	0.064	0.070	0.230	0.150	0	0	0.100
(17.79,25.67]	0.001	0.006	0.028	0.052	0.120	0.060	0.150	0	0	0.100
(25.67,36.66]	0	0.005	0.015	0.025	0.045	0.080	0.116	0.140	0.116	0.090
(36.66,56.10]	0	0.003	0.009	0.017	0.033	0.060	0.088	0.110	0.125	0.100
>56.10	0	0.002	0.007	0.011	0.020	0.040	0.065	0.090	0.105	0.110

3. UKMO 预报降雨

UKMO 预报降雨在研究区内涉及 1 个栅格，如图 8-27 所示，该栅格数据资料覆盖 2011～2013 年每年的汛期。不同时间步长下的预报精度评价指标如图 8-28 所示。

图 8-27　UKMO 栅格示意图

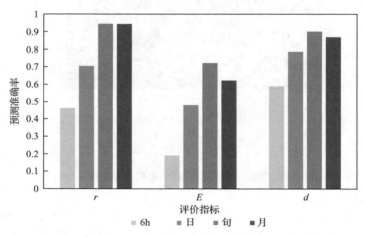

图 8-28　UKMO 不同时段预报精度（文后附彩图）

　　由图 8-28 可以看出，与 ECMWF、CMA 类似，UKMO 对预报地区气候特征也有良好把握，各时间步长下有 2 个栅格降雨量序列的各项评价指标比 ECMWF 预报的指标略低，较 CMA 略高。与 CMA 类似，月雨量与旬雨量相比，各项指标略有下降，同样是由样本数量较少导致的。

　　图 8-29 和图 8-30 分别显示了 UKMO 6h 降雨量和日降雨量的预报-实测散点图。从图 8-29、图 8-24、图 8-19 的对比中可以直观地看出，UKMO 的 6h 降雨量预报的特点跟前二者基本相似，精确度与 ECMWF 相似、明显高于 CMA，主要体现在数据点更集中在 45°线两侧，但也同样存在大降雨的漏报现象。

　　从图 8-30、图 8-25、图 8-20 的对比中可以看出，UKMO 的预报日降雨量和 ECMWF 的预报日降雨量的准确度相似，但明显高于 CMA，尤其是在中小降雨的预报能力方面。

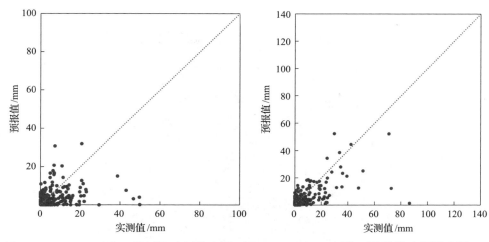

图 8-29　UKMO 6h 降雨量预报-实测散点图　　图 8-30　UKMO 日降雨量预报-实测散点图

总体来说，UKMO 日降雨量预报的精度可以接受，其精确度略差于 ECMWF，但优于 CMA。

表 8-8 为 UKMO 6h 降雨量的预报-实测混淆矩阵，图 8-31 为其直观图。可以看出，UKMO 降雨预报的特点是，对角线元素比重大，且元素向对角线的集中性较 ECMWF、CMA 好。同时可以看出，UKMO 有集体预报偏大的现象，但偏差幅度较小。UKMO 6h 降雨量预报-实测混淆矩阵的对角线距离加权 2 范数为 3.13，对角线距离平方加权 2 范数为 10.31。

表 8-8　UKMO 6h 降雨量预报-实测混淆矩阵

实测值	预报值									
	[0,0.05)	[0.05,1.28]	(1.28,3.96]	(3.96,7.66]	(7.66,12.17]	(12.17,17.79]	(17.79,25.67]	(25.67,36.66]	(36.66,56.10]	>56.10
[0,0.05)	0.869	0.493	0.077	0.063	0	0	0	0	0	0
[0.05,1.28]	0.097	0.319	0.500	0.292	0.050	0	0	0	0	0
(1.28,3.96]	0.023	0.106	0.164	0.208	0.300	0	0	0	0	0
(3.96,7.66]	0.006	0.050	0.115	0.083	0.200	0.571	0.667	0.500	0	0
(7.66,12.17]	0.001	0.021	0.048	0.146	0.150	0.143	0.333	0	0	0
(12.17,17.79]	0.001	0.004	0.067	0.083	0.150	0	0	0	0	0
(17.79,25.67]	0.002	0.004	0.019	0.083	0.150	0.143	0	0.500	0	0
(25.67,36.66]	0.001	0	0	0	0	0	0	0	0	0
(36.66,56.10]	0	0.003	0.010	0.042	0	0.143	0	0	0	0
>56.10	0	0	0	0	0	0	0	0	0	0

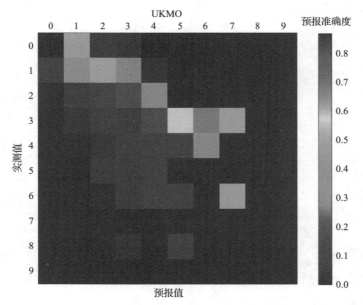

图 8-31　UKMO 6h 降雨量预报-实测混淆矩阵直观图（文后附彩图）

表 8-9 为 UKMO 6h 降雨量预报-实测的修正混淆矩阵。

表 8-9　UKMO 6h 降雨量预报-实测的修正混淆矩阵

实测值	预报值									
	[0,0.05)	[0.05, 1.28]	(1.28, 3.96]	(3.96, 7.66]	(7.66, 12.17]	(12.17, 17.79]	(17.79, 25.67]	(25.67, 36.66]	(36.66, 56.10]	>56.10
[0,0.05)	0.869	0.492	0.070	0.055	0	0	0	0	0	0
[0.05,1.28]	0.097	0.317	0.495	0.285	0.010	0	0	0	0	0
(1.28,3.96]	0.023	0.105	0.160	0.195	0.240	0	0	0	0	0
(3.96,7.66]	0.006	0.05	0.114	0.075	0.170	0.385	0.438	0.320	0	0
(7.66,12.17]	0.001	0.02	0.047	0.140	0.145	0.120	0.145	0	0.216	0.200
(12.17,17.79]	0.001	0.004	0.066	0.080	0.135	0.135	0	0	0.300	0.200
(17.79,25.67]	0.002	0.004	0.018	0.080	0.130	0.120	0.128	0.350	0.150	0.297
(25.67,36.66]	0.001	0.004	0.015	0.040	0.070	0.095	0.112	0.125	0.112	0.090
(36.66,56.10]	0	0.003	0.010	0.030	0.060	0.085	0.102	0.115	0.120	0.103
>56.10	0	0.001	0.005	0.020	0.040	0.060	0.075	0.090	0.102	0.110

4. NOAA GFS 预报降雨

NOAA GFS 预报降雨在研究区内涉及 1 个栅格，如图 8-32 所示，数据起始时间为 2012 年 7 月。评价数据覆盖 2012 年 7～9 月和 2013 年 6～9 月。不同时间步长下的预报精度评价指标如图 8-33 所示。

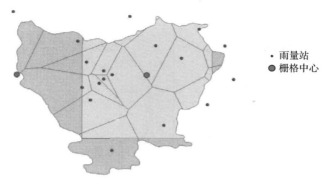

图 8-32　NOAA GFS 栅格示意图

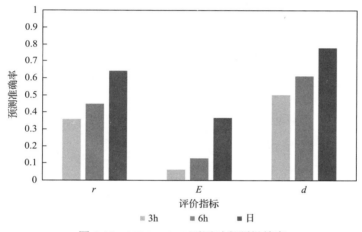

图 8-33　NOAA GFS 不同时段预报精度

　　从图 8-33 可以看出，与 ECMWF、CMA、UKMO 类似，随着时间步长的增长，降雨预报的精度显著提高。从各项指标的结果来看，NOAA GFS 的 6h 降雨预报与实测值的相关系数为 0.45，纳什效率系数为 0.13，一致性指标为 0.61；日降雨量预报值与实测值的相关系数是 0.64，纳什效率系数是 0.37，一致性指标为 0.78。这些指标与 ECMWF 的各项指标(图 8-18)相比，略差于 ECMWF；与 CMA 的各项指标(图 8-23)相比，二者非常接近，NOAA GFS 略优；与 UKMO 的各项指标(图 8-28)相比，NOAA GFS 略差。但是，与这些机构的 TIGGE 天气预报不同的是，NOAA GFS 的时间分辨率更高，为 3h。

　　图 8-34～图 8-36 分别显示了 NOAA GFS 3h 降雨量、6h 降雨量和日降雨量的预报-实测散点图。从图 8-35 和图 8-19、图 8-24、图 8-29 的对比中可以直观地看出，NOAA GFS 的 6h 降雨量预报的特点与前面三家机构基本相似，与 ECMWF、CMA 相比，错报和漏报点相对较少，原因可能有两个：一是 NOAA GFS 的预报效果比其他两个机构好；二是 NOAA GFS 数据点相比其他三家机构少了 5 个月。

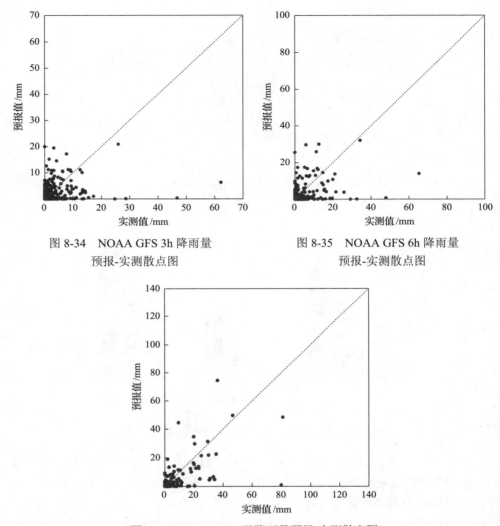

图 8-34　NOAA GFS 3h 降雨量
预报-实测散点图

图 8-35　NOAA GFS 6h 降雨量
预报-实测散点图

图 8-36　NOAA GFS 日降雨量预报-实测散点图

　　从图 8-36 和图 8-20、图 8-25、图 8-30 的对比中可以看出，NOAA GFS 的日降雨量预报与 CMA 类似，都比较分散，但略优于 CMA；在聚拢程度上明显差于 ECMWF 和 UKMO。

　　总体来说，NOAA GFS 的 6h 降雨量和日降雨量预报的精度可以接受，略劣于 ECMWF 和 UKMO，略优于 CMA。但 NOAA GFS 的优势在于预报的时间步长为 3h，在时间精度上高于其他机构，且空间分辨率虽然低于 ECMWF，但高于 CMA 和 UKMO。

　　表 8-10 为 NOAA GFS 6h 降雨量的预报-实测混淆矩阵，图 8-37 为其直观图。

可以看出 NOAA GFS 的预报特点与 CMA 相似。NOAA GFS 6h 降雨量预报-实测混淆矩阵的对角线距离加权 2 范数为 6.04，对角线距离平方加权 2 范数为 36.02。

表 8-10　NOAA GFS 6h 降雨量预报-实测混淆矩阵

实测值	预报值									
	[0,0.05)	[0.05, 1.28]	(1.28, 3.96]	(3.96, 7.66]	(7.66, 12.17]	(12.17, 17.79]	(17.79, 25.67]	(25.67, 36.66]	(36.66, 56.10]	>56.10
[0,0.05)	0.85	0.472	0.187	0.083	0	0	1	0	0	0
[0.05,1.28]	0.099	0.315	0.458	0.291	0.300	0.067	0	0	0	0
(1.28,3.96]	0.033	0.063	0.208	0.167	0.200	0.133	0	0	0	0
(3.96,7.66]	0.011	0.063	0.063	0.167	0.100	0.267	0	0.250	0	0
(7.66,12.17]	0.003	0.031	0.063	0.083	0	0.333	0	0.250	0	0
(12.17,17.79]	0.002	0.016	0	0.167	0.300	0.067	0	0.250	0	0
(17.79,25.67]	0	0.024	0	0.042	0.100	0.067	0	0	0	0
(25.67,36.66]	0.002	0.008	0.021	0	0	0	0	0.250	0	0
(36.66,56.10]	0	0.008	0	0	0	0	0	0	0	0
>56.10	0	0	0	0	0	0.066	0	0	0	0

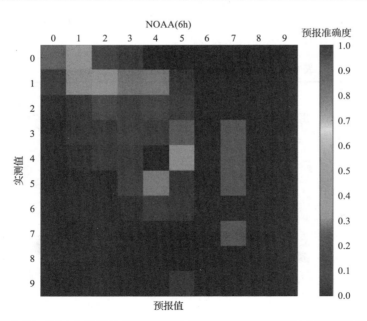

图 8-37　NOAA GFS 6h 降雨量预报-实测混淆矩阵直观图（文后附彩图）

NOAA GFS 6h 降雨量预报-实测的修正混淆矩阵如表 8-11 所示。

表 8-11　NOAA GFS 6h 降雨量预报-实测的修正混淆矩阵

实测值	预报值									
	[0,0.05)	[0.05, 1.28]	(1.28, 3.96]	(3.96, 7.66]	(7.66, 12.17]	(12.17, 17.79]	(17.79, 25.67]	(25.67, 36.66]	(36.66, 56.10]	>56.10
[0,0.05)	0.850	0.471	0.185	0.070	0	0	0.180	0	0	0
[0.05,1.28]	0.099	0.314	0.450	0.280	0.255	0.050	0.070	0	0	0
(1.28,3.96]	0.033	0.062	0.200	0.150	0.165	0.110	0.070	0	0.100	0.100
(3.96,7.66]	0.011	0.062	0.060	0.150	0.080	0.218	0.030	0.183	0.108	0.122
(7.66,12.17]	0.003	0.031	0.060	0.070	0	0.280	0.030	0.200	0.110	0.150
(12.17,17.79]	0.002	0.016	0	0.146	0.255	0.045	0.100	0.182	0.170	0.195
(17.79,25.67]	0	0.024	0	0.035	0.080	0.045	0.170	0	0.110	0.100
(25.67,36.66]	0.002	0.008	0.020	0.042	0.070	0.110	0.160	0.200	0.140	0.100
(36.66,56.10]	0	0.007	0.015	0.032	0.055	0.080	0.110	0.135	0.150	0.113
>56.10	0	0.005	0.010	0.025	0.040	0.062	0.080	0.100	0.112	0.120

NOAA GFS 3h 降雨量的预报-实测混淆矩阵如表 8-12 所示，图 8-38 为其直观图。NOAA GFS 3h 降雨量预报-实测混淆矩阵的对角线距离加权 2 范数为 1.79，对角线距离平方加权 2 范数为 6.84。

表 8-12　NOAA GFS 3h 降雨量预报-实测混淆矩阵

实测值	预报值									
	[0,0.05)	[0.05, 1.63]	(1.63, 4.98]	(4.98, 9.46]	(9.46, 15.44]	(15.44, 22.15]	(22.15, 26.99]	(26.99, 37.67]	(37.67, 54.45]	>54.45
[0,0.05)	0.884	0.512	0.149	0.083	0	0.250	0	0	0	0
[0.05,1.63]	0.088	0.324	0.378	0.333	0.214	0	0	0	0	0
(1.63，4.98]	0.021	0.106	0.257	0.333	0.286	0.250	0	0	0	0
(4.98,9.46]	0.005	0.027	0.108	0.209	0.357	0.250	0	0	0	0
(9.46,15.44]	0.001	0.017	0.108	0	0.143	0	0	0	0	0
(15.44,22.15]	0	0.007	0	0	0	0	0	0	0	0
(22.15,26.99]	0.001	0	0	0	0	0.250	0	0	0	0
(26.99,37.67]	0	0.004	0	0	0	0	0	0	0	0
(37.67,54.45]	0	0.003	0	0	0	0	0	0	0	0
>54.45	0	0	0	0.042	0	0	0	0	0	0

图 8-39 为 ECMWF、CMA、UKMO、NOAA GFS 四个机构的 6h 降雨量以及 NOAA GFS 3h 降雨量的预报-实测混淆矩阵的两种对角线加权 2 范数对比图。

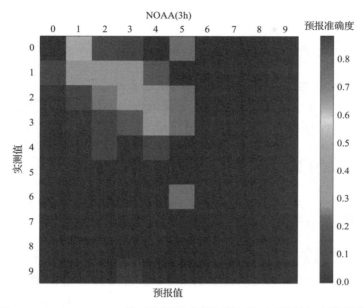

图 8-38   NOAA GFS 3h 降雨量预报-实测混淆矩阵直观图（文后附彩图）

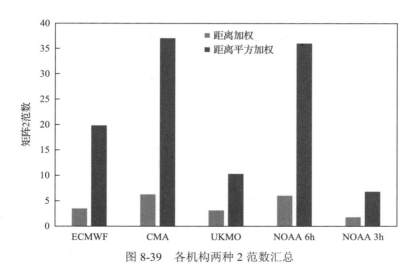

图 8-39   各机构两种 2 范数汇总

从图 8-39 中可以看出，ECMWF、UKMO 的 6h 降雨量预报水平高于 CMA 与
NOAA GFS。UKMO 与 ECMWF 的距离加权 2 范数相差无几，而在距离平方加权

2 范数方面，UKMO 远小于 ECMWF，这说明 UKMO 存在较少的过分高估或低估的现象。CMA 与 NOAA GFS 的预报水平非常接近，其中 NOAA GFS 略优。

图 8-39 所反映出的上述信息与混淆矩阵直观图（图 8-21、图 8-26、图 8-31 和图 8-37）所反映的信息完全吻合，与各机构的 6h 降雨量的三项指标及预报-实测散点图所反映的信息也比较吻合。不同评价指标在 UKMO 与 ECMWF 预报水平的优劣评价上略有差别，可能是两个机构的可用数据量有较大差别导致的。

对于 NOAA GFS 3h 降雨量，由于 2013 年 8 月 11 日 6:00～9:00 的预报值为 6.3mm，而实测值为 62.21mm，导致 3h 降雨量分组中后 4 组均无预报值落入。所以 3h 降雨量的混淆矩阵 2 范数较 4 个机构 6h 降雨量的混淆矩阵 2 范数小得多，3h 和 6h 预报间的对比没有意义。从图 8-39 中可以看出，NOAA GFS 3h 降雨量关于对角线的对称性不错，但存在少量预报过低的点，这与图 8-37 和图 8-38 反映的信息一致。

8.2.4　强降雨事件分析

1. 实测强降雨分析

2011 年 8 月 14 日和 2012 年 7 月 27 日两次强降雨曾引发管道水毁，图 8-40、图 8-41 分别显示了两次日降雨量的 4 个机构预报值与实测值对比。可以看出，4 个机构对这两次日降雨量为 30mm 和 100mm 级别的强降雨均存在非常严重的漏报现象。综合两次强降雨，第一次 CMA 的漏报程度少于 ECMWF 栅格 1，第二次 CMA 的漏报程度相对较低，ECMWF 次之。

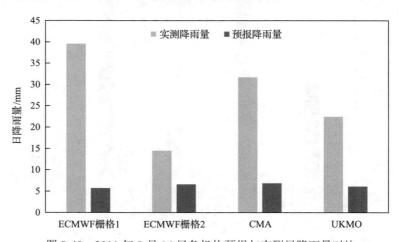

图 8-40　2011 年 8 月 14 日各机构预报与实测日降雨量对比

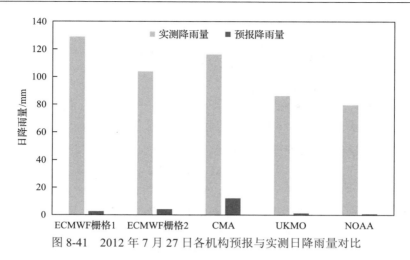

图 8-41　2012 年 7 月 27 日各机构预报与实测日降雨量对比

研究区内的降雨多为短时强降雨,一次降雨过程一般在 6h 以内完成。因此,可采用前述 6h 降雨量预报-实测混淆矩阵的分区作为强降雨的界定标准。将落入最大两组的降雨作为强降雨,即以 36.66mm 为界。下面对 2011 年～2013 年汛期所有实测降雨量大于 36.66mm 的强降雨日进行统计分析。

表 8-13 为 2011～2013 年汛期实测强降雨日各个机构预报情况的对比。将日降雨量分为两个区间:36.66～56.10mm 和大于 56.10mm。对实测强降雨日的漏报情况作出如下定义。

表 8-13　2011～2013 年汛期实测强降雨日的分布及对比

日期	ECMWF 栅格 1			ECMWF 栅格 3			CMA			UKMO			NOAA GFS		
	实测/mm	预报/mm	性质	实测/mm	预报/mm	性质	实测/mm	预报/mm	性质	实测/mm	预报/mm	性质	实测/mm	预报/mm	性质
2011/7/2	64.7	103	正确	46.8	102.6	偏高	55.4	39.7	正确	70.9	52.2	偏低			
2011/8/14	39.6	5.7	低漏												
2012/6/28	38.6	34.1	低漏							39.3	21.2	低漏			
2012/7/26	96.6	46	偏低	44.3	33.2	低漏	72.7	10.3	高漏	48.1	12.5	低漏			
2012/7/27	129	2.6	高漏	104	4.1	高漏	116.4	12.2	高漏	86.5	1.3	高漏	79.8	0.8	高漏
2012/8/16	37.7	18.8	低漏												
2012/9/1	58.4	28.7	高漏	44	31.9	低漏	50	40.1	正确	51.3	25.2	低漏	46.6	49.5	正确
2012/9/5	43.9	21	低漏												
2013/6/20	40.5	58.8	偏高				37.7	63.7	偏高	42.4	44.5	正确			
2013/8/11	37.3	26.8	低漏				50.5	16.1	低漏	72.7	12.3	高漏	81	48.2	偏低
2013/9/22	36.8	11.2	低漏												

(1) 预报正确：日降雨量的预报值和实测值在同一区间。

(2) 预报偏低：日降雨量实测值大于 56.10mm 时，预报值位于 36.66～56.10mm。

(3) 预报偏高：日降雨量位于 36.66～56.10mm 时，预报值大于 56.10mm。

(4) 低危漏报：日降雨量实测值位于 36.66～56.10mm 时，预报值小于 36.66mm。

(5) 高危漏报：日降雨量实测值大于 56.10mm 时，预报值小于 36.66mm。

由表 8-13 可以看出，统计得到 11 个日期。有 2 个日期均有 2 个机构发出正确预报，其他机构发出偏高或偏低预报，效果较好。有 4 个日期均仅有 1 个机构（ECMWF）发出低危漏报，且均由 ECMWF 栅格 1 发出，反映出该栅格较易发生中大暴雨，但 ECMWF 没有合理反映。有 5 个日期有 2 个以上的机构同时发生了漏报，其中 4 次存在高危漏报，特别是 2012 年 7 月 27 日出现水毁情况当天，4 个机构给出的都是高危漏报，低估比重高达 90%～99%。

从不同机构来看，ECMWF 的两个栅格分别发出 8 次（含 2 次高危）和 3 次（含 1 次高危）漏报，CMA 发出 3 次（含 2 次高危）漏报，UKMO 发出 5 次（含 2 次高危）漏报，NOAA GFS 仅 2 年汛期数据，发出 1 次高危漏报。由此说明 ECMWF 和 UKMO 的漏报比例相对偏高；CMA 和 NOAA GFS 相对较低。

综上所述，4 个天气预报机构对于强降雨的预报均普遍有较大幅度的低估和漏报现象。由此可知，数值天气预报在实测强降雨预报方面的软肋尚未有任何 1 个机构解决。在实际应用中，应采用概率预报的方法，分析在当前预报值下，实际发生强降雨的可能性，降低漏报的比例。

2. 强降雨误报分析

如前所述，日降雨量在 36.66mm 以上的为具有较高风险的强降雨。表 8-14

表 8-14　2011～2013 年汛期预报强降雨日的分布及对比

日期	ECMWF 栅格 1			ECMWF 栅格 3			CMA			UKMO			NOAA GFS		
	实测/mm	预报/mm	性质	实测/mm	预报/mm	性质	实测/mm	预报/mm	性质	实测/mm	预报/mm	性质	实测/mm	预报/mm	性质
2011/5/8	34.2	44.9	低误	31.5	41.8	低误	33.5	39	低误						
2011/7/29				28.9	40.4	低误									
2011/8/17							35	41.2	低误						
2012/6/28				34.5	43.4	低误									
2012/7/21										33.7	38.6	低误			
2012/7/30	28.9	62	高误	21.6	48.2	低误				29.8	52.3	低误			
2012/8/17													9.4	44.5	低误
2013/7/3							4.9	40.9	低误						
2013/7/9	24.8	54.7	低误												
2013/7/14							10.7	40.3	低误						

列出了 2011~2013 年汛期各个机构的误报分析数据。作为误报分析，表 8-13 中出现的实测降雨大于 36.66mm 的日期不在表 8-14 中列出，只列出预报日降雨量大于 36.66mm 而实测降雨量小于该值的情况。按日降雨量的两个区间，对误报情况作出如下定义。

(1) 预报正确：日降雨量的预报值和实测值在同一区间。

(2) 低危误报：日降雨量预报值为 36.66~56.10mm，实测值小于 36.66mm。

(3) 高危误报：日降雨量预报值大于 56.10mm，实测值小于 36.6mm。

由表 8-14 可以看出，统计得到共有 10 个日期。有 8 个日期均仅有 1 个机构发出低危误报，且不同日期的误报机构不同。有 2 个日期有 2 个机构同时发出误报，两次误报的机构中均有 ECMWF，且 ECMWF 在其中发出了仅有的一次高危误报。

从不同机构来看，ECMWF 的两个栅格分别发出 3 次（含 1 次高危）和 4 次误报，CMA 发出 4 次误报，UKMO 发出 2 次误报，发出 1 次误报。由此说明 ECMWF 和 CMA 的误报比例相对偏高；UKMO 和 NOAA GFS 相对较低，平均每年 1~2 次。

综上所述，4 个天气预报机构在强降雨误报方面，ECMWF 表现最差，UKMO 和 NOAA GFS 表现较好。可以发现，数值天气预报的强降雨误报现象难以避免。但对实际应用而言，由于大多数日期的误报仅由 1 个机构发出，采用集合预报的方法，忽略仅有 1 个机构报出的强降雨，可大幅减少误报次数。

但需要注意，漏报问题和误报问题的解决是相矛盾的。前面提出采用概率预报的方法降低漏报率，将会同时提高误报率，需要在漏报和误报之间寻求较好的平衡点。

8.3 基于降雨量的洪水灾害风险动态预报

8.3.1 预报指标选取

以降雨量作为洪水风险动态预报的破坏力指标时，洪水破坏力采用预报降雨量表示，临界破坏力采用临界实测降雨量表示。根据洪水风险预报模型，需通过历史降雨量序列的频率分析给出降雨量的分布函数 F，并依据管道历史水毁记录估计临界降雨量值 I_c。给定预降雨量 I 后，便可根据预降雨量 I 和临界降雨量 I_c 的大小关系来判断未来洪水的风险水平。

时间尺度上，由于预报降雨量的最小时间分辨率为 6h，所以选用每日最大 6h 降雨量序列作为分析对象。临县研究区的地形特性决定了该地区的暴雨历时通常不会太长，所以用每日最大 6h 降雨量能较为客观地代表场次暴雨的强度。

空间尺度上，用降雨量作为评价指标难以区分不同管道穿河点的风险水平，有两点原因。第一，特定管道穿河点与评价其风险的降雨量在空间上的对应关系不明确，从产流原理上讲，应当使用穿河点上游流域内所有区域的平均降雨量；第二，雨量站的空间分布过于稀疏，无法有效反映管道不同穿河点的降雨量差异。所以，基于降雨量的风险预报方法只作为粗略估计，难以反映不同管段的风险水平差异[7]。

陕京三线山西临县段管线主要穿越两个流域，以中部一处山体为分水岭，西部为流入黄河的小分叉流域，东部为漱水河。以此分水岭为界将所有的管道穿河点分成东西两组，并分别选取一处雨量站代表组内穿河点的降雨量。如图 8-42 和图 8-43 所示，开化站的降雨序列用于评价西部管道穿河点的风险水平，贺家会站的降雨序列用于评价东部管道穿河点的风险水平。

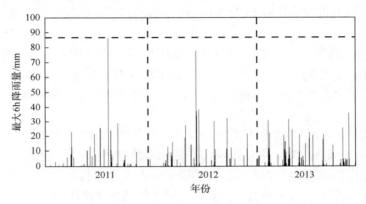

图 8-42　无水毁管道穿河点的临界降雨量下界(开化站)

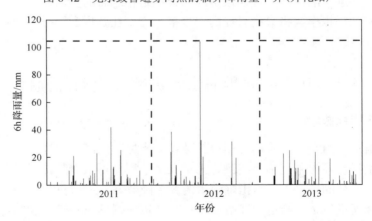

图 8-43　无水毁管道穿河点的临界降雨量下界(贺家会站)

8.3.2　临界降雨量估计

以降雨量作为风险预报指标时，管道的抵御能力用临界降雨量表示。临界降雨量是刚好能够将输气管道破坏的暴雨的最大 6h 降雨量，这场暴雨称为临界暴雨。临界暴雨的发生具有偶然性，而且通常难以界定管道刚好被破坏的临界状态，所以给出精确的临界降雨量是不现实的。管道在运营期间的水毁情况能够反映洪水绝对威力与管段抵御能力的大小关系，据此可以判断临界降雨量所处的范围。管道穿河点临界降雨量估计的原理如下。

(1) 对于运营期间未被破坏的管道穿河点，临界降雨量大于运营期间发生的任何一场暴雨的日降雨量，即临界降雨量下界等于实测最大雨量。

(2) 对于运营期间被破坏的管道穿河点，临界降雨量大于运营期间可承受暴雨的雨量，小于被破坏时经历暴雨的雨量。

基于以上原理，利用代表雨量站的历史雨量以及管道运营期间水毁记录，可以推求各个穿河点的临界降雨量的上界和下界。

管段抵御能力具有时变性，尤其在管道维修加固后，临界降雨量有望提高，上述临界降雨量需要重新估计。但由于管道维修后抵抗风险的具体能力未知，当雨量超过维修前导致破坏的雨量时，管道依旧存在被破坏的可能。出于安全考虑，假定维修前后临界降雨量的上下界均保持不变，并根据上述规则对临界降雨量做进一步修正。

管道水毁记录显示，临县境内输气管道的水毁事件主要集中在 2011 年 8 月 14 日与 2012 年 7 月 27 日这两场大暴雨中，尤其以后一场最为严重。以下分三种情况讨论临界降雨量的估计过程。

对于在运营期间无损毁的管道穿河点(如西部的 42 号穿河点张阳沟村，东部的 61 号穿河点村头河)，临界降雨量大于运营期间经历的最大 6h 降雨量。若以每日最大 6h 降雨量作为评判标准，则开化站的最大暴雨发生在 2011 年 8 月 14 日，最大 6h 降雨量为 86.6mm；贺家会站的最大暴雨发生在 2012 年 7 月 27 日，最大 6h 降雨量为 104.8mm，分别代表西部和东部未曾损毁的管道穿河点的临界降雨量下界(见图 8-42、图 8-43，横虚线表示下界)。

对于只在 2012 年 7 月 27 日发生水毁的管道穿河点(如西部的 2 号穿河点新建沟西沟，东部的 65 号穿河点碾子沟门 2)，临界降雨量小于 2012 年 7 月 27 日暴雨的雨量，而大于其他任何一场暴雨的雨量。理论上，2012 年 7 月 27 日暴雨的 6h 降雨量应是运营期间最大的，但是，开化站的实测降雨记录显示，2011 年 8 月 14 日暴雨的最大 6h 降雨量为 86.6mm，大于 2012 年 7 月 27 日暴雨的 77.8mm(实际发生在 7 月 26 日)。这是因为 2012 年 7 月 27 日暴雨的降雨历时比较长，虽然最大 6h 降雨量不如 2011 年 8 月 14 日的暴雨大，但是总雨量要大于 2011 年 8 月 14 日的暴雨。安全起见，仍以 2012 年 7 月 27 日的 77.8mm 降雨量作为开化站的临界降雨量上界，而以比 2012 年 7 月 27 日暴雨小的次强暴雨量(发生在 2012 年 7 月 30 日，最大 6h 降雨量为 38.4mm)作为临界降雨量下界。贺家会站的雨量序列不存在此情况，以 2012 年 7 月 27 日暴雨量作为临界降雨量上界(104.8mm)，以第二大的 2011 年 8 月 14 日暴雨量作为临界降雨量下界（42.0mm）（见图 8-44 和图 8-45，图中横实线表示临界降雨量上界，横虚线表示临界降雨量下界）。

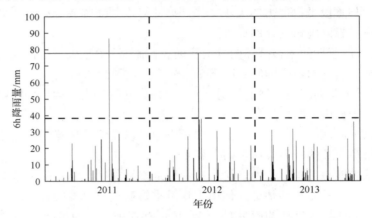

图 8-44　只发生一次水毁的管道穿河点的临界降雨量上下界（开化站）

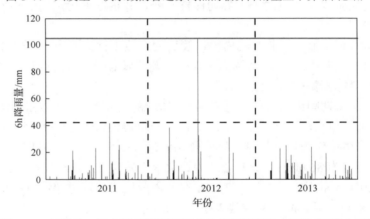

图 8-45　只发生一次水毁的管道穿河点的临界降雨量上下界（贺家会站）

对于在 2011 年 8 月 14 日和 2012 年 7 月 27 日都发生水毁的管道穿河点（如西部的 11 号穿河点白家庄沟，东部穿河点无此情况），临界降雨量小于这两场暴雨的雨量，而大于其他未引发水毁的暴雨量。开化站 2012 年 7 月 27 日暴雨的最大 6h 降雨量相对较低，为 77.8mm，代表临界降雨量上界（横实线）；低于这两场暴雨的最大暴雨发生在 2012 年 7 月 30 日，最大 6h 降雨量为 38.4mm，代表临界降雨量下界（横虚线）。此种情况的临界降雨量上下界与图 8-44 中的情况相同。

根据管道穿河点的代表雨量站和水毁情况的不同，可以将所有穿河点归为 5 种类型，分别以类别 A～E 表示。各管道穿河点所属的类别如表 8-15 所示，各类别的临界降雨量估计结果如表 8-16 所示，由于 A 类和 D 类穿河点在运营期间未发生水毁，所以无法确定临界降雨量的上界，简单起见，人为给定临界降雨量上界一个合适的数值。

表 8-15　管道水毁记录以及各穿河点所属的类别

穿河点编号	河流名称	所属村	2011 年	2012 年	2013 年	穿河点类别
1	水道洼沟	八堡乡八堡村	1 次水毁，8 月 14 日	1 次水毁，7 月 27 日	无水毁	C
2	新建沟西沟	八堡乡水道洼村	1 次水毁，8 月 14 日	1 次水毁，7 月 27 日	无水毁	C
3	新建沟东沟	八堡乡新建沟村	无水毁	1 次水毁，7 月 27 日	无水毁	B
4	刘家沟水沟	八堡乡新建沟村	无水毁	1 次水毁，7 月 27 日	无水毁	B
5	白家庄沟	八堡乡刘家沟村	1 次水毁，8 月 14 日	1 次水毁，7 月 27 日	无水毁	C
6	白家庄沟	八堡乡白家庄村	1 次水毁，8 月 14 日	1 次水毁，7 月 27 日	无水毁	C
7	白家庄沟	八堡乡白家庄村	1 次水毁，8 月 14 日	1 次水毁，7 月 27 日	无水毁	C
8	白家庄沟	八堡乡白家庄村	1 次水毁，8 月 14 日	1 次水毁，7 月 27 日	无水毁	C
9	白家庄沟	八堡乡白家庄村	1 次水毁，8 月 14 日	1 次水毁，7 月 27 日	无水毁	C
10	白家庄沟	八堡乡白家庄村	1 次水毁，8 月 14 日	1 次水毁，7 月 27 日	无水毁	C
11	白家庄沟	八堡乡白家庄村	1 次水毁，8 月 14 日	1 次水毁，7 月 27 日	无水毁	C
12	薛家塔沟	八堡乡白家庄村	1 次水毁，8 月 14 日	1 次水毁，7 月 27 日	无水毁	C
13	薛家塔沟	雷家碛乡薛家塔村	无严重水毁	1 次水毁，7 月 27 日	无水毁	B
14	薛家塔沟	雷家碛乡薛家塔村	无严重水毁	1 次水毁，7 月 27 日	无水毁	B
15	薛家塔沟	雷家碛乡薛家塔村	无严重水毁	1 次水毁，7 月 27 日	无水毁	B
16	薛家塔沟	雷家碛乡薛家塔村	无严重水毁	1 次水毁，7 月 27 日	无水毁	B
17	薛家塔沟	雷家碛乡薛家塔村	1 次水毁，8 月 14 日	1 次水毁，7 月 27 日	无水毁	C
18	薛家塔沟	雷家碛乡薛家塔村	无严重水毁	1 次水毁，7 月 27 日	无水毁	B
19	薛家塔沟	雷家碛乡薛家塔村	无严重水毁	1 次水毁，7 月 27 日	无水毁	B
20	薛家塔沟	雷家碛乡薛家塔村	无严重水毁	1 次水毁，7 月 27 日	无水毁	B

穿河点编号	河流名称	所属村	2011 年	2012 年	2013 年	穿河点类别
21	薛家塔沟	雷家碛乡薛家塔村	无严重水毁	1 次水毁, 7 月 27 日	无水毁	B
22	开化沟	雷家碛乡薛家塔村	无严重水毁	1 次水毁, 7 月 27 日	无水毁	B
23	开化沟	雷家碛乡开化村前坪	无严重水毁	1 次水毁, 7 月 27 日	无水毁	B
24	开化沟	雷家碛乡开化村前坪	无严重水毁	1 次水毁, 7 月 27 日	无水毁	B
25	开化沟	雷家碛乡刘家塔村	1 次水毁, 8 月 14 日	1 次水毁, 7 月 27 日	无水毁	C
26	开化沟	雷家碛乡刘家塔村	1 次水毁, 8 月 14 日	1 次水毁, 7 月 27 日	无水毁	C
27	开化沟	雷家碛乡刘家塔村	1 次水毁, 8 月 14 日	1 次水毁, 7 月 27 日	无水毁	C
28	刘家塔沟	雷家碛乡刘家塔村	1 次水毁, 8 月 14 日	1 次水毁, 7 月 27 日	无水毁	C
29	刘家塔沟	雷家碛乡刘家塔村	无严重水毁	1 次水毁, 7 月 27 日	无水毁	B
30	刘家塔沟	雷家碛乡刘家塔村	无严重水毁	1 次水毁, 7 月 27 日	无水毁	B
31	刘家塔沟	雷家碛乡刘家塔村	无严重水毁	1 次水毁, 7 月 27 日	无水毁	B
32	刘家塔沟	雷家碛乡南沟村	1 次水毁, 8 月 14 日	1 次水毁, 7 月 27 日	无水毁	C
33	刘家塔沟	大禹乡兑家洼村	无严重水毁	1 次水毁, 7 月 27 日	无水毁	B
34	刘家塔沟	大禹乡兑家洼村	无严重水毁	1 次水毁, 7 月 27 日	无水毁	B
39	兑家洼沟	大禹乡兑家洼村	无严重水毁	1 次水毁, 7 月 27 日	无水毁	B
46	麦穗则沟	城庄镇甘川沟村	无严重水毁	无重大水毁	轻微水毁	A
47	流权河流	城庄镇甘川沟村	无严重水毁	无重大水毁	无水毁	D
48	流权河流	城庄镇新舍窠村	无严重水毁	无重大水毁	无水毁	D
49	紫金山河流	城庄镇新舍窠村	无严重水毁	无重大水毁	无水毁	D
50	甘川沟河流	城庄镇新舍窠村	无严重水毁	无重大水毁	轻微水毁	D
51	辽探沟河流	城庄镇新舍窠村	无严重水毁	无重大水毁	轻微水毁	D
52	辽探沟河流	城庄镇武家坪村	无严重水毁	无重大水毁	轻微水毁	D
53	古成源河流	城庄镇武家坪村	无严重水毁	无重大水毁	无水毁	D

续表

穿河点编号	河流名称	所属村	2011 年	2012 年	2013 年	穿河点类别
54	新舍窠村河	白文镇赤卜浪村	无严重水毁	无重大水毁	轻微水毁	D
58	再查坡河流	白文镇赤卜浪村	无严重水毁	1 次水毁，7 月 27 日	无水毁	E
59	光道卵河	白文镇赤卜浪村	无严重水毁	1 次水毁，7 月 27 日	无水毁	E
60	庙坪河	白文镇赤卜浪村	无严重水毁	无重大水毁	无水毁	D
61	村头河	白文镇宋家圪台村	无严重水毁	无重大水毁	轻微水毁	D
62	村头河	白文镇宋家圪台村	无严重水毁	无重大水毁	轻微水毁	D
63	村头河	白文镇曜头村	无严重水毁	无重大水毁	轻微水毁	D
64	碾子沟门 1	白文镇徐家沟村	无严重水毁	无重大水毁	无水毁	D
65	碾子沟门 2	白文镇张朝沟村	无严重水毁	1 次水毁，7 月 27 日	无水毁	E
66	村里河	白文镇双元会村	无严重水毁	无重大水毁	轻微水毁	D
67	雨水沟河	白文镇梁家湾村	无严重水毁	无重大水毁	轻微水毁	D
68	湫水河	白文镇阳坡村	无严重水毁	无重大水毁	无水毁	D
69	泉水河	东会乡寨上村	无严重水毁	无重大水毁	轻微水毁	D
70	雨水沟河	八堡乡八堡村	无严重水毁	无重大水毁	无水毁	D
71	湫水河	八堡乡水道洼村	无严重水毁	无重大水毁	轻微水毁	D
74	寨上河道	八堡乡刘家沟村	无严重水毁	无重大水毁	无水毁	D

表 8-16　各类穿河点的临界降雨量估计值

穿河点位置	类别	水毁情况	临界降雨量/mm	
			下界	上界
西部	A	未水毁	86.6	100*
	B	一次水毁	38.4	77.8
	C	两次水毁		
东部	D	未水毁	104.8	110*
	E	一次水毁	42.0	104.8

*人为给定临界降雨量上界。

8.3.3　确定性风险预报

　　确定性风险预报方法假定天气预报雨量值是准确的。8.3.2 小节已经完成了临界降雨量的估计，只要给出未来几天内的预报雨量值，与临界降雨量进行比较，就可以判断管道水毁灾害是否发生。管道洪水风险预报的预见期与天气预报的预见期相同,本实验统一研究了未来 1d 预报雨量的情况,暂时设定预报期为 1d[8]。由于准确的临界降雨量大小通常无法给出,而只能估计临界降雨量所处的区间,所以未来的水毁灾害也就具有了一定的不确定性,可以根据以下原则给予不同的风险预警等级。

(1)预报雨量低于临界降雨量下界时,管道不会被破坏,不具有风险(即安全)。

(2)预报雨量高于临界降雨量下界且低于临界降雨量上界时,管道可能被破坏,给出橙色预警。

(3)管道穿河点的预报雨量高于临界降雨量上界时,管道一定会被破坏,给出红色预警。

为了对洪水风险预警结果的准确性进行评价,使用历史的天气预报降雨数据,给出各场洪水的风险预警等级。同时,使用相同时段内的实测雨量也可以给出一套风险等级,假定为洪水风险的真实等级。洪水风险预警的效果存在以下几种情况。

(1)预报正确:洪水的风险预警等级与真实风险等级相同。

(2)预报偏高:洪水的风险预警等级为红色预警,而真实风险等级为橙色预警。

(3)预报偏低:洪水的风险预警等级为橙色预警,而真实风险等级为红色预警。

(4)高危误报:洪水的风险预警等级为红色预警,而真实风险等级安全。

(5)低危误报:洪水的风险预警等级为橙色预警,而真实风险等级安全。

(6)高危漏报:洪水的风险预警等级安全,而真实风险等级为红色预警。

(7)低危漏报:洪水的风险预警等级安全,而真实风险等级为橙色预警。

根据洪水风险预警各种情况所占的比例,可以评价风险预警的准确性,以 ECMWF 的天气预报输入为例进行评价。以 C 类管道穿河点为例,位于研究区西部流域,发生两次水毁,代表雨量站为开化站,选取与开化站距离最近的 ECMWF 栅格 1 进行该流域的预报降雨。预报雨量序列如图 8-46 所示,图中横实线表示临

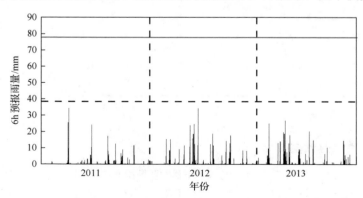

图 8-46　C 类穿河点预报雨量与临界降雨量上下界

界降雨量上界，横虚线表示临界降雨量下界。根据管道洪水风险判断原理，将预报雨量与临界降雨量的上下界进行比较，给出危险洪水的预警等级。同时，各场洪水的真实风险等级由实测雨量给出，依此判断预警准确与否。

从图 8-46 可以看出，由于 6h 预报雨量普遍低于真实雨量，因此任何一场降雨的预报雨量都小于 C 类穿河点临界降雨量的下界，导致管道运营期内没有发布任何红色预警或橙色预警，预报结果为全部漏报。

所有类别穿河点的风险预警结果如表 8-17 所示。可以看出，预报雨量普遍偏低的问题在其他类别的管道穿河点同样存在，导致所有危险暴雨全部漏报。结果表明，确定性风险预报的漏报率太高，无法满足需求，不再进行基于其他机构天气预报的评价。

表 8-17　所有类别管道穿河点的风险预警结果统计

穿河点类别	暴雨发生日期	预报雨量/mm	真实雨量/mm	预警等级	真实风险等级	预警情况
B	2011/8/14	2.487183	86.6	安全	红色预警	高危漏报
	2012/7/26	24.63913	77.8	安全	红色预警	高危漏报
	2012/7/27	1.756668	69.8	安全	橙色预警	低危漏报
	2012/7/30	34.23309	38.4	安全	橙色预警	低危漏报
C	2011/8/14	2.487183	86.6	安全	红色预警	高危漏报
	2012/7/26	24.63913	77.8	安全	红色预警	高危漏报
	2012/7/27	1.756668	69.8	安全	橙色预警	低危漏报
	2012/7/30	34.23309	38.4	安全	橙色预警	低危漏报
D	2012/7/26	22.93015	104.8	安全	橙色预警	低危漏报
E	2011/8/14	3.658295	42	安全	橙色预警	低危漏报
	2012/7/26	22.93015	104.8	安全	红色预警	高危漏报

由于确定性风险预报基于预报雨量准确的假定，实际上这一假定难以满足。目前天气预报的精度还较低，无法代表降雨量的真实水平，尤其对于大暴雨，预报雨量更加不可靠。例如，2011 年 8 月 14 日暴雨的实测最大 6h 降雨量为 86.6mm，是运营期内最大的，而当天 ECMWF 的预报雨量只有 2.5mm。因此，需要对风险预警方法进行改进。

8.3.4　基于概率的风险预报

天气预报雨量值是不可靠的，给定预报雨量，无法准确地知道未来的真实雨量，这决定了未来灾害的发生是随机的。我们可以用灾害发生的概率来表示风险

的大小。灾害的发生由未来真实雨量与临界降雨量的大小关系确定，所以风险值等于未来真实雨量大于临界降雨量的概率，即

$$R = P(I > I_c) \tag{8.1}$$

式中，I 为未来真实雨量；I_c 为临界降雨量。

真实雨量是随机的，可以根据预报雨量来给出真实雨量的分布规律，从而给出上述概率值，求出风险值。

在对天气预报进行精度评价时，曾采用混淆矩阵作为评价指标。混淆矩阵是每组预报值对应不同组实测值的概率矩阵，能够代表预报雨量与真实雨量的对应关系。预报雨量给定后，混淆矩阵能够给出预报雨量所处区间内，所对应的真实雨量分布于各区间的概率大小，进而可通过线性插值方法计算出真实雨量大于临界降雨量的概率，也就代表了未来的风险水平。

采用 ECMWF 的天气预报数据进行分析，其 6h 预报雨量的修正混淆矩阵如图 8-21 所示。由于不同类别管道穿河点的临界降雨量不同，需分别计算风险值。另外，临界降雨量存在上界和下界，也需要分别计算出两种不同级别的风险值，称为红色风险和橙色风险。采用基于概率的风险预报方法的风险值计算结果如表 8-18所示，受篇幅的限制，只展示 2012 年 7 月的计算结果。

表 8-18　基于概率的风险预报方法的风险值计算结果

日期	A 下界	A 上界	B/C 下界	B/C 上界	D 下界	D 上界	E 下界	E 上界
2012/7/1	0	0	0.00091	0	0.00091	0	0	0
2012/7/2	0.00002	0.00001	0.00097	0.00002	0.00097	0.00002	0.00014	0.00009
2012/7/3	0.00075	0.00045	0.00406	0.00095	0.00406	0.00095	0.00032	0.00021
2012/7/4	0.00214	0.00128	0.01132	0.00271	0.01132	0.00271	0.00025	0.00016
2012/7/5	0	0	0.00091	0	0.00091	0	0	0
2012/7/6	0.00038	0.00023	0.00235	0.00048	0.00235	0.00048	0.00059	0.00039
2012/7/7	0.00049	0.00029	0.00271	0.00062	0.00271	0.00062	0.00021	0.00014
2012/7/8	0.00692	0.00415	0.03095	0.00875	0.03095	0.00875	0.00208	0.00137
2012/7/9	0.00040	0.00024	0.00243	0.00051	0.00243	0.00051	0.00033	0.00022
2012/7/10	0	0	0.00091	0	0.00091	0	0	0
2012/7/11	0	0	0.00091	0	0.00091	0	0	0
2012/7/12	0	0	0.00091	0	0.00091	0	0	0
2012/7/13	0.00016	0.00010	0.00161	0.00020	0.00161	0.00020	0.00006	0.00004
2012/7/14	0.00899	0.00538	0.03911	0.01136	0.03911	0.01136	0.00008	0.00005

续表

日期	A 下界	A 上界	B/C 下界	B/C 上界	D 下界	D 上界	E 下界	E 上界
2012/7/15	0.00070	0.00042	0.00380	0.00089	0.00380	0.00089	0.00027	0.00018
2012/7/16	0	0	0.00091	0	0.00091	0	0	0
2012/7/17	0.00002	0.00001	0.00098	0.00002	0.00098	0.00002	0	0
2012/7/18	0	0	0.00091	0	0.00091	0	0.00021	0.00014
2012/7/19	0.00036	0.00021	0.00227	0.00045	0.00227	0.00045	0.00012	0.00008
2012/7/20	0.00824	0.00493	0.03600	0.01040	0.03600	0.01040	0.00389	0.00256
2012/7/21	0.02387	0.01429	0.10603	0.03016	0.10603	0.03016	0.01501	0.00987
2012/7/22	0	0	0.00091	0	0.00091	0	0	0
2012/7/23	0	0	0.00091	0	0.00091	0	0	0
2012/7/24	0.01415	0.00847	0.06129	0.01788	0.06129	0.01788	0.00594	0.00391
2012/7/25	0.01919	0.01149	0.09002	0.02424	0.09002	0.02424	0.01036	0.00682
2012/7/26	0.02526	0.01513	0.11138	0.03191	0.11138	0.03191	0.01033	0.00680
2012/7/27	0.00101	0.00061	0.00663	0.00128	0.00663	0.00128	0.00091	0.00060
2012/7/28	0.00162	0.00097	0.00874	0.00205	0.00874	0.00205	0.00106	0.00070
2012/7/29	0.00049	0.00029	0.00271	0.00062	0.00271	0.00062	0.00010	0.00006
2012/7/30	0.03755	0.02249	0.15892	0.04744	0.15892	0.04744	0.00607	0.00399
2012/7/31	0.00041	0.00025	0.00246	0.00052	0.00246	0.00052	0.00034	0.00022

注："A 下界"代表 A 类管道穿越点临界降雨量下界的风险(即橙色风险)计算结果,依此类推。

　　计算的未来风险值从数值上表征了水毁灾害发生的可能性,可以人为给定一个阈值,当风险值高于该阈值时,发布风险预警。该阈值的确定需结合管道的历史水毁情况,以尽可能消除漏报为目标。

　　对于 ECMWF 天气预报数据,确定的概率风险预报方法和参数如下。

　　(1)若上界的风险概率高于 0.004,则给出红色预警(0.004 是红色预警阈值)。

　　(2)在未给出红色预警的条件下,若下界的风险概率高于 0.08,则给出橙色预警(0.08 是橙色预警阈值)。

　　(3)若风险等级与预警等级之间存在两个级差的属于高危误报或高危漏报,否则属于低危误报或低危漏报。

　　根据以上原理,使用 2011～2013 年 ECMWF 预报数据进行风险预报,预警结果如表 8-19 所示。

表 8-19　基于概率的风险预报方法的风险预警结果（ECMWF）

穿河点类别	暴雨发生日期	红色风险	橙色风险	预警等级	真实风险等级	预警情况
A	2011/8/14	0.000939	0.001568	安全	橙色预警	低危漏报
B	2011/7/2	0.044247	0.148944	红色预警	安全	高危误报
	2011/8/14	0.001981	0.008463	安全	红色预警	高危漏报
	2012/7/21	0.026416	0.09463	橙色预警	安全	低危误报
	2012/7/25	0.026416	0.09463	橙色预警	安全	低危误报
	2012/7/26	0.026416	0.09463	橙色预警	红色预警	预警偏低
	2012/7/27	0.001981	0.008463	安全	橙色预警	低危漏报
	2012/7/30	0.02097	0.148944	橙色预警	橙色预警	正确
	2012/8/16	0.026416	0.09463	橙色预警	安全	低危误报
	2012/9/6	0.026416	0.09463	橙色预警	安全	低危误报
	2013/6/20	0.026416	0.09463	橙色预警	安全	低危误报
	2013/7/7	0.026416	0.09463	橙色预警	安全	低危误报
	2013/7/8	0.026416	0.09463	橙色预警	安全	低危误报
	2013/7/9	0.044247	0.148944	红色预警	安全	高危误报
	2013/7/15	0.026416	0.09463	橙色预警	安全	低危误报
	2013/8/6	0.026416	0.09463	橙色预警	安全	低危误报
C	2011/7/2	0.044247	0.148944	红色预警	安全	高危误报
	2011/8/14	0.001981	0.008463	安全	红色预警	高危漏报
	2012/7/21	0.026416	0.09463	橙色预警	安全	低危误报
	2012/7/25	0.026416	0.09463	橙色预警	安全	低危误报
	2012/7/26	0.026416	0.09463	橙色预警	红色预警	预警偏低
	2012/7/27	0.001981	0.008463	安全	橙色预警	低危漏报
	2012/7/30	0.02097	0.148944	橙色预警	橙色预警	正确
	2012/8/16	0.026416	0.09463	橙色预警	安全	低危误报
	2012/9/6	0.026416	0.09463	橙色预警	安全	低危误报
	2013/6/20	0.026416	0.09463	橙色预警	安全	低危误报
	2013/7/7	0.026416	0.09463	橙色预警	安全	低危误报
	2013/7/8	0.026416	0.09463	橙色预警	安全	低危误报
	2013/7/9	0.044247	0.148944	红色预警	安全	高危误报
	2013/7/15	0.026416	0.09463	橙色预警	安全	低危误报
	2013/8/6	0.026416	0.09463	橙色预警	安全	低危误报
D	2012/7/26	0.00626	0.009515	安全	橙色预警	低危漏报
E	2011/8/14	0.000714	0.007352	安全	橙色预警	低危漏报
	2011/7/2	0.015937	0.132278	橙色预警	安全	低危误报
	2011/7/29	0.021646	0.176586	橙色预警	安全	低危误报
	2012/6/28	0.009515	0.083519	橙色预警	安全	低危误报
	2012/7/21	0.015937	0.132278	橙色预警	安全	低危误报
	2012/7/25	0.009515	0.083519	橙色预警	安全	低危误报
	2012/7/26	0.009515	0.083519	橙色预警	红色预警	预警偏低

结果显示，相比确定性风险预报方法，基于概率的风险预报方法的有效性有所提高。2012 年 7 月 26 日给出的预警级别为橙色预警（B 类、C 类、E 类穿河点），虽然预警级别仍然偏低，但也具有一定价值；另有 2012 年 7 月 30 日橙色预警预报正确。但是，基于概率的风险预报方法引入了大量误报。这是由于基于概率的风险预报方法赋予了阈值（临界降雨量）更多弹性，使预报雨量较低时也有可能发布预警信息，将采用风险集合预报的方法对该问题进行改进。

8.3.5　风险集合预报

只使用单一机构的预报降雨数据容易受离群点数据的影响，可以采用风险集合预报的方法，使用多个机构的预报降雨数据分别进行基于概率的风险预报，综合考虑所有预报结果给出风险水平。由强降雨误报分析结果可知，多个机构同时误报一场降雨的可能性较低，因此，风险集合预报方法可以有效降低误报次数，提高预警准确度。本小节采用 ECMWF、UKMO、CMA 这三个机构的天气预报数据来完成风险集合预报的任务。NOAA GFS 缺少 2011 年的数据，暂不采用。

首先，使用不同机构的预报降雨数据，分别完成基于概率的风险预报，给出各个机构每天的风险预警情况。不同机构的预报特点存在差异，不能使用统一的风险阈值，因此，需要以尽可能消除漏报为目标（尤其是高危漏报），确定每个机构各自的风险阈值，具体如表 8-20 所示。

表 8-20　各机构风险阈值

	ECMWF	UKMO	CMA
橙色风险阈值	0.045	0.047	0.040
红色风险阈值	0.090	0.040	0.030

根据基于概率的风险预报原理，使用 2011～2013 年各机构天气预报数据进行风险预警。综合考虑各机构预报结果，给出最终的预警等级。其基本原则是：某日同时给出预警信息的预报机构数目越多，则发生水毁灾害的可能性就越大，风险等级也越高。针对所用数据的实际情况，对采用各机构数据发出的预警级别及其准确性采用打分法计算风险集合预报的预警级别。各机构给出不同预警等级的得分情况如表 8-21 所示。

表 8-21　不同机构给出不同预警等级的得分

	ECMWF	UKMO	CMA
安全	0	0	0
橙色预警	2	1	1
红色预警	3	2	2

对于 6h 降雨预报而言，ECMWF 的预报精度最高，所以得分比其他两个机构高。累计一天内所有机构风险预警的总得分，根据以下规则给出最终的风险预警。

(1)总得分小于 4 时，不给出预警(即安全)。

(2)总得分大于等于 4，而小于 6 时，给出橙色预警。

(3)总得分大于等于 6 时，给出红色预警。

基于风险集合预报方法的最终预警结果如表 8-22 所示。

表 8-22　集合预报的风险预警结果

穿越点类型	日期	概率预报结果			总得分	集合预报结果	真实风险等级	预警情况
		ECMWF	UKMO	CMA				
A	2011/8/14	安全	安全	安全	0	安全	橙色预警	低危漏报
B	2011/7/2	红色预警	红色预警	红色预警	7	红色预警	安全	高危误报
	2011/8/14	安全	安全	安全	0	安全	红色预警	高危漏报
	2012/7/21	橙色预警	红色预警	橙色预警	5	橙色预警	安全	低危误报
	2012/7/26	橙色预警	橙色预警	橙色预警	4	橙色预警	红色预警	预警偏低
	2012/7/27	安全	安全	橙色预警	1	安全	橙色预警	低危漏报
	2012/7/30	红色预警	红色预警	橙色预警	6	红色预警	橙色预警	预警偏高
	2013/6/20	橙色预警	红色预警	红色预警	6	红色预警	安全	高危误报
	2013/7/8	橙色预警	红色预警	安全	4	橙色预警	安全	低危误报
	2013/7/9	橙色预警	橙色预警	橙色预警	4	橙色预警	安全	低危误报
	2013/7/14	安全	红色预警	红色预警	4	橙色预警	安全	低危误报
C	与 B 类穿河点相同							
D	2012/7/26	安全	安全	安全	0	安全	橙色预警	低危漏报
E	2011/7/2	橙色预警	橙色预警	橙色预警	4	橙色预警	安全	低危误报
	2011/8/14	安全	安全	安全	0	安全	橙色预警	低危漏报
	2012/7/21	橙色预警	橙色预警	橙色预警	4	橙色预警	安全	低危误报
	2012/7/26	橙色预警	安全	橙色预警	3	安全	红色预警	高危漏报

管道洪水风险的集合预报方法综合考虑了多个机构的预报降雨及其精度水平，能有效剔除误报情况，进一步提升预报准确度。不过，如果 3 个机构的预报雨量都显著偏离真实值，那么风险预警结果仍然不可靠。例如，对于 2011 年 8 月 14 日的暴雨，3 个机构的预报值都接近 0，导致漏报。

从确定性风险预报到基于概率的风险预报再到最后的集合预报，对预报降雨数据所包含信息的挖掘和利用越来越深入，风险预警的准确度逐步提升，已经能够初步满足需求。

为了进一步提高管道洪水风险的预报精度，并预知可能发生洪水灾害的具体管段，后续章节将研究基于洪峰流量和水流侵蚀力的洪水风险预报方法。

8.4　临县数字流域模型

8.4.1　黄河数字流域模型

1. 数字流域模型原理

黄土高原的沟道按其规模可以分为毛沟、支沟、干沟和河道。其中低级别沟道数量众多，输气管道频繁穿越。但由于黄土土质疏松，沟道过水断面小，极易受到水流侵蚀而改变形态，经常出现冲淤变化等现象，影响输气管道的安全运行，如图 8-47 所示。

图 8-47　典型沟道及穿河输气管线(临县段)(文后附彩图)

沟道水流由坡面产流汇集而成，在黄土高原的地貌组成中，坡面与沟道共同组成了黄土高原地区的沟坡系统，数字流域模型以沟坡系统中的每一个坡面-沟道单元作为模拟的基本单元，如图 8-48 所示。

数字流域的坡面产流模型基于降雨-径流双层水箱模型(图 8-49)，重点考虑地表超渗产流、上下层土壤水分交换和土壤水出流等过程。

数字流域的坡面汇流模型假定每个坡面-沟道单元的产流量直接作用到其沟道的出口，因此只考虑由沟道所组成的河网内的水流汇集与演进过程。支流入汇

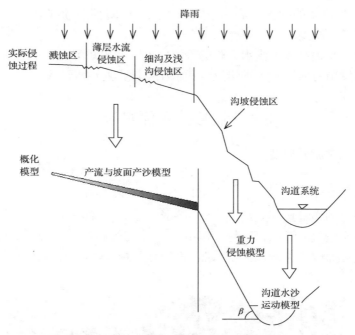

图 8-48　基于坡面-沟道单元的数字流域模型概化

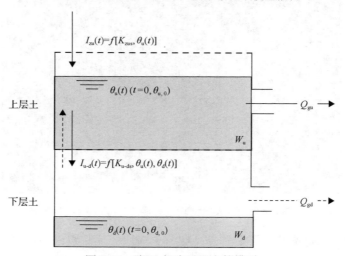

图 8-49　降雨-径流双层水箱模型

Q_{gu}.上层水径流量；Q_{gd}.下层水径流量；I_{zu}.降雨量；θ_{u}.上层土饱水量；I_{u-d}.滤过上、下层土的降水量；θ_{d}.下层土饱水量；W_{u}.上层土容积；W_{d}.下层土容积；K_{zus}.降雨强度；K_{u-ds}.经过坡土后的渗流强度

的水流汇集直接叠加，水流演进过程采用扩散波方法计算。产流和汇流过程从上游至下游的模拟顺序通过基于二叉树的河网编码方法维护，并可采用相应的并行算法施行集群计算[9]。

2. 数字流域模型动态并行计算技术

数字流域模型提取和使用具有高分辨率的数字河网对与管道相关的每一条河道进行洪水模拟，意味着它较传统水文模型需要更多的计算资源。数字流域模型的并行算法将进行高分辨率洪水预报的需求与日益增长的计算资源联系起来，为实现高分辨率流域洪水预报开辟可行的途径。

河网分解是实现动态并行水文模拟的核心。相对于静态的流域分解，动态算法的灵活性更强，效率也可更高，其基本原理和过程举例如图 8-50 所示。从图 8-50 中可以看出，整个流域被动态分解为 16 个子流域进行并行水文模拟：子流域 1、2、3 是第一批，分配给 3 个计算进程同时开始模拟；随后，计算进程每完成当前子流域的模拟，即被分配一个新的子流域继续计算；所有子流域的模拟顺序要服从上下游依赖关系(如箭头所示，如 7→10，位置关系见图 8-50 左图顶端)以传递数据进行汇流计算；流域出口的子流域 16 最后由计算进程 1 单独完成。子流域分配过程中，所有的源头子流域没有水流汇入，均可优先计算；同时，距离流域出口越远的子流域，越应优先计算。

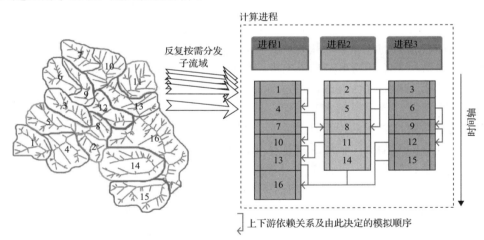

图 8-50　动态分解河网进行并行计算的示意图(文后附彩图)

3. 用于管道洪水风险预报的数字流域模型

以高分辨率结构化数字河网为核心，集成流域坡面-沟道单元上的产汇流等不同子过程模型，构成完整的流域模拟系统。数字流域模型的以下特点决定其可以直接应用于输气管道的洪水风险预报：①模型基本单元是河段及其对应的坡面，河段以二叉树河网编码索引，管道与每个相交河段的关系可高效识别；②采用关系型数据库管理流域河网和模型数据，方便模型作为每天反复运行的业务系统上线运行；③采用二叉树编码进行河网分解，实现动态并行计算，提高模型计算效率。采用数字流域模型最终实现了临县区域暴雨-洪水过程的高效模拟,完成与管线相交河流的洪水过程集合预报。

8.4.2　数字流域模型参数率定

1. 模型参数率定原理

数字流域模型的地形几何参数在河网提取过程中由数字高程模型(digital elevation model, DEM)数据获得,植被覆盖、土壤类型、土地利用和蒸发能力等下垫面参数则由遥感数据或其他来源的栅格数据提取。为使栅格数据与坡面-沟道单元相匹配,采用单元的中心点或边界多边形捕捉栅格数据中对应坐标的属性值。所有参数在主题数据库中统一管理。

产汇流模型的设计兼顾了模型参数的实际意义,因此多数参数可直接取值,少数下垫面参数需在一定的范围内调整、率定,特别是土壤导水率参数。这些下垫面参数被认为是土地利用和土壤类型的函数,形成完整的参数矩阵[10]。应用时根据相关文献和历史资料确定出各参数的参考值,然后在参考值的基础上进行率定和验证。

黄土高原地区多经历短时高强度的降雨过程,产汇流过程时间短、强度高,因此模型的计算精度往往依赖于土壤导水率参数的合理取值。参数的率定优选过程一般需要很大的计算量。传统人工参数优选方法效率低,对执行者的经验要求较高,难以在大流域的水文模拟中推广。遗传算法(genetic algorithm, GA)是有效和快捷的模型参数优化方法,通过启发式搜索能发现计算结果最优的参数组合。但对于大流域高分辨率的水文模拟,单次模型计算耗时较长,采用遗传算法需要重复进行数百次以上的模型计算,耗时很长[9]。本实验在水文模型自身的流域空间分解并行的基础上,使用了参数优化过程中水文模型不同参数组合间的并行计算,二者耦合构建双层并行结构,有效改善了流域模型参数率定的计算效率。

实验目前完成了基于高性能计算机(high performance computer, HPC)系统和遗传算法的双层并行架构下的参数优化。该 HPC 系统采用 Windows HPC Server 2012操作系统,目前共有 480 个计算核心,具有高效的内部通信网络(InfiniBand 网),为参数优化双层并行架构提供了硬件基础。遗传算法的并行特性使它非常容易与并行水文模型集成运行,而不影响水文模型和优化模型的独立性。参数优化双层并行架构的下层并行是数字流域模型特定参数下基于河网分解的并行,上层并行是遗传算法某一代中若干个体的不同参数组合,这些不同参数组合对应水文模型的多次计算可同时进行,从而能全面利用 HPC 的硬件资源,快速完成参数优化过程。模型率定使用的 HPC 配置可供管道洪水风险预警系统在企业生产管理中参考使用。

2. 县区域率定结果

基于临县研究区域 2011~2013 年实测降雨数据和林家坪水文站实测流量数

据(出自《中华人民共和国水文年鉴 1986》第 4 卷《黄河流域水文资料》第 3 册)
进行模型率定。

黄土高原地区降雨多为短历时强降雨,较强降雨持续时间多集中在 3~5h 内。
虽然《黄河流域水文资料》同时提供了雨量站日降雨和汛期时段摘录降雨,但日
降雨数据的时间分辨率不足,不能满足管道洪水灾害评估需求。又考虑到天气预
报降雨的时间分辨率为 6h,为兼顾模型参数在率定期和应用期的一致性,将汛期
时段摘录降雨转化为 6h 降雨作为模型输入。模型流量输出的时间分辨率设定为
1h,能够捕捉到洪峰的大致到达时间[12]。

数字流域模型的部分参数在黄土高原等超渗产流区非常敏感,表层土壤入渗率
对流域径流模拟结果影响最大。鉴于管道洪水风险水平主要由洪峰大小决定,选取
洪峰相对误差作为率定优化目标。通过使用 GLUE 图(图 8-51)等工具分析模型参数
对 2011~2013 年汛期模拟结果的影响,发现在很大的模型参数范围内,2011 年和
2013 年计算洪峰大于实测洪峰,且随着表层土壤入渗率增大,计算洪峰变小;而 2012
年计算洪峰偏小(原因稍后分析),且在表层土壤入渗率超过 0.0004m/h 以后,计算
洪峰减小得更多。为了尽可能避免漏报 2012 年类型洪水,同时减少对 2011 年和 2013
年类型洪水的误报,决定选取 0.0004m/h 作为表层土壤入渗率初步参数,模拟得出
2011~2013 年汛期林家坪水文站实测与计算径流过程对比图,如图 8-52 所示。

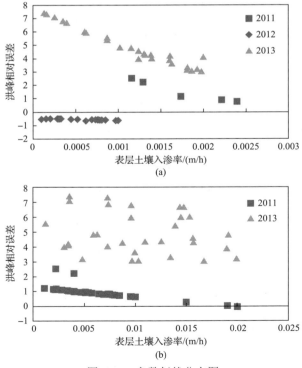

图 8-51   参数似然分布图

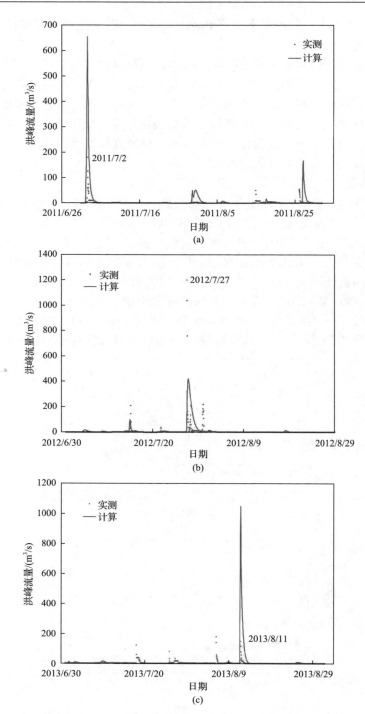

图 8-52　林家坪水文站径流过程率定结果(2011 年、2012 年、2013 年 6~8 月)

　　可以看出 2011 年和 2013 年计算洪峰偏大，作为管道洪水风险预报输入偏安全，容易误报；2012 年计算洪峰偏小较多，容易漏报。原因有三个方面：第一，临县流域目前存在 3 座水库，但无水库历史泄洪记录，无法评价其对率定过程造成的影响，同时阳坡水库下泄还影响至少两个穿河点；第二，林家坪水文站处在流域下游末端，各支流沟道汇入的水流在干流演进过程中，受干流河道内占地、截流引用等人为工程影响较多，大大降低了水文观测记录的有效性；第三，雨量站分布和该场降雨空间分布特征的影响(以下详细分析)，是导致林家坪水文站计算流量与实测值难以完全匹配的主要原因[13]。

　　3. 融合卫星降雨数据的模拟结果

　　基于雨量站降雨数据，应用清华大学数字流域模型模拟临县流域的汛期洪水过程，计算值与实测值存在较大偏差，其主要原因可能是降雨数据在时空分辨率上均不够精细。

　　一方面，在空间上，林家坪水文站以上流域内及其周边仅有 18 个雨量站，单站平均控制面积超过 100km^2，且大部分雨量站集中在临县西部区域，导致湫水河雨量站的空间代表性不足，有时可能无法准确捕捉真正的暴雨中心。流域内雨量站空间分布极其不均，若直接利用空间插值方法对雨量站降雨数据进行插值获得降雨空间分布，可能会对模拟结果产生较大影响，计算值偏离实测值的可能性增大。另一方面，在时间上，为与天气预报的时间步长匹配，率定使用的降雨数据的步长也为 6h，可能导致实际的短历时强降雨在一个时间步长内被均化，这对以超渗产流机制为主的黄河中游地区的降雨径流模拟影响极大。

　　鉴于上述原因，考虑在现有雨量站降雨数据的基础上，进一步引入 CMORPH (CPC Morphing technique)卫星降雨进行数据融合，并将融合降雨用于径流模拟。

　　雨量站数据能够描述特定位置(雨量站所在点)的降雨强度，而卫星数据则能够描述降雨的空间分布和发展过程；CMORPH 是具有最高时空分辨率的卫星降雨产品，因此被用于降雨数据融合。通过分析降雨与高程之间的关系，利用 DEM 栅格数据对卫星栅格数据进行降尺度以适用于数据融合；针对研究区域内的任意一点，只选用以该点为圆心、指定半径范围内的雨量站，计算每个雨量站与其所在位置处卫星栅格记录的降雨数据的差值，应用距离权重反比法将所有差值整合到该点；将整合后的差值与该点所在位置处卫星栅格记录的降雨数据相加，得到该点的融合降雨数据；最后，对研究区域内所有的点重复以上步骤，即可获得融合降雨数据空间分布。基于点面降雨数据融合技术的空间分布式降雨计算方法流程如图 8-53 所示。

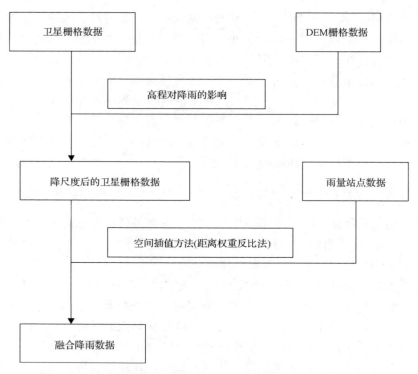

图 8-53　基于点面降雨数据融合技术的空间分布式降雨计算方法

　　三年最大洪峰对应的降雨数据仅使用雨量站数据插值后和融合后的降雨分布如图 8-54 所示，每场降雨的上图为仅使用雨量站数据插值后的结果，下图为融合后的降雨结果。可以看出 2011 年降雨中心靠近林家坪水文站，仅使用雨量站数据时降雨中心的范围被高估，融合后的降雨中心面积大大减小；而 2012 年降雨中心位于临县西北部地区，湫水河流域尤其是林家坪水文站附近降雨非常小(只有 10~20mm)，仅使用雨量站数据降雨中心的范围被高估，融合后的降雨面积大大减小。以上正是 2012 年洪峰计算值偏小，而 2011 年洪峰计算值却大出很多的重要原因。

　　2011~2013 年汛期林家坪水文站实测与计算径流过程对比如图 8-55 所示。其中 2011 年和 2013 年计算洪峰相对于之前单独利用雨量站降雨计算减少 20%和42%，2012 年计算洪峰与之前计算基本持平。模型最终确定的率定参数为表层土壤入渗速率 $v_{pk0}=0.0011\text{m/h}$，表层至下层土的入渗速率 $v_{pk1}=0.01\text{m/h}$。以上参数考虑到管道洪水风险预报需要一定安全范围，尽量保证预报洪峰大于实测洪峰，尤其是针对 2012 年这种未捕捉到流域降雨中心，但全流域产流却比较大的情况，要避免漏报。

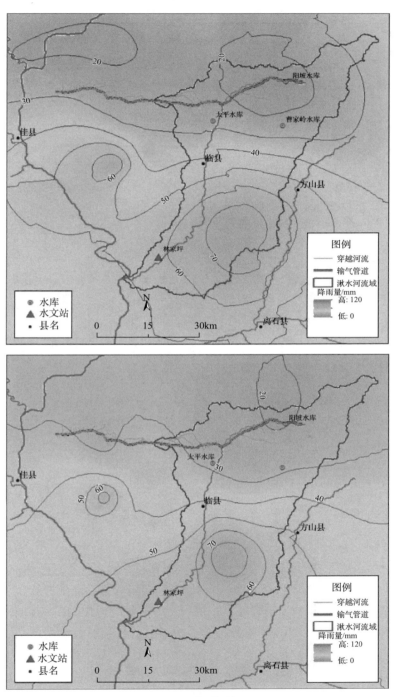

(a) 2011年7月2日

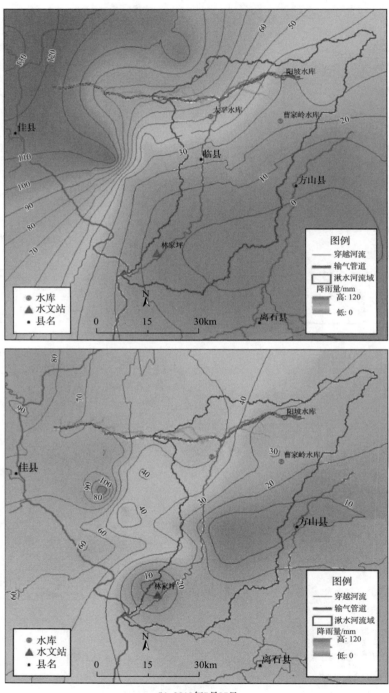

(b) 2012年7月27日

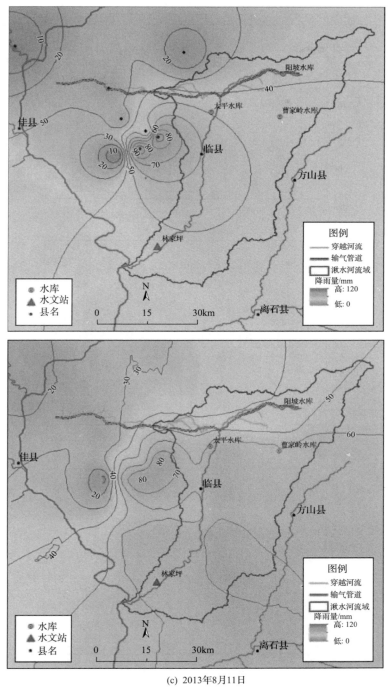

(c) 2013年8月11日

图 8-54　融合前和融合后的降雨分布(文后附彩图)

(a)、(b)、(c)小图中上面的图为仅使用雨量站数据插值后降雨结果,下图为融合后降雨结果

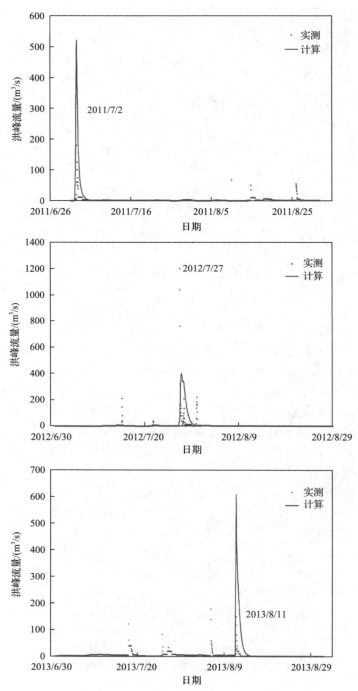

图 8-55　使用融合降雨的林家坪水文站径流过程率定结果（2011～2013 年 6～8 月）

8.5 基于流量和水流侵蚀力的洪水风险评价

8.5.1 基于流量的洪水风险评价

1. 历史流量计算成果

管道的破坏主要是由水流的冲刷侵蚀作用造成的，以降雨量作为预报指标不能很好地体现管道破坏机理，而流量则能更加客观地代表洪水的破坏能力。除此之外，不同管道穿河点处的流量各不相同，因此以流量作为预报指标能很好地区分不同管道各自的风险水平。根据洪水风险预警模型，首先需要用历时实测雨量计算出历时流量，认为是历史的真实流量，再对照管道水毁记录估计临界流量值。用预报降雨计算预报流量后，通过比较预报流量和临界流量，给出洪水风险预警。

流量数据属于模拟计算流量，本节采用动态并行化的黄河数字流域模型，以降雨数据作为模型输入，实现暴雨-洪水过程的高效模拟。历史流量由实测降雨计算得到，预报流量由天气预报雨量计算得到。日降雨量数据在时间尺度上过于糙化，模拟结果不太理想，因此只使用时段雨量数据计算流量。要保证历史流量和预报流量之间是可比的，就要要求实测降雨和预报降雨的时间尺度相同。由于天气预报数据的时间步长为 6h，不能直接使用实测降雨资料，而将时段雨量转换为 6h 降雨量用于流量计算。对于流量输出，受数据的精度限制，使用精确的瞬时流量没有意义，因此，本节统一采用 1h 的时间补偿来表示流量计算结果。

基于历史实测降雨数据，使用清华大学数字流域模型，模拟计算每处管道穿河点的历史流量。实测降雨数据来源于《黄河流域水文资料》第四卷第 3 册，分为日雨量表和降雨摘录表两种时间尺度的降雨资料。其中，已获取的日雨量数据较为完整，包括 1961～2013 年 50 多年的资料(其间若干年资料缺失，且不同雨量站点的完整程度各不相同)；降雨摘录表则只获取了 2011～2013 年的数据。

2011～2013 年处于输气管道的运营期，获取了该期间内完整的降雨摘录资料，利用清华大学数字流域模型进行流量计算，计算结果用 1h 平均流量表示。图 8-56 展示了 59～65 号管道穿河点的历史流量计算成果。

2. 管道穿河点临界流量估计

以流量作为风险预报指标时，管道的抵御能力用临界流量表示。临界流量是刚好能够将输气管道破坏的洪水的洪峰流量，这场洪水称为临界洪水。同样，临界洪水的发生具有偶然性，通常难以界定管道刚好被破坏的临界状态，所以给出精确的临界流量是不现实的。管道在运营期间的水毁情况能够反映洪水绝对破坏力与管道抵御能力的大小关系，据此可以判断临界流量所处的范围。管道穿河点临界流量估计的原理如下。

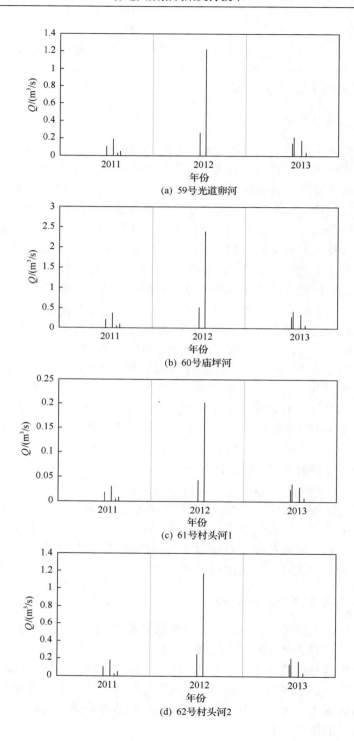

(a) 59号光道卵河

(b) 60号庙坪河

(c) 61号村头河1

(d) 62号村头河2

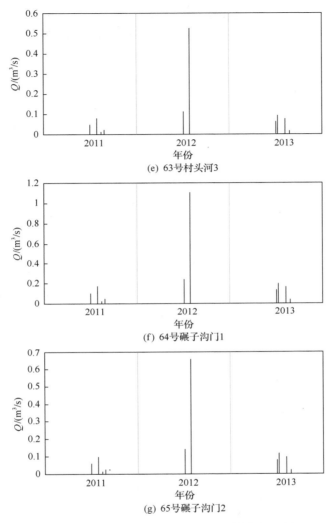

图 8-56　历史流量计算成果(59~65 号管道穿河点)

(1)对于运营期间未被破坏的管道穿河点,临界流量大于运营期间发生的任何一场洪水的洪峰流量,即临界流量下界等于最大洪峰流量。

(2)对于运营期间曾被破坏的管道穿河点,临界流量大于运营期间可承受洪水的洪峰流量,小于被破坏时经历洪水的洪峰流量。

基于以上原理,利用流量计算结果及管道运营期间水毁记录,可以推求各个穿河点的临界流量的上界和下界。以下使用 2011~2013 年的水毁记录估计临界流量,以两处典型案例说明。60 号穿河点庙坪河无严重水毁,而该河段在运营期间经历的最大洪水发生在 2012 年 7 月 27 日，洪峰流量为 2.399m³/s。因此，该处管道的临界流量必然大于 2.399m³/s，确定了下界（如图 8-57 所示，横虚线为临界流量下界）。

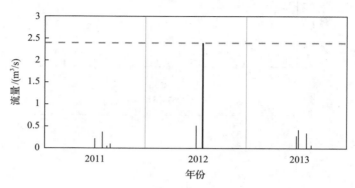

图 8-57　60 号管道穿河点庙坪河临界流量下界

　　65 号穿河点碾子沟门 2 在 2012 年 7 月 27 日发生水毁，当时的洪峰流量是 0.659m³/s，因此，临界流量必然小于 0.659m³/s；该处经历的第二大洪水发生在 2012 年 7 月 3 日，洪峰流量为 0.142m³/s，因此，临界流量必然大于 0.142m³/s。确定了临界流量的上界和下界（如图 8-58 所示，横虚线为临界流量下界，横实线为临界流量上界）。

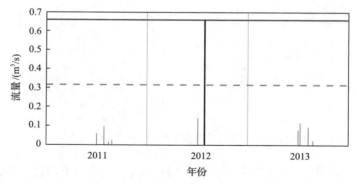

图 8-58　65 号管道穿河点碾子沟门 2 临界流量的上界和下界

　　类似可以确定其他所有管道穿河点临界流量的上界和下界，59～65 号管道穿河点的结果如表 8-23 所示。对于运营期间无水毁的管道穿河点，无法确定临界流量的上界，简单起见，人为给定临界流量上界一个适当的数值。

表 8-23　59～65 号管道穿河点临界流量估计

穿河点编号	河流名称	临界流量/(m³/s)	
		下界	上界
59	光道卵河	0.263	1.223
60	庙坪河	2.399	5*
61	村头河 1	0.203	1*
62	村头河 2	1.175	4*
63	村头河 3	0.527	3*
64	碾子沟门 1	1.108	4*
65	碾子沟门 2	0.142	0.659

*人为给定临界流量上界。

管道运营只有 3 年时间，可依据的历史资料太少，因此目前获得的管道临界流量的上下界跨度较大。但是，本套管道洪水风险评价与预警方法具有自修正的特性，每经历一次大洪水，临界流量的估计值就更精确一些，运营时间越长，风险评价结果就越可靠。

8.5.2　基于水流侵蚀力的洪水风险评价

1. 历史水流侵蚀力计算成果

使用 2011～2013 年 1h 分辨率的流量计算成果，可以计算每处管道穿河点所经历的每场洪水的水流侵蚀力。以 59 号管道穿河点为例，水流侵蚀力的计算结果如图 8-59 所示。该处管道穿河点经历的每场洪水的详细信息如表 8-24 所示。

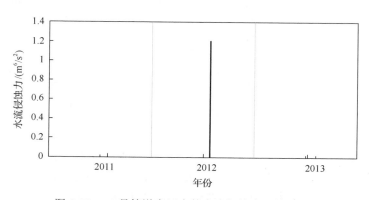

图 8-59　59 号管道穿河点的水流侵蚀力计算结果

表 8-24　59 号管道穿河点洪水统计表

序号	开始时间	结束时间	最大洪峰发生时间	洪水持续时间/h	洪峰流量/(m³/s)	平均流量/(m³/s)	水流侵蚀力/(m⁶/s²)
1	2011/7/2 3:00	2011/7/2 20:00	2011/7/2 13:00	17	0.427	0.221	0.094
2	2011/7/3 22:00	2011/7/4 2:00	2011/7/4 1:00	4	0.119	0.112	0.013
3	2011/7/18 14:00	2011/7/18 20:00	2011/7/18 19:00	6	0.128	0.123	0.016
4	2011/7/29 4:00	2011/7/29 14:00	2011/7/29 13:00	10	0.519	0.324	0.168
5	2011/8/5 4:00	2011/8/5 7:00	2011/8/5 7:00	3	0.126	0.120	0.015
6	2011/8/14 15:00	2011/8/14 20:00	2011/8/14 19:00	5	0.333	0.261	0.087
7	2011/8/17 10:00	2011/8/17 19:00	2011/8/17 19:00	9	0.098	0.084	0.008
8	2011/8/18 20:00	2011/8/19 1:00	2011/8/18 21:00	5	0.112	0.109	0.012
9	2011/8/26 21:00	2011/8/27 2:00	2011/8/27 1:00	5	0.379	0.308	0.117
10	2012/7/3 14:00	2012/7/3 20:00	2012/7/3 15:00	6	0.586	0.441	0.258
11	2012/7/5 21:00	2012/7/6 2:00	2012/7/5 22:00	5	0.192	0.137	0.026
12	2012/7/21 4:00	2012/7/21 14:00	2012/7/21 13:00	10	0.281	0.180	0.051
13	2012/7/27 2:00	2012/7/27 14:00	2012/7/27 7:00	12	1.540	1.268	1.953
14	2012/7/28 2:00	2012/7/28 8:00	2012/7/28 7:00	6	0.659	0.537	0.354
15	2012/7/28 22:00	2012/7/29 1:00	2012/7/28 23:00	3	0.125	0.121	0.015
16	2012/7/30 10:00	2012/7/30 19:00	2012/7/30 11:00	9	0.134	0.105	0.014
17	2012/8/17 4:00	2012/8/17 8:00	2012/8/17 7:00	4	0.143	0.138	0.020
18	2013/7/1 15:00	2013/7/1 20:00	2013/7/1 19:00	5	0.462	0.384	0.177
19	2013/7/8 8:00	2013/7/8 14:00	2013/7/8 13:00	6	0.529	0.412	0.218
20	2013/7/9 8:00	2013/7/9 20:00	2013/7/9 15:00	12	0.168	0.149	0.025
21	2013/7/10 8:00	2013/7/10 13:00	2013/7/10 9:00	5	0.150	0.146	0.022
22	2013/7/14 3:00	2013/7/14 8:00	2013/7/14 4:00	5	0.320	0.253	0.081
23	2013/7/15 3:00	2013/7/15 19:00	2013/7/15 14:00	16	0.138	0.119	0.016
24	2013/7/18 20:00	2013/7/19 2:00	2013/7/18 21:00	6	0.160	0.119	0.019
25	2013/7/27 0:00	2013/7/27 7:00	2013/7/27 6:00	7	0.134	0.103	0.014
26	2013/7/27 20:00	2013/7/28 1:00	2013/7/27 21:00	5	0.128	0.127	0.016
27	2013/8/7 2:00	2013/8/7 8:00	2013/8/7 7:00	6	0.503	0.417	0.210
28	2013/8/11 10:00	2013/8/11 20:00	2013/8/11 19:00	10	0.204	0.161	0.033
29	2013/8/24 8:00	2013/8/24 14:00	2013/8/24 13:00	6	0.355	0.299	0.106

2. 管道穿河点临界水流侵蚀力估计

对管道穿河点临界水流侵蚀力进行估计，同样以两处典型案例进行说明。60号管道穿河点庙坪河无严重水毁，如果以水流侵蚀力为评价指标，该河段经历的最大洪水发生在 2012 年 7 月 21 日，水流侵蚀力为 $4.083\text{m}^6/\text{s}^2$，因此，该处管道的临界水流侵蚀力必然大于 $4.083\text{m}^6/\text{s}^2$。据此，可以确定临界水流侵蚀力的下界，如图 8-60 所示。

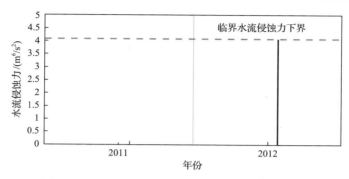

图 8-60　60 号管道穿河点的临界水流侵蚀力的下界

65 号管道穿河点碾子沟门 2 在 2012 年 7 月 27 日发生水毁,当时的水流侵蚀力是 $0.348\text{m}^6/\text{s}^2$,因此,临界水流侵蚀力必然小于 $0.348\text{m}^6/\text{s}^2$;该处经历的第二大的洪水发生在 2012 年 7 月 3 日,水流侵蚀力为 $0.020\text{m}^6/\text{s}^2$,因此,临界水流侵蚀力必然大于 $0.020\text{m}^6/\text{s}^2$。据此可以确定临界水流侵蚀力的上界和下界,如图 8-61 所示。

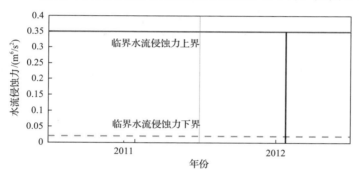

图 8-61　65 号管道穿河点临界水流侵蚀力的上下界

类似可以确定其他所有管道穿河点临界水流侵蚀力的上界和下界,59~65 号管道穿河点的估计结果如表 8-25 所示。

表 8-25　59~65 号管道穿河点的临界水流侵蚀力估计

穿河点编号	河流名称	临界水流侵蚀力/(m^6/s^2)	
		下界	上界
59	光道卵河	0.058	1.207
60	庙坪河	4.083	
61	村头河 1	0.036	
62	村头河 2	1.117	
63	村头河 3	0.223	
64	碾子沟门 1	0.989	
65	碾子沟门 2	0.020	0.348

参 考 文 献

[1] 荆宏远, 郝建斌, 陈英杰, 等. 管道地质灾害风险半定量评价方法与应用. 油气储运, 2011, 30(7): 497-500.

[2] 李国兴, 柳岩. 长输天然气管道的安全问题及其对策. 油气储运, 2006, 25(7): 52-56.

[3] 陈永江, 仲兆满, 陈宗华. HTMLUNIT 在网络信息采集系统中的应用. 淮海工学院学报(自然科学版), 2013, 22(4): 31-35.

[4] Park Y Y, Buizza R, Leutbecher M. TIGGE: Preliminary results on comparing and combining ensembles.Quarterly Journal of the Royal Meteorological Society: A Journal of the Atmospheric Sciences, Applied Meteorology and Physical Oceanography, 2008, 134(637): 2029-2050.

[5] Hagedorn R. Report of the 1st Workshop on the THORPEX Interactive Grand Global Ensemble (TIGGE). 2005.

[6] 胡和平, 曹永强, 侯召成. 短期降雨预报精度的模糊风险评价方法研究. 哈尔滨工业大学学报, 2005, 37(5): 577-580.

[7] 周正印, 任炳昱, 陈文龙, 等. 基于数值模拟的溃坝洪水风险预警管理效果评价. 天津大学学报(社会科学版), 2017, 4: 315-320.

[8] 葛艾天, 吴夏, 叶光, 等. 基于数值天气预报的管道洪水风险预报应用研究. 电子测试, 2015, 23: 48-51.

[9] 王光谦, 刘家宏. 黄河数字流域模型. 水利水电技术, 2006, 37(2): 15-21.

[10] 刘家宏, 王光谦, 李铁键. 数字流域模型关键技术研究. 人民黄河, 2005, 27(6): 1-3.

[11] 陈志祥, 王光谦, 刘家宏, 等. 基于遥感图像的数字流域模型参数提取. 水资源与水工程学报, 2005, 16(4): 49-55.

[12] 刘家宏, 王光谦, 李铁键. 黄河数字流域模型的建立和应用. 水科学进展, 2006, 17(2): 186-195.

[13] 王夙, 李文君. 流域数字水文模型研究. 城市建设理论研究(电子版), 2015, 5(36): 5130-5131.

第9章　基于大数据的全生命周期智能管网解决方案研究

随着物联网、云计算、大数据等信息技术的发展，建设智能管网逐渐成为管道行业发展的必然趋势，可解决当前系统繁多、数据采集与数据应用脱节的问题，实现油气管道安全、高效可持续发展。本章全面阐述国内外数字化管道、智能管网的实施进展，分析智能管网发展的特点和难点及存在的问题，研究建立管道全生命周期数据标准、构建管道全生命周期数据库。提出全生命周期智能管网的设计架构，包括管道全生命周期资产设施管控、运行管理控制、决策支持三个方面。提出基于 GIS 的智能化管理平台方案，搭建管道建设与运维一体化智能管理平台，有如下作用。一是用于建设期施工数据采集、数字化数据库移交、施工质量可视化管理；二是用于运营期腐蚀防护电位控制、在线完整性评估、高后果区、地区等级升级地区的风险评估及无人机巡线等完整性管理循环；三是用于管网的决策支持，包括大数据建模分析、应急决策支持、焊缝大数据风险识别、基于物联网的灾害监测预警、管道泄漏实时监测、远程设备维护培训、远程故障隐患可视化巡检、移动应用等。智能管网的推广应用，有利于管道管理水平的提升，为决策者提供足够的信息，保障管道企业安全、高效运营。

9.1　概　　述

9.1.1　国内研究进展

数字化管道概念最早由中石油提出，并在国内油气管道行业的勘察设计和施工阶段使用数字化技术，2004 年首先在西气东输冀宁管道联络线上应用。2008年在西气东输二线、中缅油气管道等管道建设工程中，利用卫星遥感技术、全球定位技术、GIS 成图技术在勘察设计和施工阶段帮助优化路由，利用实时数据采集技术和管网运行监控等实现集中监控和运行调度，缩小了和欧美发达国家的管道数字化应用差距[1~5]。

中石油将数字化管道建设确定为技术发展的重点，对已建或拟建工程中互联网技术、GIS、全球定位技术的应用进行统一规划部署，并与 SCADA 等自动化管理技术有机结合，开发了 PIS、GIS，为中国石油油气田和管道的在线检漏、优化运行、完整性管理提供数据平台，中石油已建立了以 SCADA、气象与地质灾害预警等平台，以及天然气与管道 ERP (enterprise resource platform)、管道生产管理（生产管理系统）、管道工程建设管理、PIS、天然气销售等信息系统为支撑的总体信息化系统，全面支持资产和物流两条主线的业务工作。

中石油北京天然气管道有限公司 2001 年开始引进完整性管理理念，建立完整性管理体系，2007 年开始推广应用，2009 年建设 PIS，完整性覆盖率达到 48%，2012 年覆盖全部长输管道。管道事故率由 2006 年的 1.67 次/(10^3km) 降低到 2009 年的 0.48 次/(10^3km)，管道完整性管理水平从 2007 年的 4 级提高到 2013 年的 6～7 级，打孔发案率下降 35%。该企业在智能化管道方面，搭建了管道建设期、运行期数据一体化平台，建立管道全生命周期数据库，建设首个基于全生命周期的 GIS 应急决策支持系统，实现管道安全评价、风险评估及完整性评价，生产运行过程和设备状态进行数字化、可视化的动态安全监测和管理，开发 GIS 应急决策支持平台，目前也是国内运行较好，与实践结合紧密的系统，具有多个功能模块，包括管道基础地理数据全入库、自动维护平台、地理信息系统平台、应急决策支持一键式输出，实现桩加载的全部管道数据提取[6,7]。

中海石油气电集团有限责任公司构建完成生产调度及应急指挥中心、贸易平台、LNG 汽车加气运营管理平台、资金平台、槽车远程监控系统、应急指挥系统等系统的构建以及深化应用，构成了信息化的主体框架。形成气电集团生产运营系统的全息化基础平台，该平台融合各项目公司的 GIS 数据、数字化管道数据、DCS/SCADA 等生产经营数据，建设气电集团统一的数据仓库。建设完成综合办公信息系统、视频会议系统扩容及互联网应用项目、手机移动平台功能扩展项目、外网门户网站、内部门户网站、SAP 财务系统与用友财务系统双线融合、装备管理综合信息平台等。中海石油气电集团有限责任公司目前正在构建智慧气电，建设全面覆盖、高度集成的先进信息网，用于快速、全面、正确地获取、理解、判断集团全产业链业务运营状态，并做出智能化决策。

中石化榆济管道有限责任公司在工程施工阶段同步进行数据采集，2007～2008 年开展的数字化管道建设，以二维 GIS 为基础平台，具有管线走向、埋深图，采集了较多的施工数据，叠加了影像图，其运营期的系统建设正在按照总部智能化管线系统的标准整理基础数据。中石化川气东送天然气管道有限公司逐步建立数字化管道，管道投产后建设了三维管道 GIS，补充了施工数据，实现大口径、高压力、长距离天然气输气管道全程全景真三维、地下地表地上一体化、站线一体化、二三维一体化的管道专业 GIS。数据覆盖全线 2200 多千米管道本体及附属设施[8~10]。

2014 年中石化启动了中国石化智能化管线管理系统项目，完成了 7 家试点企业管线的实施，实现了项目顶层设计和管线数字化管理、管道完整性管理、管线运行、应急响应管理、综合管理五大类功能的研发。重视数据标准化和业务流程模板化，形成五类 21 项标准规范。完成了 7 家试点企业 39 条 1939km 管线系统的实施和 27 座站场的数字化、可视化管理。

中国石化智能化管线管理系统的目标是建设集中集成的数据中心和共享服务平台，建设上下贯通的 6 大应用模块：管线数字化管理、管道完整性管理、管线运行管理、应急辅助管理、隐患治理管理和综合管理，形成一个安全可靠的工作平台，满足管线安全运行管理要求。

9.1.2　国外研究进展

国外管线的建设运行逐渐向智能管网建设的方向发展，已经在该领域取得重要成果，已与信息技术的发展保持同步，管道建设和运行的各个阶段已应用了云计算移动存储、物联网数据精准采集、大数据决策分析[11~15]。

美国休斯敦的控制中心控制着公司的天然气业务，石油管道则由设在塔尔萨的控制中心进行监控管理，通过实时模拟(real time model, RTM)、预测(前瞻性)模拟(prediction model, PM)、压缩机站优化(compressor station optimization, CSO)、压缩机性能自动优化、气体负荷预测(load forecast, LF)、历史数据存储，将管道物理数据和地理数据整合。建立公司统一的 GIS，通过与其他信息系统(如风险管理系统、设备管理系统、管网模型系统的相关接口，实现公司对管道动、静态数据的统一管理。美国 CDP 管道公司提出了物联网技术在智能管道领域的全面应用方案,建立了智能人员生命安全装备系统(automatic life safety system, ALSS)，WiFi 环境下持续监测有害气体、追踪人员位置状态；根据地质灾害监测管线变形和泄漏等异常情况，通过移动终端进行站队现场维修维护数据与工单处理及视频通话，实现无人机管道路由监测与预警。

挪威 Statoil 公司开发了管道完整性管理系统，集成了 SAP、Maximo、STAR、Intergraph、Inspection 等管理系统的数据，使管理者可以在同一界面内查看管道的完整信息，如管道设计、运行情况、维护历史等，极大地降低了管理难度，提高了管理效率。雪佛龙公司开发了 VMACS(volumetric management and customer service)通过对相关管道数据进行采集、分析和共享，实现降低成本、优化资源并最大限度地利用管道生产能力的目的。

BP 公司利用物联网技术提高管道资产与人员安全性，通过先进的无线智能终端应用，实现设备、仪表的位置标记与识别，资产周期、历史数据与关联性查询，包括现场操作工人操作规程指引，现场工单提示与任务分配，以及现场工作状态、进展、规程与位置跟踪；通过使用带有高清晰度摄像头及热力传感器等的无人机(unmanned aerial vehicle, UAV)技术，对复杂自然环境中的管道泄漏检测与安全进行监控。其在华盛顿州切里波因特(Cherry Point)炼油厂开发基于大数据分析的物联网腐蚀管理系统,腐蚀无线传感器安装在重点管线部位,形成物联网组网监测,上传系统中的大量实时数据。在恶劣环境下,电气系统对腐蚀传感器读取有影响,容易形成错误的数据,但数据采集的数量弥补了错误数据的影响,可随时监测到管道的承压,使炼油厂管理人员实时了解某些种类的原油比其他品类更具有腐蚀性。这在以前根本无法发现,更谈不上预防。

加拿大 Enbridge 公司利用物联网技术,通过智能移动终端,实时收集、汇总传输仪表与资产数据、站队现场维修维护数据,进行工单处理、管道巡线数据处理以及环境、健康、火灾、安全等 HSE 检查,以及合规性检查等。

9.1.3　发展方向

从国内外管道管理的发展历程来看,随着信息技术和完整性管理技术的进步发展,建设数字化管道已经成为国内外管道管理者的主要目标,管道企业均建立了 GIS 和完整性管理系统,并取得了重要成果。但近年来随着大数据、物联网、云计算、人工智能的发展,管道运营管理模式发生了转变,数字化管道逐步向智能化管道发展,以大数据分析、数据挖掘、决策支持、移动应用等方式进行管道管理,补充传统管理方式的不足[16,17]。

智能管网系统是实现智能管网管理的手段和载体,其未来将集成管线和站场的所有信息,采取大数据建模的分析理念,提供成熟可靠的智能管网一体化解决方案,包括通过物联网平台实现对生产安全风险点的全面监控,实现所有管理环节所需信息的全面共享,通过大数据建模分析,实现设备设施数据的实时分析处理,保障生产活动安全有序。智能管网进一步突出管网经济高效的目标,全面自动采集数据,贯通上下管理环节,可实现管网运行事前优化预测、事中实时监测、事后全面分析的闭环管理,降低油气管网运营成本。

本章剖析国内外数字化管道、智能管网的技术进展,给出智能管网发展的特点和难点,研究建立管道全生命周期数据标准、构建管道全生命周期数据库,开展智能化管道体系建设,研究提出智能管网的设计,包括管道全生命周期资产管控、运行控制、决策支持三个方面,构建基于 GIS 的智能化管理平台方案,包括建设施工期管理、运行维护管理和大数据决策支持,整合全生命周期管道各类数据,开展生产运行控制和决策支持,实现应急决策支持、焊缝大数据风险分析、基于物联网的灾害监测预警、管道泄漏实时监测、远程设备维护培训、远程故障隐患可视化巡检、移动应用等功能。通过大数据的决策支持,进一步提升管道管理水平。

9.2　智能管网系统的特点与制约因素

9.2.1　智能管网系统的特点

智能管网系统是一个庞大的应用工程系统，它将众多相对独立的数字化、集成化和产品化，整合为一个以海量数据库为基础的系统，实现数据共享，具有智能化、数字化、可视化、标准化、自动化和一体化特征，并具有专业性、兼容性、共享性、开放性和安全性的特点，最大限度地消除信息孤岛。智能化，即实现管线运行优化、管线安全风险的预测预警、应急抢险的交互联动响应；数字化，通过文档资料及图片资料的结构化、索引化，加强知识共享，为设备更新改造提供便捷；可视化，实现管线相关数据的图形、图像、视频、图表分析信息的多维度查询及可视化展示；标准化，全生命周期的业务标准、技术标准、数据标准，以及设计、建设期成果的数字化移交标准；自动化，完善管线的自控仪器仪表、检测设备及监控系统，实现管线运行状态的自动检测；一体化，将生产运行的实时数据和管理应用的业务数据为基础全面融合，实现大数据建模分析决策支持。

9.2.2　智能管网建设的制约因素

实施智能管网建设的难点和制约因素体现在数据的准确性、数据的统一性、数据的应用建模、系统运行速度及自维护，以及体系建设等诸多方面，具体包括如下。

(1)智能管网平台是确保建设期数据与运行期数据一体化的平台，涵盖管道全生命周期的各个阶段，数据的准确性直接影响管道智能化水平，因此具有较高的难度。

(2)数据统一性的难点在于，建设期与运行期要采用相同的数据框架、数据字典，系统建设才能落地，数据才能自由调用。

(3)智能化应用的难点体现在如何建模才能与实际运行相吻合；重点在于决策支持分析，即如何为管道企业决策支持服务。

(4)系统运行速度及自维护的难点在于，系统的运行速度直接决定管道建设的成败，需采用 GIS 调用和存储的新技术，以及如何使数据变成活数据，提高更新速度和自维护性能。

(5)体系建设与平台同步的难点在于，体系建设必须与平台同步，否则未来应用和运行维护等均得不到落实。

9.3　智能管网解决方案

9.3.1　建立管道全生命周期数据标准

通过构建智能管道标准和规范，形成与管道实体相对应的数据资产，为确保数据的完整性及可重复应用，需要在整个生命周期内执行同样的数据标准，实现各业务数据通过数据模型进行整合。全生命周期内，不断构建数据标准和规范，保障各类业务数据的产生、传递、共享、应用，最终形成完整的数据信息链。

9.3.2　构建管道全生命周期数据库

管道全生命周期管理（pipeline lifecycle management，PLM）可定义为，在管道规划、可行性研究、初步设计、施工图设计、工程施工、投产、竣工验收、运维、变更、报废等整个生命周期内，整合各阶段业务与数据信息，建立统一的管道数据模型，实现管道从规划到报废的全业务、全过程信息化管理。

构建全生命周期管道数据模型，以设计和运行为主，创建 APDM（ArcGIS pipeline data model）数据模型，将各阶段全业务数据按中心线入库和对齐，通过将全部数据加载到管道数据模型上，对管道本体及周边环境数据、管道地理信息数据、业务活动数据和生产实时数据等数据资源进行集中存储和开发利用，实现物理管道和数字管道模型的融合，构建全生命周期管道数据体，集成各类数据并对齐到管道实体模型中，如图 9-1 所示。

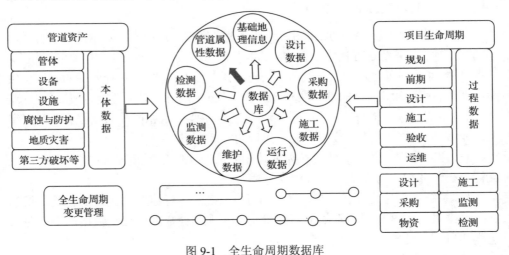

图 9-1　全生命周期数据库

9.3.3　全生命周期智能管网设计

全生命周期包括管道建设、运营两个阶段的数据、运维服务，覆盖整个生命周期，同时将决策支持作为重要组成部分，突出智能管道的决策支持应用。全生命周期的结构如图 9-2 所示。建立的大数据决策支持分析流程如图 9-3 所示。

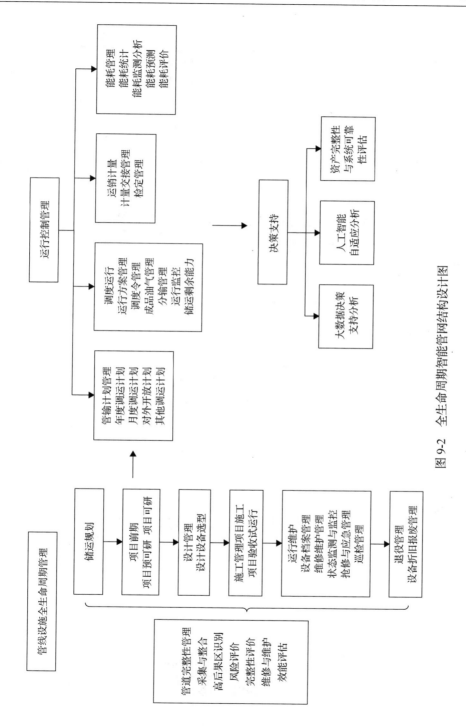

图 9-2　全生命周期智能管能管网结构设计图

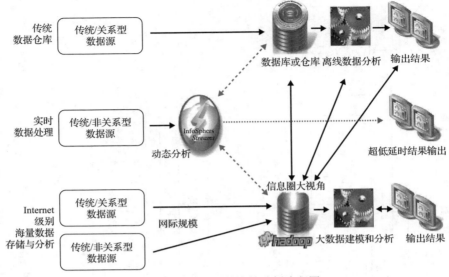

图 9-3　大数据决策支持分析流程图

9.3.4　搭建基于 GIS 的全生命周期智能管网平台

按照"统一系统、统一平台、统一安全、统一运维"的思路，基于云架构建设数据中心、应用平台和共享服务，形成统一的建管一体化平台，构建管线建设与运营业务应用功能，满足工程建设和运营管理的业务需求，搭建的全生命周期GIS 数据平台及数据库架构如图 9-4 所示。

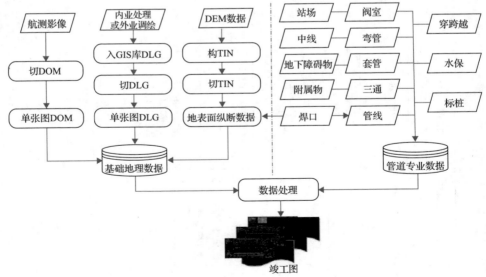

图 9-4　搭建全生命周期 GIS 数据平台及数据库架构

9.3.5　施工管理

1. 施工数据采集录入管理

施工数据入库包含施工全过程的采集、整理、转换、传输和加载等内容，既要满足数据完整性、合规性、可靠性、外延扩展性和逻辑一致性等要求，又要满足空间数据和属性数据的关联关系的正确性及与其他数据的融合精度的要求，如遥感数据、航测数据、设计数据、地形数据、工程数据等。对于数据入库的逻辑结构，包括字段、数据类型、字段长度、单位等必须满足智能化管道标准的要求。

2. 工程建设过程可视化质量管理

工程建设过程可视化质量管理，是以督导施工过程规范化为目标，以空间图像、照片为手段，反映问题有图有真相，是施工过程可视化质量管理的有效手段。系统通过智能手持终端快速拍照，有效记录施工过程，根据照片的坐标信息，定位承包商。

3. 工程数据数字化移交

以全生命周期数据库的方式进行移交，移交成果为管道建设数据库，方便未来运行管理的技术参数、设备属性及施工过程的技术参数查询和调用，数据可用性强，可为后续应用系统直接提供基础数据。

9.3.6　管道运维管理

开发基于 GIS 的运维管理模块，实现运维期管道全生命周期的闭环管理，满足完整性管理六步循环的要求，实现完整性管理的基础支持、业务应用、决策支持、效能管理的管理目标。业务应用仅围绕管道灾害防治、腐蚀防护、维抢修、管道保护、管道保卫、立体管理、风险管理等工作内容，具体如图 9-5 所示。

1. 腐蚀控制断电电位管理

针对阴极保护工程，实施断电电位管理，采用电位远传的方式，进行日常阴极保护工作，如保护电位、自然电位、恒电位仪、保护电流密度等数据的上传和自动上报，并对防腐层检测与修复情况进行科学管理。

2. 高后果区、地区等级升级地段风险评估

针对高后果区、地区等级升级地段，采用基于历史失效数据和基于可靠性理论的计算模型，考虑天然气管道失效模式对后果的影响，建立管道失效概率计算方法；分析管道事故灾害类型，并考虑财产损失、人员伤亡、管道破坏、服务中断和介质损失等管道失效后果情景，建立天然气管道失效后果的定量估算模型[18]，

如图 9-6 所示。

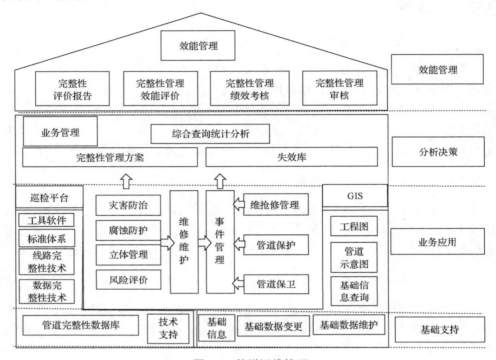

图 9-5 管道运维管理

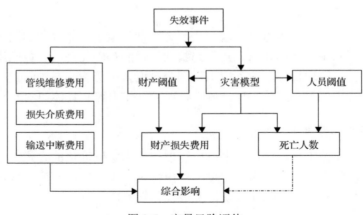

图 9-6 定量风险评估

3. 智能无人机巡线

传统人工巡线方法的工作量大、工作条件艰苦，尤其是对山区、河流、沼泽及无人区等地的石油管道的巡检，或在冰灾、水灾、地震、滑坡、夜晚期间的巡线检查，所花时间长、人力成本高、难度大。

管道线路危险区域巡检采用无人机全数字化巡检；在特殊或风险较大的地段，进行第三方防范巡护、泄漏巡检巡护、交叉施工巡护等。泄漏巡检搭载高精度红外热像仪或红外光谱仪，对危险区域进行泄漏识别，及时进行预警和报警。

4. 管道在线完整性评估

对内外检测缺陷、几何变形、重车碾压、洪水冲击、矿场堆料、管道悬空、阀室沉降、管道屈曲、山体滑坡监测、管道落差坑沟填埋、并行管道、爆破等有限元仿真建立评估模型。重点针对不同钢级管道适用性评估开展研究，建立管道氢致开裂、焊缝、平面型缺陷、体积型缺陷、几何缺陷的评估理论方法，建立有限元、边界元的数学仿真模型，开发出系列评估软件。提出氢致开裂断裂判据，量化氢离子浓度对管道断裂的影响，建立管道新的失效评定关系，并给出失效评定图。确定一定输送压力和 H_2S 含量下，含裂纹缺陷管道的安全度和安全范围，并给出相应的安全系数。建立管道内腐蚀直接评价(internal corrosion direct assessment, ICDA)方法、直接评估管道外腐蚀直接评价(external corrosion direct assessment, ECDA)、应力腐蚀直接评价(stress corrosion cracking direct assessment, SCCDA)方法，实现管道实时在线完整性评估。开发的模块、模型如下[19]：①管道适用性评价(API579)；②管道国际缺陷评价(DNV-RP-F101\ASME B31.G\Rstreng\Modified B31.G)；③管道焊缝评估系统；④管道 BS7910 评估；⑤管道氢致开裂完整性评价与寿命预测系统。

9.4　管道数据挖掘与决策支持

9.4.1　应急决策支持

发挥智能管网系统的应急指挥和应急决策支持的作用，满足应急指挥决策的需求，实现应急情况下对管道基础数据和管道周边环境数据的及时调取，并自动计算疏散范围、安全半径，自动输出应急预案、应急处置方案等。通过抢修物资与抢修队伍的路由优化，实现一键式应急处置方案文档输出。输出数据包括管道基本信息查询、事故影响范围、应急设施、人口分布、最佳路由、应急处置方案等。

应急决策通过场景的布设，未来能实现抢险过程的智能化，通过抢险机器人测量浓度，机器人开挖操作数据采集，自动评估现场抢险风险等级，提供智能抢险注意信息，为应急决策提供技术支持。

9.4.2　大数据决策支持

基于大数据的相关性、非因果性分析理论，管道系统大数据的来源为实时数据、历史数据、系统数据、网络数据等，类别为管道腐蚀数据、管道建设数据、管道地理数据、资产设备数据、检测监测数据、运营数据、市场数据等。未来管网系统大数据通过互联网、云计算、物联网实现信息系统集成，把各类数据统一整合，通过建立大数据分析模型，解决管道当前的泄漏、腐蚀、自然与地质灾害影响、第三方破坏等数据的有效应用问题，获得腐蚀控制、能耗控制、效能管理、灾害管理、市场发展、运营控制等综合性、全局性的分析结论，指导管道企业的可持续发展，值得各管道企业深入研究[20]。

9.4.3　焊缝大数据风险分析

焊缝是管道重要的特征之一，其质量直接影响管道的安全。由焊接质量引起的事故很多，自 2010 年以来发生了 10 余起管道焊缝失效事故。焊缝引起的缺陷主要表现为管道碰死口、焊缝射线底片不合格、隐藏有缺陷、焊缝射线底片与焊口对应不上等。通过大数据分析的方式能够找出焊缝缺陷或隐含的问题，找出碰死口位置的全部底片[21]。

基于 X 射线焊缝图像，对缺陷进行特征提取和自动识别。采用均值滤波和中值滤波相结合的方法对焊缝图像进行预处理。通过对比灰度图像和二值图像增强算法，选择直方图均衡方法进行图像增强。采用迭代阈值图像分割算法对焊缝区域进行分割，并对焊缝缺陷进行特征提取和特征选择。采用基于二叉树的 SVM 分类器方法对焊缝缺陷进行分类识别，筛选可能的缺陷特征，如裂纹、未焊透、未熔合、气孔、球状夹渣及条状夹渣等。

9.4.4　基于物联网组网监测的灾害预警

国内多家企业已开发了一套管道地质灾害监测系统，其由传感器、采集仪、传输模块、评价系统组成，实现 $7\times24h$ 监测，能够克服极端天气、系统断电等影响，实现自动报警管理。

实时监测地质灾害区、高后果区管道的应力、应变状态，包括应变监测、温度监测、位移监测、土压监测，及时进行应变报警、应力报警、位移报警。目前已形成管道监测网。

9.4.5　管道泄漏实时监测

管道泄漏检测系统以 SCADA 系统或负压波、次生波、光纤等监测传感器的实时数据作为基础，数据出现异常时系统将详细检查这些异常数据，并分析是否为泄漏。管道泄漏检测系统发现泄漏点后，将立刻发出警报并显示泄漏地点、泄漏时间、泄漏速度和泄漏总量等数据[22]。

9.4.6　远程设备维护培训

设备的拆装维护实训对于设备维护维修非常重要，通过对设备零部件、组件正确顺序的拆解和组装，可以直观地查看设备整体展开或剖面的结构，单独查看设备各个零部件和组件的外观，详细了解和掌握设备的组成、结构及运行原理，掌握正确的拆装工具、拆装流程、注意事项，为设备的维护保养维修打下基础。

9.4.7　远程故障隐患可视化巡检

通过对长输管线场站典型故障与隐患案例的积累，建立故障隐患数据库，利用三维可视化技术对场站进行三维重建，培训学员在虚拟环境中巡查摸排系统设定的故障隐患，熟悉常见典型故障点及处理方法。系统在学员训练结束后，给以分析评价，以定期掌握员工对风险故障隐患的掌握情况。

9.4.8　移动应用

移动应用是未来管道管理发展的重要组成部分。目前 4G-5G 网络环境形成，移动应用使管理者与系统紧密结合，保证第一时间处置突发事件，进行文件处置、在线管理，及时了解管道运行动态，最大限度地保障管道安全运营。移动应用设计包括移动应用平台、移动业务应用，以及业务可视化三个方面，具体如图 9-7 所示。

图 9-7　移动应用设计

智能管网系统的移动应用领域，是管道企业发展的主流方向，但要克服运行速度、数据保密性、预警报警机制设置等难题，移动应用的个性化设置、维护机制均需重点考虑。

智能管网已成为管道信息技术领域的重要发展方向，是现代通信与信息技术、计算机网络技术、智能控制技术及行业相关先进技术汇集而成的、针对油气管道应用的智能集合，最终实现远程及实时控制及基于物联网的实时数据采集。未来必将与大数据建模分析、人工智能紧密结合在一起，解决采集数据到应用数据的难题，通过向平计算领域发展，最终将智能管网的实践应用迁移到云上，使所有用户共享数据和模型，为油气管道安全可靠、优化高效、环境友好服务。建议未来新建管道时，考虑智能管网一体化平台建设，减少数据重复录入，避免应用系统的重复建设，加大数据应用范围。

参 考 文 献

[1] 王瑞萍, 谭志强, 刘虎. "数字管道"技术研究与发展概述. 测绘与空间地理信息, 2011, 34 (1): 1-4, 9.

[2] 王伟涛, 王海, 钟鸣. 数字管道技术应用现状分析与发展前景探讨. 中国石油和化工标准与质量, 2012, 32 (4): 118.

[3] 李超. 数字化管道技术及其在西部管道工程中的应用研究. 重庆: 重庆大学硕士学位论文, 2008.

[4] 孙晓利, 文斌, 妥贯民. 天然气长输管道数字化建设的相关问题. 油气储运, 2010, 8 (29): 579-581.

[5] 周利剑, 李振宇. 管道完整性数据技术发展现状与展望. 油气储运, 2016, 35 (7): 691-697.

[6] 董绍华. 管道完整性管理技术与实践. 北京: 中国石化出版社, 2015.

[7] 周永涛, 董绍华, 董秦龙, 等. 基于完整性管理的应急决策支持系统. 油气储运, 2015, 34 (12): 1280-1283.

[8] 刘欣, 田长林, 张亮亮. 数字化管道技术在榆林—济南长输管道中的应用. 石油工程建设, 2010, 1 (36): 62-65.

[9] 薛光, 袁献忠, 张继亮. 基于完整性管理的川气东送数字化管道系统. 油气储运, 2011, 4 (30): 266-268.

[10] 黄玲, 吴明, 王卫强, 等. 基于 ArcGIS Engine 的三维长输管道信息系统构建. 油气储运, 2014, 06: 615-618.

[11] 王金柱, 王泽根, 段林林, 等. 在役管道数字化建设的数据与模型. 油气储运, 2010, 29 (8): 571-574.

[12] 段玉平. 施工数据采集在管道数字化建设中的作用. 内蒙古石油化工, 2013, 16: 70-71.

[13] 唐建刚. 建设期数字化管道竣工测量数据的采集. 油气储运, 2013, 32 (2): 226-228.

[14] 李长俊, 刘恩斌, 邬云龙, 等. 数字化管理技术在气田集输中的应用探讨. 重庆建筑大学学报, 2007, 6 (29): 94-96.

[15] 冷建成, 周国强, 吴泽民, 等. 光纤传感技术及其在管道监测中的应用. 无损检测, 2012, 01 (34): 61-65.

[16] 王良军, 李强, 梁菁嫄. 长输管道内检测数据比对国内外现状及发展趋势. 油气储运, 2015, 34 (3): 233-236.

[17] 关中原, 高辉, 贾秋菊. 油气管道安全管理及相关技术现状. 油气储运, 2015, 34 (5): 457-463.

[18] 董绍华, 王东营, 费凡, 等. 管道地区等级升级与公共安全风险管控. 油气储运, 2014, 33 (11): 1164-1170.

[19] 董绍华. 管道完整性评估理论与应用. 北京: 石油工业出版社, 2014.

[20] 董绍华, 安宇. 基于大数据的管道系统数据分析模型及应用. 油气储运, 2015, 34 (10): 1027-1032.

[21] 蒋中印, 李泽亮, 张永虎, 等. 管道焊缝数字射线 DR 检测技术研究. 辽宁化工, 2014, 4 (43): 427-429.

[22] 宫敬, 董旭, 陈向新, 等. 数字管道中的工艺与自动化系统设计. 油气储运, 2008, 27 (4): 1-4.

第10章 基于位置大数据的管道
第三方破坏防范技术研究

第三方破坏是管道面临的重大风险。据统计,2001~2015年国内管道事故中因第三方破坏引起的事故占事故总量的30%~40%。在欧洲及北美等地,管道第三方破坏事故占全部事故的1/4以上,且事故后果影响巨大。目前,国内外在第三方破坏防范技术措施方面存在严重不足,主要采取巡线、光纤振动、光纤测温等安全预警技术,存在预警不及时、漏报、误报等问题。为了弥补技术上的不足,本书首次将位置大数据分析技术应用于管道第三方破坏防范,研发一整套位置大数据采集技术,包括移动端数据加密、数据预处理、第三方破坏特征模式提取及第三方破坏风险可视化技术方法等,开发位置数据的管道第三方破坏预测预警系统,并在大型天然气管道上试点应用,采集大量位置数据,进行数据特征识别和模型分析,及时发现第三方非法施工和第三方占压活动,取得重要研究成果和实践认识,对于防范管道第三方破坏发挥积极作用。

10.1 概　　述

欧洲,1984~1992年近20年的事故统计中,由于第三方外力损伤和破坏造成的事故占管道总事故的52%[1]。据美国危险化学品管理局最新公布的数据统计,事故1984~1992年近20年的美国管道统计中,由于第三方引起的外力损伤和破坏造成管道事故占总事故的40.4%;1993~2010年,由于第三方施工引起的事故占20%左右;2010~2016年,美国共发生泄漏级别以上事故702起,其中177起由第三方破坏(第三方开挖或外力)引起,占总数的25.21%[2]。

在国内,第三方事故影响较大,造成的经济损失巨大。典型的有2004年10月6日,陕京线天然气管道榆林市神木县内因第三方施工,天然气管道发生泄漏,原因是机械破坏;2009年12月30日,中石油兰郑长成品油管道由于第三方施工破坏造成泄漏,部分柴油流入渭河;2010年5月2日,中石化东黄原油管道复线胶州市九龙镇223号桩处的管线因第三方施工造成管道破裂,造成240t原油外泄;2010年7月28日,南京市栖霞区丙烯管道因第三方施工破坏发生爆炸,造成13人以上死亡,重伤28人,轻伤100余人;2014年6月30日,中石油管道分公司大连输油气管道分公司,新大一线新港—松岚管段14#桩+800m处,由于第三方违法违规施工造成石油管道泄漏，部分石油流入市政污水管网；2015 年 9 月 16 日中压燃气 PE 管线在甘肃徐家湾兰雅亲河湾附近由于施工发生燃气管道泄漏。

目前，人工巡线是监测第三方活动、防范破坏采取的技术措施。但由于第三方活动具有隐蔽性和随机性，其监测的效果不明显，特别是针对管道的第三方挖掘甚至盗油盗气等非法活动，大多是在巡线人员休息时进行；另外，采取的措施——光纤预警、第三方入侵监测技术由于需要建立大量的数据库，误报率往往较高，通过人员现场挖掘的动作产生了光缆的振动，从而判断存在第三方活动，但由于相似的活动很多，准确判断是否发生破坏有很大的难度，同时，在有些地方光缆和管线不同沟敷设，技术的适用性受到一定限制。

国内研究机构已经开展了基于位置大数据的分析处理研究，位置大数据已经成为当前用来感知人类社群活动规律、分析地理国情和构建智慧城市的重要战略资源，通过对运输公司油气运输车辆位置大数据的处理分析，可从单纯的定位数据引申出人的社会属性及与环境的关系，形成了一种智能化、社会化的应用[3~10]。

国外 IBM 公司利用手机信号与信号塔定位特定人员的位置，及时获取进入区域特定人员的信息，并建立分析模型，执行复杂的分析，可提供特定人员的相关信息，包括移动行为、特定人员和谁在一起，以及特定人员可能停留的地方，有利于确定特定人员未来的行为，帮助分析特定人员的动向。

受以上分析的启发，本章考虑将位置大数据应用于第三方破坏的防范，解决当前第三方破坏识别中存在的实时性不足、监测范围小的问题。通过建立特定人员手机信号与管线沿线信号塔之间的位置关联关系，获取手机移动端 GPS 位置信息，开展手机移动信号的大数据关联分析，建立移动端位置大数据关联模型，从而分析第三方管道破坏行为，经过建模分析，选取某管线第三方破坏风险较大的区域 10km 开展移动端位置大数据监测,24h 不间断地采集数据诊断可能存在的开挖、施工行为，及时提出预警和报警。

10.2　位置大数据特征提取技术

大数据是指大型复杂数据集的聚合，这些数据集的规模和复杂程度常超出目前数据库管理软件和传统数据处理技术在可接受时间下的获取、管理、检索、分析、挖掘和可视化能力。

10.2.1　位置大数据的特征

大数据中的一个重要组成部分就是位置大数据(location big data，LBD)。含有空间位置和时间标识的地理与人类社会信息数据就是位置数据。这里的空间位置既可以是准确的地理坐标，也可以是约定俗成的一些地名、方位等[11,12]。位置信息一般由标识信息和位置信息组成。标识信息用来描述用户的具体属性和特征，可以唯一标识一个用户。位置信息则表示该用户当前所处的某个具体位置或某个时间内的行踪。保密措施是用户向服务器提交服务请求时，由移动客户端向服务器提供准确的地理位置信息，但是隐藏用户的真实标识信息。利用这种方法，服务器可以根据位置信息向用户提供高质量的位置服务[15]，如图 10-1 所示。

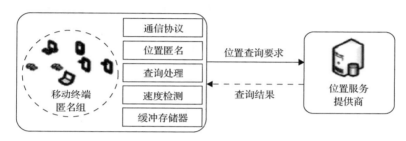

图 10-1　位置隐私保护

(1)位置大数据具有多元、异构、变化快等特征，也具有体量大、更新速度快、多元和价值密度低等大数据特性。

(2)位置大数据的共性特征是具有时空标识，可以使用绝对位置、坐标、相对位置、语言文本来描述。另外，位置数据中对时空标识要有精确度、可靠度的指标性参数。位置数据处理分析要求位置信息具有高的精确度、可靠度和可信度。

(3)位置大数据具有复杂但稀疏的特点。由于受到数据采集技术等方面的客观制约，位置大数据可能不能反映对象的全貌。

位置大数据分析是从局部研究对象中获取线索，建立基于单个区域 r_i 或单个移动对象 o_i 的若干特征模式。根据特征模式的提取方法，将其划分为如下两类：①一阶特征。一阶特征是指从区域内的位置记录、地图数据或移动对象历史轨迹中可简单计算获得的特征，如均值、方差等。②二阶特征。二阶特征能够在一定程度上消除原始观察数据的混杂性，这些特征经过高阶统计处理。

10.2.2　条带区域个体移动模式特征提取

个体移动模式(mobility pattern，MP)是指以单个或两个(同行)移动对象为观察目标，获取其移动特性，包括其在一段时间内的移动独一性、随机性、周期性、转移性、动静间歇性和移动期望性等方面，具体如下。

1) 移动独一性

移动独一性(uniqueness feature, 可用 f_{uniq} 表示)可用来区别移动对象, 定义为通过给定地图区域个数 $\|F\|$、区域平均大小 $\overline{F_{size}}$ 和统计时间间隔 $\overline{F_{time}}$, 确定一条轨迹 $trai_i$ 的概率, 即

$$f_{uniq} = p\{|trai_i| \leqslant 2|F_{size}, F_{time}|, \|F\|\} \tag{10.1}$$

当 $\overline{F_{size}}$ 和 $\overline{F_{time}}$ 相对合适时, 考虑活动的条形区域, 如长度为 200m, 宽度为管线两边各 50m(如 $\overline{F_{size}}$ =0.02km^2, $\overline{F_{time}}$ =0.5h), 仅需 8 个左右的区域($\|F\|$ =8)便可以以很高的概率确定一条唯一的轨迹[13], 当 $\|F\|$ 固定时, 这一概率与 $\overline{F_{size}}$ 和 $\overline{F_{time}}$ 分别呈现相似的幂律关系。

$$f_{uniq} = \alpha - (\overline{F_{size}})^\beta$$
$$f_{uniq} = \alpha - (\overline{F_{time}})^\beta \tag{10.2}$$

式中, α 为转移概率期望值; β 为幂指数, 与 $\|F\|$ 呈线性关系, 满足

$$\beta = \lambda_1 - \lambda_2 \|F\| \tag{10.3}$$

通过定向观察少量管道周边活动异常的区域, 便能唯一确定有关人员第三方损伤或第三方施工用户的轨迹, 这既说明个体移动具有高度的规律性, 也说明不同人群间移动行为具有很大的差异性。

2) 条带区域移动周期性(periodic feature, 可用 f_{peri} 表示)

对于一个移动对象 o_i, 将其访问区域 F_j 的序列二值化(1 表示访问, 0 表示未访问), 继而将该二值化序列进行离散傅里叶变换, 通过观察傅里叶系数最大的频率, 即可获得该位置点的周期 TP_j^i [14]。

假设一组位置区域 $\hat{A} = \{F_1, F_2, \cdots, F_{\|F\|}\}$ 具有相同的被访问周期 $TP = \{T_1, T_2, \cdots, T_Q\}$, 将其划分到 Q 个时间槽, 则可以得到每个个体移动详细的概率分布矩阵 $\boldsymbol{P} = [P_1, P_2, \cdots, P_j]$, 其中, 每一个列概率向量 $\boldsymbol{P}_j = [P_r(F_1|T=T_j), P_r(F_2), \cdots, P_r(F_{\|F\|})]$。条带区域中 T 时段的位置记录按照周期 TP 分别生成 $\left[\dfrac{T}{TP}\right] = m$ 个概率分布矩阵 $[P_1, P_2, \cdots, P_m]$, 则可通过计算两两间分布的 KL 散度(Kullback-Leibler divergence)来分析移动对象的周期行为。

可以计算得到一个更为精细的标准位置熵:

$$S(P) = -\sum_{t_j=1}^{Q} \sum_{A} P_r(F_i \mid T=T_j) \log_2 P_r(F_i \mid T=T_j) \tag{10.4}$$

则两两分布的熵为

$$S(P_1 \| P_2) = \sum_{t_j=1}^{Q} \sum_{A} P_{rp1}(F_j) \log_2 \frac{P_{rp1}(F_j)}{P_{rp2}(F_j)} \tag{10.5}$$

对于连续或非连续的 n 个位置概率分布 $\{P_1, P_2, \cdots, P_n\}$，按相对熵大小进行层次聚类，可以得到若干个频繁匹配且具有相同周期(可能是最大周期)的簇，这就代表了移动对象 o_i 的几个典型周期运动规律。在聚类过程中，合并两个簇 C_i 和 C_j 的位置概率分布可简单计算为

$$P_{\text{new}} = \frac{|C_i|}{|C_i|+|C_j|} P_i + \frac{|C_j|}{|C_i|+|C_j|} P_j \tag{10.6}$$

10.3　管道沿线第三方位置大数据应用的技术方法

位置大数据有以下特征。

1) 第三方入侵移动信号、GPS 信号数据采集技术

对沿线第三方人员活动的移动通信数据进行采集，采集 24h 不间断的手机移动信号、GPS 信号，建立特定人员手机信号与管线沿线信号塔之间的位置关联关系，获得手机 GPS 位置、信号塔的相关信息，开展手机移动信号的位置大数据采集，从移动设备采集的数据(包括唯一设备 ID、纬度、经度和时间戳)存储在数据库中或加载到 Hadoop 平台上。

2) 位置大数据存储技术

建立 Hadoop 的计算框架模式，建立流媒体、地图数据、轨迹数据的高效时空索引和分布式分析技术，基于位置大数据的非关系型数据的特点，采用 Hbase、BigSQL、芒果等数据库存储技术。

3) 位置大数据预处理技术

建立第三方通信移动数据过滤、数据完善、数据降维、数据离散化等方法，预处理后用数据挖掘、机器学习等处理方法，对位置数据进行进一步深入处理和挖掘，旨在分析数据间的关联性。

通过研究地图的预处理和位置轨迹数据的预处理，基于地图或路网数据的

位置大数据需求分析，将连续空间的平面地图离散化，划分为多个区域。其主要方法有网格化分区、依道路网分区、依位置密度分区和依参考点分区(泰森多边形)等[14,16~19]，如图 10-2～图 10-4 所示。在对位置大数据尤其是轨迹数据进行分析时，要求数据集具有较高的采样率，对轨迹数据进行简单的线性插值。采用 St-matchong、IVMM、Passby 等算法和方法将轨迹数据与地图数据进行关联[20~23]。

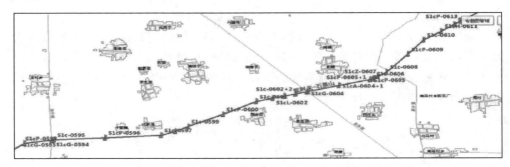

图 10-2　长输管线位置分布道路、交通、村庄网络图(文后附彩图)

图 10-3　人员活动网格离散图(文后附彩图)

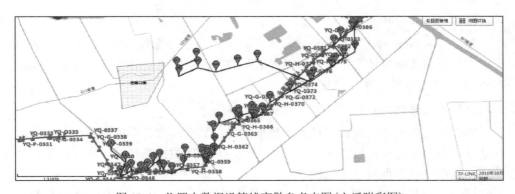

图 10-4　位置大数据沿管线离散参考点图(文后附彩图)

4) 管道第三方破坏特征模式提取技术

基于时间特征建立移动手机位置与第三方损伤风险的特征模型，通过采集手机信号的位置信息，提取出位置大数据的以下三类特征。①区域静态特征。以一定区域为观察对象，提取区域内与地图地貌相关的指标，包括路网特征和关注点变化率等静态特征信息。②区域位置移动力学特征。抽取区域内群体移动目标的移动行为，如区域交通移动流动性的时间演化性等动态特征信息。③不同时间段内个体/团群移动模式特征。以个体/团群移动对象为观察对象，提取个体/团群在一段时间内的移动行为规律特征，研究其二阶统计性特征，应用于具体位置服务计算中[7]。通过建立移动手机位置大数据与第三方破坏模型，找出第三方破坏的迹象和正在实施的第三方破坏行为。

随着不断采集位置大数据，数据量逐渐加大，模式识别方法不断更新、完善，将逻辑回归、支持向量机、随机和不确定分析模型、小波变换、神经网络等模型应用到位置大数据分析中，将会使第三方人员的行为与管道风险特征结合起来，提高模型的预测预警精度。

5) 基于位置大数据的第三方破坏风险可视化方法

利用统计图来展示数据处理过程中的处理结果或数据发展趋势。基于位置大数据规模大、多样化等特点，提出第三方位置数据的可视化方法，准确模拟第三方破坏活动在管道沿线的发展态势和运动趋势。

6) 基于移动端位置数据的管道第三方破坏预测预警系统开发

通过上述研究，建立管道第三方预测预警系统，包括数据采集、数据存储、数据分析和建模、数据风险可视化、趋势分析等功能。

10.4　管道第三方防范技术应用案例

以长度为 9.8km 某长输管道的管段为例，通过获取手机移动端信号，建立基于位置大数据的第三方损伤风险计算模型，分析该管段的第三方损伤风险并提供风险防范的措施。

10.4.1　应用步骤

1. 数据采集

移动端位置大数据分析的第一步是采集。首先与沿线移动端信号塔签订数据保密协议，由无线通信服务提供商收集并汇总位置信息。移动端通过一组手机信号塔提供服务，移动端的具体位置可通过离其最近的信号塔的距离进行三角测量来推断，位置精度大约在 20m 以内，同时大多数智能手机还可提供更加准确的 GPS 位置信息（精度大约为 20m）。位置数据包括纬度和经度，存储所有这些信息，需要 26B 的空间。如果处理 200 万个用户并且希望以每分钟一次的频率存储 24h 的位置信息，那么存储的数据大约为每天 0.1TB。

　　本案例中特定人员的界定分为三种，第一种是管道管理人员，其周期性地在管道基地、站场、线路活动，频次高；第二种是已报告管理单位的沿线管段计划施工人员，管道管理人员可掌握其动态；第三种是非法开挖施工、蓄意破坏人员，这部分是大数据分析监控的重点。

　　在实际工程应用时，通过移动公司数据库，在几个信号塔覆盖的特定区域范围内，获取信号塔到管线距离±50m 的移动信号。数据处理时，移动公司做数据加密变化处理，移动信号以特定代码替代，不显示人员的手机号码，只显示某代码的移动轨迹，不涉及个人隐私和安全。

2. 大数据存储与处理

　　建立 Hadoop 分析流程，基于位置大数据的非关系型数据的特点，采用 Hbase、BigSQL、芒果等数据库存储技术，如图 10-5 所示。

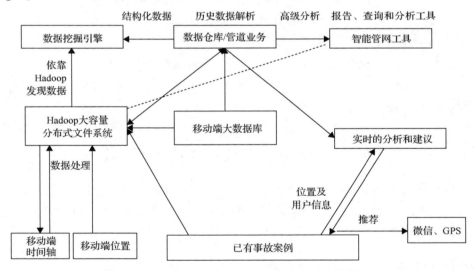

图 10-5　位置大数据 Hadoop 分布式存储硬件集成

3. 大数据的降维分析

　　对于位置大数据网络在空间尺度上的降维处理，其核心就是减少网络中的节点（即区域）或边（即区域间的关联），通过关键分量的分析获得全局特征，其主要方法包括依超介数的降维和依主分量的降维。而在时间尺度上的降维则主要指对时间的离散化，降低各时间段间的相似性。

按照时间降维处理（按照管道第三方破坏事件发生的时间段最大频率确定），时间段缩短为 20:00～22:00、12:00～14:00、2:00～4:00 三个时间段，为风险最大时标段。空间降维时，将位置数据以管线 30m 范围为活动范围，划定界限，分析移动端数据。

4. 局部位置数据的特征提取建模

针对位置大数据的混杂性，提取移动端用户的静态数据，以一定区域范围为观察对象，提取区域内与地图地貌相关的一些指标，包括路网特征和兴趣点变化率等静态特征信息；基于条带区域个体移动模式特征提取技术，通过单个特征概率提取，以及 2 人以上共同位置的特征概率提取，便能唯一确定有关人员第三方损伤或第三方施工用户的轨迹。

特征提取概率模型 $H(P)$ 为

$$H(P) = -\sum_{i,j}^{Q} \sum_{A} P_r(F_i \mid T = T_j) \log_2 P_r(F_i \mid T = T_j) \tag{10.7}$$

$$H(P) = H_i(P) \bigcap H_j(P) \tag{10.8}$$

式中，当 $i=1,2$ 时为 2 个人的特征概率；Q 取 3，对应时间段为 20:00～22:00、12:00～14:00、2:00～4:00；A 为 9.8km 的条状区域，管道左右 20m 范围内；$H_1(P)$ 为个体 1 的位置概率；$H_2(P)$ 为个体 2 的位置概率；$H(P)$ 为 2 人同一区域的位置概率交集度，一般大于 90% 具有预警特征。

本案例利用已有事故统计分析，得出第三方危害临界区域模型。事故统计发现：存在 2 人同步活动及以上的超过 2 次，每次静态时间为 0.5h 以上，出现在同一个区域内，发现 85% 的第三方事故均具有此特征。

5. 数据分析

移动端数据共测试采集 30 天，获得 253708 条位置数据，筛查了所有数据，按照 2 人以上（不限同一个人）、出现同一地点超过 2 次（含 2 次）以上、每次静态时间超过 0.5 h，进行数据统计分析，最终统计的数据量为 232 处，见表 10-1。

表 10-1　移动端位置大数据统计

时间	冲沟	田地	荒地	山丘	铁路	公路	工地	水利设施	河流	林地	统计
6:00~8:00	1	13	0	0	0	1	0	0	0	1	16
8:00~10:00	2	25	0	0	1	2	3	2	3	2	40
10:00~12:00	0	37	1	0	1	2	4	3	2	0	50
12:00~14:00	1	11	2	2	1	1	0	1	1	1	21
14:00~16:00	0	13	1	0	0	3	3	2	2	1	25
16:00~18:00	0	25	1	0	2	5	4	3	2	2	44
18:00~20:00	0	21	0	0	1	2	2	3	3	1	33
20:00~22:00	0	0	0	0	0	0	0	0	0	0	0
22:00~24:00	0	0	0	1	1	0	0	0	0	0	2
24:00~次日2:00	0	0	0	0	0	0	0	0	0	0	0
2:00~4:00	0	0	1	0	0	0	0	0	0	0	1
4:00~6:00	0	0	0	0	0	0	0	0	0	0	0
统计	4	145	6	3	7	16	16	14	13	8	232

从图 10-6 的统计分析来看，管道周边田地劳动人数最多，达到 145 人，经分析和验证，属于田地耕种管理的正常生产活动；冲沟数据为正在进行退耕还林栽种作业，验证为正常作业；但 2:00~4:00 的荒地数据显示出异常，经验证为管道附近违章开垦兴建为温室大棚，经确认未向管道保护部门报告。另外，夜间 22:00~24:00 在山丘 1 次属于非法取土，管道附近铁路处属于铁路夜间紧急情况巡检。

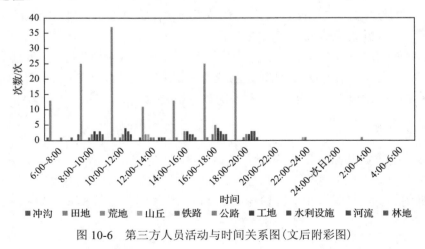

图 10-6　第三方人员活动与时间关系图（文后附彩图）

另外，12:00~14:00 属于午休时间，此时间段有 21 次作业，其中 11 处为田地劳动耕作，冲沟退耕还林作业 1 处，铁路、公路、水利设施、河流、林地总计 5 次均为正常作业，但管道周边山丘、荒地作业 4 次均为缺乏正常监护情况的施工。

经数据分析表明，管道山丘周边非法取土施工 1 起，管道荒地区域边缘兴建蔬菜大棚 1 处，其他情况核实后均属正常(河流边出现人次为野外钓鱼)。通过位置大数据分析，可及时掌握了解所有沿线交叉工程情况，并针对异常出现的情况，做到早发现、早处理。

10.4.2　结论

1) 技术对比分析

位置大数据预警技术与光纤振动预警、遥感识别、人工巡线预警等方式的对比如表 10-2 所示。

表 10-2　各种管道第三方防范方法比较

指标	光纤振动	遥感识别	人工巡线	位置大数据预警
监测距离	30km	范围较大	5km	省行政区域范围 100km
实时性	实时	非实时	间隔性	实时
误报率	高	中	无误报	低
精度范围	5m 内	0.61m	500m 内	50m 内
特点总结	振动信号复杂，误报率较高、投资成本大，第三方活动特征不明显	遥感图像识别的数据采集时间间隔长，分析难度大，对于第三方防范不适用	巡线具有间歇性，不能全时段防范	全时段监测，对沿线第三方施工作业、损伤、破坏等具有预测预警作用。缺点是需要大量数据，不断改进模型

通过比较发现，目前管道第三方防范的技术措施存在很多局限性，例如，光纤振动预警的监测范围较小，只有在 5m 内的非法挖掘活动才可能报警，没有预测的功能，预警只局限于挖掘行为发生后，此时事故往往已经发生。但位置大数据预警的原理不用，对于防范第三方施工损伤，对 50m 范围内的实时数据采集分析，具备一定的预测预警和防范功能，可用在损伤事故发生前，维护人员可提前到达现场监护。

2) 可解决的科学问题

本节以大数据分析为研究基础，解决了条状区域管道设施第三方破坏预警的问题，建立了位置大数据预警模型，准确定义了管道第三方损伤的特征表象。该技术也可扩展应用到铁路、公路、电力等条状区域的第三方防范。

参 考 文 献

[1] 董绍华. 管道完整性管理技术与实践. 北京: 中国石化出版社, 2015.

[2] The Pipeline and Hazardous Materials Safety Administration (PHMSA). Pipeline Incident 20 Year Trends. (2020-01-28) [2020-01-30]. http://www.phmsa.dot.gov/data-and-statistics/pipeline/pipeline-incident-20-year-trends.

[3] Daggitt M L, Noulas A, Shaw B, et al. Tracking urban activity growth globally with big location data. Royal Society Open Science, 2016, 3(4): 150688.

[4] Hashem I A T, Chang V, Anuar N B, et al. The role of big data in smart city. International Journal of Information Management, 2016, 36(5): 748-758.

[5] Doornik J A, Hendry D F, Cook S. Statistical model selection with "big data". Cogent Economics & Finance, 2015, 3(1): 1045216.

[6] Tsou M H. Research challenges and opportunities in mapping social media and big data. Cartography and Geographic Information Science, 2015, 42(sup1): 70-74.

[7] Duan R, Hong O, Ma G Q. Semi-supervised learning in inferring mobile device locations. Quality and Reliability Engineering International, 2014, 30(6): 857-866.

[8] Ettinger-Dietzel S A, Dodd H R, Westhoff J T, et al. Movement and habitat selection patterns of smallmouth bass Micropterus dolomieu in an Ozark river. Journal of Freshwater Ecology, 2016, 31(1): 61-75.

[9] Teli P, Thomas M V, Chandrasekaran K. Big data migration between data centers in online cloud environment. Procedia Technology, 2016, 24: 1558-1565.

[10] Narayanan M, Cherukuri A K. A study and analysis of recommendation systems for location-based social network (LBSN) with big data. IIMB Management Review, 2016, 28(1): 25-30.

[11] 刘经南, 方媛, 郭迟, 等. 位置大数据的分析处理研究进展. 武汉大学学报(信息科学版), 2014, 39(4): 379-385.

[12] Guo C, Fang Y, Liu J N, et al. Suudy on social awareness computation methods for location-based service. Journal of Computer Research and Development, 2013, 50(12): 2531-2542.

[13] De Montjoye Y A, Hidalgo C A, Verleysen M, et al. Unique in the CROWD: The privacy bounds of human mobility. Scientific Reports, 2013, 3: 1376.

[14] Liu S Y, Liu Y H, Ni L M, et al. Towards mobility-based clustering. Proceedings of the 16th ACM SIGKDD International Conference on Knowledge Discovery and Data Mining, Washington, DC, 2010.

[15] 王晓艳. 位置服务大数据的分析处理方法与隐私保护. 鸡西大学学报, 2015, 15(7): 51-53.

[16] Zheng Y, Liu F R, Hsieh H P. U-Air: When urban air quality inference meets big data. Proceedings of the 19th ACM SIGKDD International Conference on Knowledge Discovery and Data Mining, Chicago, 2013.

[17] Yuan J, Zheng Y, Xie X. Discovering regions of different functions in a city using human mobility and POIs. Proceedings of the 18th ACM SIGKDD International Conference on Knowledge Discovery and Data Mining, Beijing, 2012.

[18] Zhu B, Huang Q, Guibas L, et al. Urban population migration pattern mining based on taxi trajectories. The 3rd International Workshop on Mobile Sensing: The Future, Brought to You by Big Sensor Data, Philadelphia, 2013.

[19] Li Z H, Ding B L, Han J W, et al. Mining periodic behaviors for moving objects. Proceedings of the 16th ACM SIGKDD International Conference on Knowledge Discovery and Data Mining, Washington, DC, 2010.

[20] Lou Y, Zhang C Y, Zheng Y, et al. Map-Matching for low-sampling-rate GPS trajectories. Proceedings of the 17th ACM SIGSPATIAL International Conference on Advances in Geographic Information Systems, Seattle, 2009.

[21] Yuan J, Zheng Y, Zhang C Y, et al. An interactive-voting based map matching algorithm. Proceedings of the 2010 Eleventh International Conference on Mobile Data Management, Kansas City, 2010.

[22] Liu K E, Li Y G, He F C, et al. Effective map-matching on the most simplified road network. Proceedings of the 20th International Conference on Advances in Geographic Information Systems, Redondo Beach, 2012.

[23] Tang Y Z, Zhu A D, Xiao X K. An efficient algorithm for mapping vehicle trajectories onto road networks. Proceedings of the 20th International Conference on Advances in Geographic Information Systems, Redondo Beach, 2012.

附录　数据采集表

表　数据采集表

桩号	时刻	宽度/mm	深度/%（壁厚）	长度/mm	埋深/m	钢管类型	管径/mm	壁厚/mm	焊缝类型	土壤类型	钢材类型	RF等级	失效压力/MPa	ASME B31G等级
S1a-1334	6:00	24	11.3	67	1.4	直管	660	7.14	螺旋焊缝	黄土	L415(X60)	2	9.68	2
S1a-1335	11:50	81	5.48	67	1.4	直管	660	7.14	螺旋焊缝	黄土	L415(X60)	4	9.78	2
S1a-1336	5:20	68	6.01	48	1.2	直管	660	7.14	螺旋焊缝	黄土	L415(X60)	4	9.81	3
S1a-1337	9:30	18	19.16	38	0.7	直管	660	7.14	螺旋焊缝	黄土	L415(X60)	1	9.73	2
S1a-1338	8:20	57	4.69	24	0.9	直管	660	7.14	螺旋焊缝	黄土	L415(X60)	4	9.86	3
S1a-1339	1:30	45	8.95	67	0.9	直管	660	7.14	螺旋焊缝	黄土	L415(X60)	3	9.72	2
S1a-1340	2:00	55	8.48	86	1	直管	660	8.74	螺旋焊缝	黄土	L415(X60)	3	9.64	2
S1a-1346	7:00	57	12.32	38	1.6	直管	660	10.3	螺旋焊缝	黄土	L415(X60)	3	9.74	2
S1a-1347	6:50	15	21.34	34	1.7	直管	660	10.3	螺旋焊缝	黄土	L415(X60)	1	9.66	2
S1a-1348	5:30	54	10.77	67	1.3	直管	660	10.3	螺旋焊缝	黄土	L415(X60)	3	9.61	2
S1a-1353	8:10	78	7.21	96	2.5	直管	660	7.14	螺旋焊缝	黄土	L415(X60)	3	9.7	2
S1a-1354	1:40	58	6.91	48	1.3	直管	660	7.14	螺旋焊缝	黄土	L415(X60)	3	9.8	2
S1a-1355	3:50	54	4.55	24	0.6	直管	660	7.14	螺旋焊缝	黄土	L415(X60)	4	9.86	3
S1a-1358	12:50	99	5.79	58	1.4	直管	660	7.14	螺旋焊缝	黄土	L415(X60)	3	9.8	2
S1a-1359	2:20	83	5.77	62	0.8	直管	660	10.3	螺旋焊缝	黄土	L415(X60)	4	9.75	2
S1a-1360	9:20	82	5.74	38	3.6	直管	660	10.3	螺旋焊缝	黄土	L415(X60)	4	9.82	3

续表

桩号	时刻	宽度/mm	深度/%（壁厚）	长度/mm	埋深/m	钢管类型	管径/mm	壁厚/mm	焊缝类型	土壤类型	钢材类型	RF等级	失效压力/MPa	ASME B31G等级
S1a-1361	1:20	71	7.45	77	2.2	直管	660	10.3	螺旋焊缝	黄土	L415（X60）	3	9.66	2
S1a-1362	7:10	60	9	34	1.8	直管	660	10.3	螺旋焊缝	黄土	L415（X60）	3	9.8	2
S1a-1363	11:30	55	11.6	53	2.4	弯管	660	10.3	螺旋焊缝	黄土	L415（X60）	2	9.66	2
S1a-1364	3:30	83	6.18	48	1.4	直管	660	10.3	螺旋焊缝	黄土	L415（X60）	3	9.78	2
S1a-1365	9:00	74	9.54	48	0.9	直管	660	10.3	螺旋焊缝	黄土	L415（X60）	3	9.73	2
S1a-1369	6:40	38	9.15	67	1.7	直管	660	7.14	螺旋焊缝	砂石土	L415（X60）	2	9.72	2
S1a-1370	6:10	68	6.02	86	1.18	直管	660	7.14	螺旋焊缝	砂石土	L415（X60）	3	9.74	2
S1a-1371	11:00	76	6.72	106	0.8	直管	660	7.14	螺旋焊缝	砂石土	L415（X60）	3	9.69	2
S1aP-1333	11:50~3:20		9.5	154	1.4	直管	660	7.14	螺旋焊缝	黄土	L415（X60）	3	9.51	1
S1aP-1352	11:40	19	18.39	58	1.64	直管	660	7.14	螺旋焊缝	黄土	L415（X60）	1	9.61	2
S1b-0000	9:10	42	12.03	38	6.5	直管	660	12.7	螺旋焊缝	砂石土	L415（X60）	2	9.71	2
S1b-0010	7:10	56	5.35	43	1.21	直管	660	7.14	螺旋焊缝	黄土	L415（X60）	4	9.83	3
S1b-0013	2:20	20	26.68	53	1.41	直管	660	7.14	螺旋焊缝	黄土	L415（X60）	1	9.51	1
S1b-0014	4:10	54	5.14	34	1.08	直管	660	7.14	螺旋焊缝	黄土	L415（X60）	4	9.85	3
S1b-0016	12:10	68	6.96	86	1.12	直管	660	7.14	螺旋焊缝	黄土	L415（X60）	3	9.72	2
S1b-0017	10:50	65	4.33	34	1.1	直管	660	7.14	螺旋焊缝		L415（X60）	4	9.85	3
S1b-0018	9:00	17	15.59	29	1.17	直管	660	7.14	螺旋焊缝	黄土	L415（X60）	2	9.8	2
S1b-0019	12:10	15	12.97	29	1.33	直管	660	7.14	螺旋焊缝	黄土	L415（X60）	2	9.82	3
S1b-0025	2:00	21	17.67	34	1.3	直管	660	10.3	直焊缝	黄土	L415（X60）	1	9.71	2
S1b-0027	11:10	82	5.56	58	1.54	直管	660	10.3	直焊缝	黄土	L415（X60）	4	9.77	2

续表

桩号	时刻	宽度/mm	深度/%（壁厚）	长度/mm	埋深/m	钢管类型	管径/mm	壁厚/mm	焊缝类型	土壤类型	钢材类型	RF等级	失效压力/MPa	ASME B31G等级
S1b-0028	3:20	47	8.69	38	2.56	直管	660	10.3	直焊缝	黄土	L415（X60）	3	9.78	2
S1b-0029	3:40	45	9.03	86	1.51	直管	660	7.14	螺旋焊缝	黄土	L415（X60）	3	9.67	2
S1b-0030	11:30	38	7.94	38	1.99	直管	660	7.14	螺旋焊缝	黄土	L415（X60）	4	9.82	3
S1b-0033	1:40	66	5.62	67	1.16	直管	660	7.14	螺旋焊缝	黄土	L415（X60）	4	9.78	2
S1b-0034	2:50~4:50	141	4	62	1.65	直管	660	7.14	螺旋焊缝	黄土	L415（X60）	3	9.82	3
S1b-0036	2:30	48	6.03	38	1.57	直管	660	7.14	螺旋焊缝	黄土	L415（X60）	4	9.83	3
S1b-0044	4:20	69	7.37	96	0.93	直管	660	7.14	螺旋焊缝	黄土	L415（X60）	4	9.69	2
S1b-0045	8:00	81	6.14	106	1	直管	660	7.14	螺旋焊缝	黄土	L415（X60）	3	9.71	2
S1b-0046	4:40	76	3.78	24	1.3	弯管	660	7.14	螺旋焊缝	黄土	L415（X60）	4	9.87	3
S1b-0050	2:40	58	8.87	38	0.8	直管	660	7.14	螺旋焊缝	黄土	L415（X60）	3	9.81	3
S1b-0052	3:30	15	18.1	43	1.68	直管	660	7.14	螺旋焊缝	黄土	L415（X60）	1	9.71	2
S1b-0054	12:50	19	13.86	34	1.29	直管	660	7.14	螺旋焊缝	黄土	L415（X60）	2	9.79	2
S1b-0058	13:00	24	11	48	1.54	直管	660	7.14	螺旋焊缝	黄土	L415（X60）	3	9.76	2
S1b-0059	1:30	62	8.19	38	2.73	直管	660	7.14	螺旋焊缝	黄土	L415（X60）	3	9.82	3
S1b-0062	9:00	76	6.1	72	1.47	直管	660	7.14	螺旋焊缝	黄土	L415（X60）	4	9.76	2
S1b-0064	12:30	48	9.39	125	1.61	直管	660	7.14	螺旋焊缝	黄土	L415（X60）	3	9.57	1
S1b-0065	3:40	42	7.4	38	1	弯管	660	7.14	螺旋焊缝	黄土	L415（X60）	3	9.82	3
S1b-0066	3:40	65	4.45	38	1.99	直管	660	7.14	螺旋焊缝	黄土	L415（X60）	4	9.85	3
S1b-0069	3:50	23	10.83	34	1.8	弯管	660	7.14	螺旋焊缝	黄土	L415（X60）	3	9.81	3
S1b-0071	4:00	76	4.44	29	0.88	直管	660	7.14	螺旋焊缝	黄土	L415（X60）	4	9.86	3

续表

桩号	时刻	宽度/mm	深度/%(壁厚)	长度/mm	埋深/m	钢管类型	管径/mm	壁厚/mm	焊缝类型	土壤类型	钢材类型	RF等级	失效压力/MPa	ASME B31G等级
S1b-0074	5:30	20	12.32	24	2	直管	660	7.14	螺旋焊缝	黄土	L415(X60)	2	9.84	3
S1b-0077	7:10	47	6.64	34	1.23	直管	660	8.74	螺旋焊缝	黄土	L415(X60)	4	9.83	3
S1b-0078	1:40	19	13.4	34	0.85	直管	660	8.74	螺旋焊缝	黄土	L415(X60)	2	9.77	2
S1b-0079	10:00	74	5.51	43	2.32	直管	660	8.74	螺旋焊缝	黄土	L415(X60)	3	9.82	3
S1b-0080	4:20	67	22	101	1.93	直管	660	8.74	螺旋焊缝	黄土	L415(X60)	1	9.09	1
S1b-0081	9:00	64	6.77	43	2.09	直管	660	8.74	螺旋焊缝	黄土	L415(X60)	3	9.8	2
S1b-0082	7:00	49	11.54	38	1.8	直管	660	8.74	螺旋焊缝	黄土	L415(X60)	2	9.77	2
S1b-0087	2:30	68	6	58	1.59	直管	660	8.74	螺旋焊缝	黄土	L415(X60)	4	9.78	2
S1b-0088	5:50	53	7.48	38	0.86	直管	660	8.74	螺旋焊缝	黄土	L415(X60)	3	9.81	3
S1b-0090	1:00	47	6.64	34	1.16	直管	660	8.74	螺旋焊缝	黄土	L415(X60)	4	9.83	3
S1b-0097	9:20	42	9.19	115	1.36	直管	660	7.14	螺旋焊缝	黄土	L415(X60)	3	9.6	1
S1b-0100	1:10	100	6.16	43	1.7	直管	660	7.14	螺旋焊缝	黄土	L415(X60)	4	9.82	3
S1b-0101	3:00	42	7.19	43	1.54	直管	660	7.14	螺旋焊缝	黄土	L415(X60)	3	9.81	3
S1b-0102	2:50	87	4	58	1.21	直管	660	7.14	螺旋焊缝	黄土	L415(X60)	4	9.82	3
S1b-0103	8:50	15	13.55	24	1.27	直管	660	7.14	螺旋焊缝	黄土	L415(X60)	2	9.83	3
S1b-0104	1:10~1:50		8.5	154	1.14	直管	660	7.14	螺旋焊缝	黄土	L415(X60)	3	9.56	1
S1b-0106	7:20	22	16.33	29	1.05	直管	660	7.14	螺旋焊缝	黄土	L415(X60)	1	9.8	2
S1b-0107	8:40~9:20		11	773	1.8	直管	660	7.14	螺旋焊缝	黄土	L415(X60)	2	9.66	2
S1b-0108	12:50	54	8.6	34	1.46	直管	660	7.14	螺旋焊缝	黄土	L415(X60)	3	9.83	3
S1b-0118	8:30	18	17.01	38	1.38	直管	660	7.14	螺旋焊缝	黄土	L415(X60)	1	9.75	2

桩号	时刻	宽度/mm	深度/%（壁厚）	长度/mm	埋深/m	钢管类型	管径/mm	壁厚/mm	焊缝类型	土壤类型	钢材类型	RF等级	失效压力/MPa	ASME B31G等级
S1b-0130	12:20	24	11.86	53	1.32	直管	660	7.14	螺旋焊缝	黄土	L415（X60）	2	9.73	2
S1b-0131	9:00	83	5.5	53	1.05	直管	660	7.14	螺旋焊缝	黄土	L415（X60）	4	9.81	3
S1b-0142	12:50	18	17.46	24	1.76	直管	660	7.14	螺旋焊缝	黄土	L415（X60）	1	9.82	3
S1b-0147	3:40	38	7.53	48	1.31	直管	660	7.14	螺旋焊缝	黄土	L415（X60）	3	9.8	2
S1b-0151	6:30	19	11.7	24	1.26	直管	660	7.14	螺旋焊缝	黄土	L415（X60）	3	9.84	3
S1b-0152	2:40	15	13.81	29	1.24	直管	660	7.14	螺旋焊缝	黄土	L415（X60）	2	9.81	3
S1b-0156	3:30	40	7.69	24	1.59	直管	660	7.14	螺旋焊缝	黄土	L415（X60）	3	9.85	3
S1b-0161	6:00	90	3.97	38	4.25	直管	660	7.14	螺旋焊缝	黄土	L415（X60）	4	9.85	3
S1b-0170	8:00~9:00		9	365	1.1	直管	660	7.14	螺旋焊缝	黄土	L415（X60）	3	9.7	2
S1b-0180	4:30	51	6.29	43	1.42	直管	660	7.14	螺旋焊缝	黄土	L415（X60）	3	9.82	3
S1b-0185	5:20~6:30		11	48	1.56	直管	660	7.14	螺旋焊缝	黄土	L415（X60）	2	9.76	2
S1b-0189	10:50	25	12.86	38	0.93	直管	660	7.14	螺旋焊缝	黄土	L415（X60）	2	9.78	2
S1b-0194	8:20	22	13.49	34	1.43	直管	660	7.14	螺旋焊缝	黄土	L415（X60）	2	9.79	2
S1b-0200	11:00	47	6.5	38	1.19	直管	660	7.14	螺旋焊缝	黄土	L415（X60）	4	9.83	3
S1b-0204	7:40	51	7.37	67	1.22	直管	660	7.14	螺旋焊缝	黄土	L415（X60）	3	9.75	2
S1b-0210	6:00~7:00		10	62	1.47	直管	660	7.14	螺旋焊缝	黄土	L415（X60）	3	9.72	2
S1b-0220	6:50	43	8.17	38	1.43	直管	660	7.14	螺旋焊缝	黄土	L415（X60）	3	9.82	3
S1b-0221	5:00	38	7.69	34	1.03	直管	660	7.14	螺旋焊缝	黄土	L415（X60）	3	9.83	3
S1b-0230	5:50	40	11	120	1.25	直管	660	7.14	螺旋焊缝	黄土	L415（X60）	3	9.53	1
S1b-0231	6:20	44	6.81	62	1.18	直管	660	7.14	螺旋焊缝	黄土	L415（X60）	2	9.78	2

续表

桩号	时刻	宽度/mm	深度/%(壁厚)	长度/mm	埋深/m	钢管类型	管径/mm	壁厚/mm	焊缝类型	土壤类型	钢材类型	RF等级	失效压力/MPa	ASME B31G等级
S1b-0249	10:50	52	5.46	34	0.93	直管	660	7.14	螺旋焊缝	黄土	L415(X60)	3	9.85	3
S1b-0252	7:30	40	8.25	38	1.48	直管	660	7.14	螺旋焊缝	黄土	L415(X60)	4	9.82	3
S1b-0262	5:50	57	5.25	38	1.11	直管	660	7.14	螺旋焊缝	黄土	L415(X60)	3	9.84	3
S1b-0263	4:50	15	20.24	43	1.01	直管	660	7.14	螺旋焊缝	黄土	L415(X60)	4	9.68	2
S1b-0265	6:40	72	4.83	72	0.97	直管	660	7.14	螺旋焊缝	黄土	L415(X60)	1	9.79	2
S1b-0270	8:20	19	20.54	48	1.7	直管	660	7.14	螺旋焊缝	黄土	L415(X60)	1	9.64	2
S1b-0274	6:00	40	7.25	34	0.88	直管	660	7.14	螺旋焊缝	黄土	L415(X60)	1	9.83	3
S1b-0278	3:30	76	5.65	53	1.38	弯管	660	7.14	螺旋焊缝	黄土	L415(X60)	3	9.81	3
S1b-0284	8:10	120	4.24	43	1.35	直管	660	10.3	直焊缝	黄土	L415(X60)	4	9.82	3
S1b-0285	6:50	59	9.01	67	1.01	直管	660	10.3	直焊缝	黄土	L415(X60)	3	9.65	2
S1b-0286	3:30	64	7.43	38	1.33	直管	660	10.3	直焊缝	黄土	L415(X60)	3	9.8	2
S1b-0287	1:20	47	8.66	24	1.15	直管	660	10.3	直焊缝	黄土	L415(X60)	3	9.84	3
S1b-0298	6:40	90	3.86	34	1.15	直管	660	7.14	螺旋焊缝	黄土	L415(X60)	4	9.85	3
S1b-0300	9:20	18	22.41	34	0.97	直管	660	7.14	螺旋焊缝	黄土	L415(X60)	1	9.73	2
S1b-0305	4:00	59	8.7	58	1.12	直管	660	10.3	直焊缝	黄土	L415(X60)	3	9.7	2
S1b-0306	3:10	63	9.18	43	2.5	直管	660	12.7	螺旋焊缝	黄土	L415(X60)	3	9.65	2
S1b-0318	9:30	66	9.39	62	1.6	直管	660	10.3	直焊缝	黄土	L415(X60)	3	9.66	2
S1b-0321	7:40	74	8.02	96	1.6	直管	660	10.3	直焊缝	黏土	L415(X60)	3	9.58	1
S1b-0324	9:20	95	7.05	58	1.3	直管	660	8.74	螺旋焊缝	黏土	L415(X60)	3	9.76	2
S1b-0325	11:30	16	16.94	34	0.9	直管	660	10.3	直焊缝	黏土	L415(X60)	2	9.72	2

桩号	时刻	宽度/mm	深度/%(壁厚)	长度/mm	埋深/m	钢管类型	管径/mm	壁厚/mm	焊缝类型	土壤类型	钢材类型	RF等级	失效压力/MPa	ASME B31G等级
S1b-0326	11:40	63	8.47	43	2.5	直管	660	8.74	螺旋焊缝	黏土	L415(X60)	3	9.78	2
S1b-0327	3:40	118	6.59	96	1	直管	660	10.3	直焊缝	黏土	L415(X60)	3	9.63	2
S1b-0330	8:10~6:40		13.13	240	2.6	直管	660	10.3	直焊缝	湖泊、河流、沟、排水沟、池塘	L415(X60)	2	8.97	1
S1b-0331	6:00	53	10.24	29	1.7	直管	660	10.3	直焊缝	黏土	L415(X60)	3	9.81	3
S1b-0332	2:30	93	6.79	53	0.9	直管	660	10.3	直焊缝	黏土	L415(X60)	4	9.76	2
S1b-0333	2:20~3:20		13.75	126	1.6	直管	660	10.3	直焊缝	湖泊、河流、沟、排水沟、池塘	L415(X60)	1	9.21	1
S1b-0338	2:30~4:10	105	8.96	62	6	直管	660	10.3	直焊缝	湖泊、河流、沟、排水沟、池塘	L415(X60)	3	9.68	2
S1b-0342	4:10	86	7.65	38	1.4	直管	660	10.3	直焊缝	黏土	L415(X60)	4	9.8	2
S1b-0345	8:20	92	7.75	72	1.4	直管	660	10.3	直焊缝	黏土	L415(X60)	4	9.67	2
S1b-0361	10:40	49	9.32	38	1.1	直管	660	12.7	螺旋焊缝	湖泊、河流、沟、排水沟、池塘	L415(X60)	2	9.75	2
S1b-0362	11:00	51	8.77	29	1	直管	660	12.7	螺旋焊缝	湖泊、河流、沟、排水沟、池塘	L415(X60)	2	9.8	2
S1b-0365	9:00~10:10		18.48	53	4.1	直管	660	12.7	螺旋焊缝	湖泊、河流、沟、排水沟、池塘	L415(X60)	1	9.41	1
S1b-0374	8:10	18	21.33	48	2.9	直管	660	8.74	螺旋焊缝	湖泊、河流、沟、排水沟、池塘	L415(X60)	1	9.57	1
S1b-0380	6:00~7:50	133	4.4	48	2.9	直管	660	8.74	螺旋焊缝	湖泊、河流、沟、排水沟、池塘	L415(X60)	3	9.82	3
S1b-0383	8:10	57	8.69	58	3	直管	660	8.74	螺旋焊缝	湖泊、河流、沟、排水沟、池塘	L415(X60)	3	9.73	2
S1b-0385	4:30	81	6.51	66	2.6	直管	660	8.74	螺旋焊缝	湖泊、河流、沟、排水沟、池塘	L415(X60)	4	9.74	2

桩号	时刻	宽度/mm	深度/%(壁厚)	长度/mm	埋深/m	钢管类型	管径/mm	壁厚/mm	焊缝类型	土壤类型	钢材类型	RF等级	失效压力/MPa	ASME B31G等级
S1b-0387	2:10	54	7.29	43	2.5	直管	660	8.74	螺旋焊缝	湖泊、河流、沟、排水沟、池塘	L415(X60)	3	9.8	2
S1b-0393	2:50	69	6.35	48	1.7	直管	660	10.3	直焊缝	湖泊、河流、沟、排水沟、池塘	L415(X60)	4	9.78	2
S1b-0394	5:10	69	6.9	67	1	直管	660	8.74	螺旋焊缝	湖泊、河流、沟、排水沟、池塘	L415(X60)	4	9.73	2
S1b-0397	1:30~3:30	142	7.05	173	2.1	直管	660	8.74	螺旋焊缝	湖泊、河流、沟、排水沟、池塘	L415(X60)	4	9.53	1
S1b-0398	1:40~4:10		14.7	4.3	2.4	直管	660	8.74	螺旋焊缝	湖泊、河流、沟、排水沟、池塘	L415(X60)	2	9.71	2
S1b-0399	4:50	43	9.32	53	1	直管	660	8.74	螺旋焊缝	湖泊、河流、沟、排水沟、池塘	L415(X60)	3	9.74	2
S1b-0400	3:50	54	7.71	72	1.4	直管	660	8.74	螺旋焊缝	湖泊、河流、沟、排水沟、池塘	L415(X60)	3	9.7	2
S1b-0406	1:30	16	13.2	34	1	直管	660	7.14	螺旋焊缝	湖泊、河流、沟、排水沟、池塘	L415(X60)	2	9.8	2
S1b-0413	4:20	41	6.38	34	1	直管	660	7.14	螺旋焊缝	黏土	L415(X60)	4	9.84	3
S1b-0415	7:20	90	4.21	48	1.3	直管	660	7.14	螺旋焊缝	黏土	L415(X60)	4	9.83	3
S1b-0420	4:30	134	5.76	67	1.8	直管	660	7.14	螺旋焊缝	黏土	L415(X60)	3	9.78	2
S1b-0421	10:20	23	12.11	38	1.6	直管	660	7.14	螺旋焊缝	黏土	L415(X60)	2	9.79	2
S1b-0423	6:00	42	11.1	48	3.1	直管	660	7.14	螺旋焊缝	黏土	L415(X60)	2	9.76	2
S1b-0424	10:00	50	9.26	38	3.8	直管	660	7.14	螺旋焊缝	黏土	L415(X60)	3	9.81	3
S1b-0433	4:00~4:50		12	566	1.7	直管	660	7.14	螺旋焊缝	黏土	L415(X60)	1	9.2	1
S1b-0438	1:30	22	11.5	43	2.3	直管	660	8.43	螺旋焊缝	黏土	L415(X60)	2	9.75	2

桩号	时刻	宽度/mm	深度/%(壁厚)	长度/mm	埋深/m	钢管类型	管径/mm	壁厚/mm	焊缝类型	土壤类型	钢材类型	RF等级	失效压力/MPa	ASME B31G等级
S1b-0456	3:00	15	15.15	62	1.7	直管	660	7.14	螺旋焊缝	黏土	L415(X60)	2	9.64	2
S1b-0458	9:10	42	15.02	91	1.7	直管	660	7.14	螺旋焊缝	黏土	L415(X60)	2	9.5	1
S1b-0460	6:20	25	19.1	38	1.2	直管	660	10.3	直焊缝	黏土	L415(X60)	1	9.65	2
S1b-0467	3:40	59	8.19	43	1.7	直管	660	8.74	螺旋焊缝	黏土	L415(X60)	3	9.79	2
S1b-0468	8:00	50	8.48	53	2	直管	660	8.74	螺旋焊缝	黏土	L415(X60)	3	9.75	2
S1b-0472	3:00	47	8.87	53	1.4	直管	660	8.74	螺旋焊缝	湖泊、河流、沟、排水沟、池塘	L415(X60)	2	9.74	2
S1b-0473	6:10	68	4.82	29	1.5	直管	660	8.74	螺旋焊缝	湖泊、河流、沟、排水沟、池塘	L415(X60)	3	9.85	3
S1b-0478	7:40	61	6.57	38	3	直管	660	7.14	螺旋焊缝	湖泊、河流、沟、排水沟、池塘	L415(X60)	3	9.83	3
S1b-0480	6:10	121	5.74	62	1.6	直管	660	7.14	螺旋焊缝	湖泊、河流、沟、排水沟、池塘	L415(X60)	4	9.79	2
S1b-0484	4:30	65	7.11	62	1.6	直管	660	7.14	螺旋焊缝	湖泊、河流、沟、排水沟、池塘	L415(X60)	3	9.77	2
S1b-0486	11:00	62	5.26	48	1.3	直管	660	7.14	螺旋焊缝	湖泊、河流、沟、排水沟、池塘	L415(X60)	3	9.82	3
S1b-0497	5:10	38	11.02	29	1.5	直管	660	8.74	螺旋焊缝	黏土	L415(X60)	3	9.81	3
S1b-0508	8:30	24	13.67	38	1.6	直管	660	8.74	螺旋焊缝	黏土	L415(X60)	2	9.75	2
S1b-0509	9:30	40	8.43	34	2.4	直管	660	8.74	螺旋焊缝	黏土	L415(X60)	3	9.81	3
S1b-0524	8:00	23	11.63	38	1.4	直管	660	7.14	螺旋焊缝	黏土	L415(X60)	2	9.79	2
S1b-0532	10:10	15	15.35	29	1.5	直管	660	7.14	螺旋焊缝	黏土	L415(X60)	2	9.8	2
S1b-0534	8:00	251	15.41	58	1.7	直管	660	7.14	螺旋焊缝	黏土	L415(X60)	2	9.65	2

续表

桩号	时刻	宽度/mm	深度/%（壁厚）	长度/mm	埋深/m	钢管类型	管径/mm	壁厚/mm	焊缝类型	土壤类型	钢材类型	RF等级	失效压力/MPa	ASME B31G 等级
S1b-0537	7:30	45	6.89	48	1.5	直管	660	7.14	螺旋焊缝	黏土	L415(X60)	4	9.81	3
S1b-0539	6:30	60	4.63	34	1.9	直管	660	7.14	螺旋焊缝	黏土	L415(X60)	4	9.85	3
S1b-0541	9:20	40	7.25	34	1.4	直管	660	7.14	螺旋焊缝	黏土	L415(X60)	3	9.83	3
S1b-0546	2:40	21	15.1	34	1.7	直管	660	7.14	螺旋焊缝	黏土	L415(X60)	2	9.78	2
S1b-0550	2:30~5:00		19.25	115	1.3	直管	660	12.7	螺旋焊缝	黏土	L415(X60)	1	8.75	1
S1b-0555	5:50~6:30		11	67	1.54	直管	660	7.14	螺旋焊缝	黏土	L415(X60)	1	9.69	2
S1b-0556	8:40	25	13.48	53	1.56	直管	660	7.14	螺旋焊缝	黏土	L415(X60)	2	9.71	2
S1b-0558	3:50	86	5.38	91	1.42	直管	660	7.14	螺旋焊缝	黏土	L415(X60)	4	9.75	2
S1b-0559	3:40	95	4.4	38	1.13	直管	660	7.14	螺旋焊缝	黏土	L415(X60)	4	9.85	3
S1b-0560	3:30	68	6.41	62	1.83	直管	660	7.14	螺旋焊缝	黏土	L415(X60)	3	9.78	2
S1b-0561	9:30	104	3.75	53	1.92	直管	660	7.14	螺旋焊缝	黏土	L415(X60)	4	9.83	3
S1b-0562	5:40	41	9.27	38	2.17	直管	660	7.14	螺旋焊缝	黏土	L415(X60)	3	9.81	3
S1b-0574	3:20	81	5.67	77	1.94	直管	660	7.14	螺旋焊缝	黏土	L415(X60)	4	9.77	2
S1b-0581	9:30	40	7.24	43	2.04	直管	660	7.14	螺旋焊缝	黏土	L415(X60)	3	9.81	3
S1b-0582	8:50	42	12.56	58	1.42	直管	660	7.14	螺旋焊缝	黏土	L415(X60)	2	9.7	2
S1b-0584	8:50	43	8.66	48	1.5	直管	660	7.14	螺旋焊缝	黏土	L415(X60)	3	9.79	2
S1b-0587	12:00~9:00		10.5	66	1.56	直管	660	7.14	螺旋焊缝	黏土	L415(X60)	2	9.7	2
S1b-0590	6:00	95	4	58	1.69	直管	660	7.14	螺旋焊缝	黏土	L415(X60)	3	9.82	3
S1b-0599	8:40	24	13.02	38	1.55	直管	660	7.14	螺旋焊缝	黏土	L415(X60)	2	9.78	2
S1bG-0597	5:50~6:10		14	2822	1.99	直管	660	7.14	螺旋焊缝	黏土	L415(X60)	2		3

桩号	时刻	宽度/mm	深度/%（壁厚）	长度/mm	埋深/m	钢管类型	管径/mm	壁厚/mm	焊缝类型	土壤类型	钢材类型	RF等级	失效压力/MPa	ASME B31G等级
S1bG-0598	3:20	45	11.56	58	1.62	直管	660	7.14	螺旋焊缝	黏土	L415(X60)	2	9.71	2
S1bH-0489	10:20	71	6.78	96	2.9	直管	660	7.14	螺旋焊缝	黏土	L415(X60)	4	9.71	2
S1bH-0493	9:50	47	13.38	58	2.8	直管	660	7.14	螺旋焊缝	黏土	L415(X60)	2	9.68	2
S1bL-0047	11:40	19	13.86	34	1.3	直管	660	7.14	螺旋焊缝	黄土	L415(X60)	2	9.79	2
S1bL-0266	8:50	17	18.61	72	0.99	直管	660	7.14	螺旋焊缝	黄土	L415(X60)	4	9.51	1
S1bL-0322	12:40	47	12.35	82	2.2	直管	660	10.3	直焊缝	黏土	L415(X60)	2	9.47	1
S1bL-0512	7:40~8:10		10.5	4214	1.5	直管	660	8.74	螺旋焊缝	黏土	L415(X60)	2		3
S1bL-0577	8:50	51	6.98	48	1.73	直管	660	7.14	螺旋焊缝	黏土	L415(X60)	3	9.8	2
S1bP-0023	2:00	48	10.77	29	1.43	直管	660	10.3	直焊缝	黄土	L415(X60)	2	9.8	2
S1bP-0098	3:20	59	6.91	62	1.61	直管	660	7.14	螺旋焊缝	黄土	L415(X60)	4	9.77	2
S1bP-0340	7:20	77	9.65	77	0.8	直管	660	12.7	螺旋焊缝	湖泊、河流、沟、排水沟、池塘	L415(X60)	3	9.51	1
S1bP-0358	4:50	63	8.49	82	2	直管	660	10.3	直焊缝	湖泊、河流、沟、排水沟、池塘	L415(X60)	3	9.61	2
S1bP-0414	3:20	19	12.76	34	0.9	直管	660	7.14	螺旋焊缝	黏土	L415(X60)	2	9.8	2
S1bP-0418	8:30	21	16.46	48	1.4	直管	660	7.14	螺旋焊缝	黏土	L415(X60)	1	9.69	2
S1bP-0426	2:00	40	9.33	38	1.3	直管	660	7.14	螺旋焊缝	黏土	L415(X60)	3	9.81	3
S1bP-0434	1:30	42	8.83	62	1.4	直管	660	7.14	螺旋焊缝	黏土	L415(X60)	3	9.74	3
S1bP-0444	12:30	68	5.07	43	3.9	直管	660	7.14	螺旋焊缝	黏土	L415(X60)	4	9.83	3
S1bP-0457	10:50	57	6.18	72	1.5	直管	660	7.14	螺旋焊缝	黏土	L415(X60)	4	9.76	2
S1bP-0459	9:50	24	15.77	82	1.5	直管	660	7.14	螺旋焊缝	黏土	L415(X60)	2	9.53	1

续表

桩号	时刻	宽度/mm	深度/%(壁厚)	长度/mm	埋深/m	钢管类型	管径/mm	壁厚/mm	焊缝类型	土壤类型	钢材类型	RF等级	失效压力/MPa	ASME B31G等级
S1bP-0487	8:00	40	7.44	48	1.5	直管	660	7.14	螺旋焊缝	湖泊、河流、沟、排水沟、池塘	L415(X60)	2	9.8	2
S1bP-0492	10:50	19	21.65	38	1.3	直管	660	7.14	螺旋焊缝	黏土	L415(X60)	1	9.71	2
S1bP-0507	6:00	46	7.73	48	1.7	直管	660	8.74	螺旋焊缝	黏土	L415(X60)	3	9.78	2
S1bP-0510	10:00	24	11.55	48	2.3	直管	660	8.74	螺旋焊缝	黏土	L415(X60)	3	9.72	2
S1bP-0515	12:20	15	20.79	67	1.5	直管	660	8.74	螺旋焊缝	黏土	L415(X60)	1	9.4	1
S1bP-0518	6:20	40	8.51	43	1.7	直管	660	7.14	螺旋焊缝	黏土	L415(X60)	3	9.8	2
S1bP-0528	2:30	66	8.51	53	1.1	直管	660	8.74	螺旋焊缝	黏土	L415(X60)	3	9.75	2
S1bP-0533	3:30	41	21.06	38	1.3	直管	660	7.14	螺旋焊缝	黏土	L415(X60)	1	9.71	2
S1bP-0540	4:20	19	14.89	34	1.4	直管	660	7.14	螺旋焊缝	黏土	L415(X60)	2	9.79	2
S1bP-0553	7:50	60	6.55	34	2.17	直管	660	7.14	螺旋焊缝	黏土	L415(X60)	4	9.84	3
S1bP-0554	2:50	24	14.3	43	1.85	直管	660	7.14	螺旋焊缝	黏土	L415(X60)	2	9.75	2
S1bP-0557	6:00~9:30		8.5	125	1.21	直管	660	7.14	螺旋焊缝	黏土	L415(X60)	2	9.6	1
S1bP-0563	2:40	22	14.71	43	1.24	直管	660	7.14	螺旋焊缝	黏土	L415(X60)	2	9.74	2
S1bP-0568	3:40	47	8.64	58	1.51	直管	660	7.14	螺旋焊缝	黏土	L415(X60)	3	9.76	2
S1bP-0572	6:10	73	8.1	43	1.5	直管	660	7.14	螺旋焊缝	黏土	L415(X60)	3	9.81	3
S1bP-0579	7:20	21	19.49	63	1.38	直管	660	7.14	螺旋焊缝	黏土	L415(X60)	1	9.55	1
S1bP-0586	9:50	46	10.16	77	2.41	直管	660	7.14	螺旋焊缝	黏土	L415(X60)	3	9.67	2
S1bP-0595	8:00	48	6.97	38	1.34	直管	660	7.14	螺旋焊缝	黏土	L415(X60)	3	9.83	3
S1bP-0596	8:20	8	20.89	38	1.4	直管	660	7.14	螺旋焊缝	黏土	L415(X60)	1	9.71	2

彩　　图

(a)

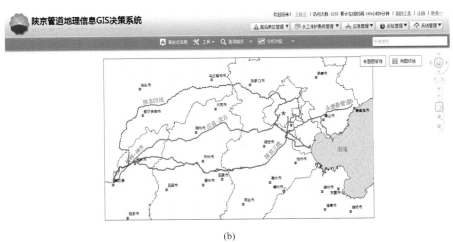

(b)

图 1-13　GIS 决策系统界面

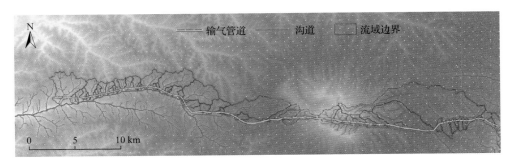

图 1-17　临县管道洪水风险静态评价

图 2-1 2013 年青岛输油管道爆炸现场

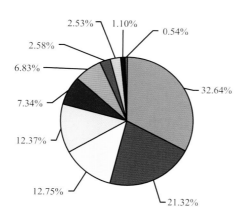

图 3-8 影响因子敏感性示意图

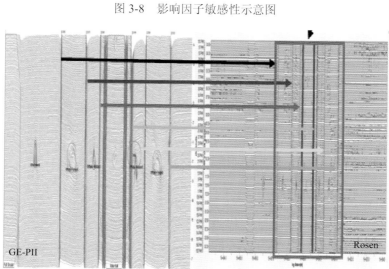

(a) GE-PII公司和Rosen公司收球筒数据比对

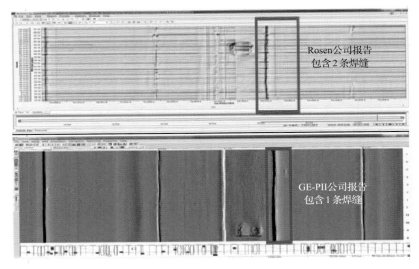

(b) GE-PII公司和Rosen公司某条焊缝数据对比

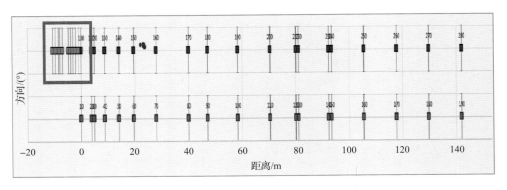

(c) G-PII公司和Rosen公司两次内检测焊缝数据整体对比

图 3-12　内检测数据信号对比

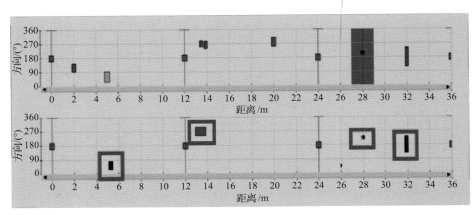

图 3-16　原始信号的比对输出

(a) 原始底片

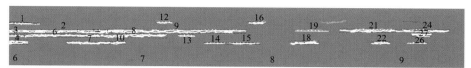

(b) $a=0.4$, $b=0.6$

(c) $a=0.3$, $b=0.7$

(d) $a=0.2$, $b=0.8$

(e) $a=0.1$, $b=0.9$

图 5-21　焊缝底片的 CLTP 大小算子 CLTP_M* 的纹理识别

a.几何特征系数；b.纹理系数

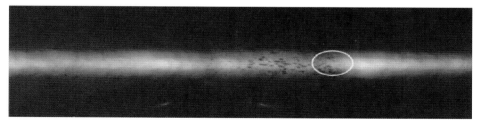

(a) 原始底片

(b) $a=0.1$, $b=0.9$

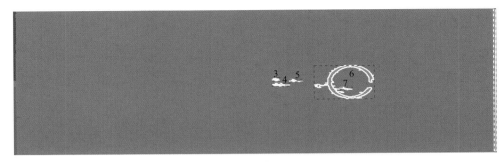

(c)　$a=0.2, b=0.8$

(d)　$a=0.3, b=0.7$

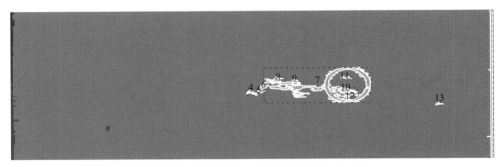

(e)　$a=0.4, b=0.6$

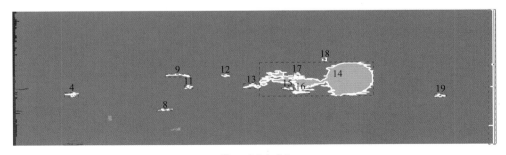

(f)　$a=0.5, b=0.5$

图 5-22　气孔纹理特征提取技术

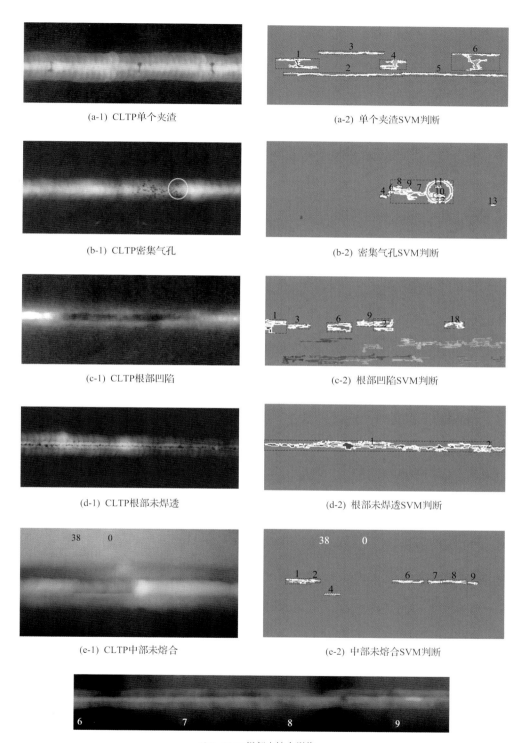

(a-1) CLTP单个夹渣   (a-2) 单个夹渣SVM判断

(b-1) CLTP密集气孔   (b-2) 密集气孔SVM判断

(c-1) CLTP根部凹陷   (c-2) 根部凹陷SVM判断

(d-1) CLTP根部未焊透   (d-2) 根部未焊透SVM判断

(e-1) CLTP中部未熔合   (e-2) 中部未熔合SVM判断

(f-1) CLTP根部未熔合影像

(f-2) Φ1016焊缝底片SVM判断

图 5-24　焊缝底片缺陷 CLTP 识别和 SVM 缺陷判断

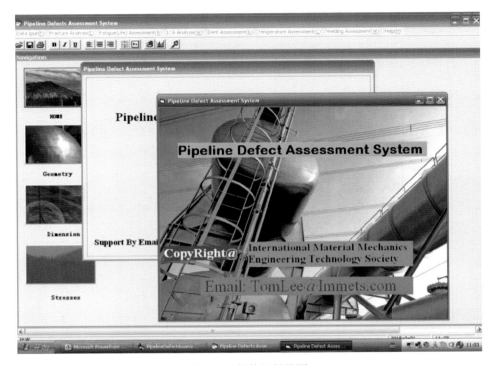

图 6-7　软件运行界面

图 6-8　软件导航界面

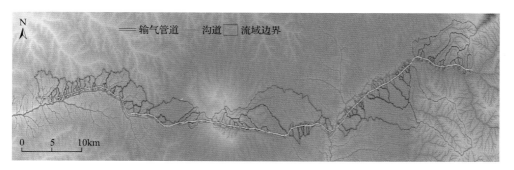

图 8-1　陕京三线山西临县段交叉河流、汇水流域及管道风险评价分段图

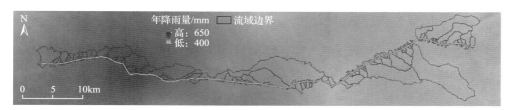

图 8-2　陕京三线山西临县段雨量站多年平均年降雨量分布图

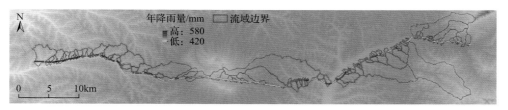

图 8-3　陕京三线山西临县段管道穿河点汇水流域多年平均年降雨量分布图

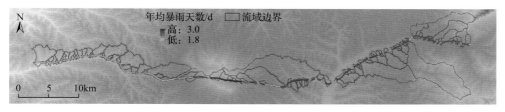

图 8-4　陕京三线山西临县段管道穿河点汇水流域多年年均暴雨天数分布图

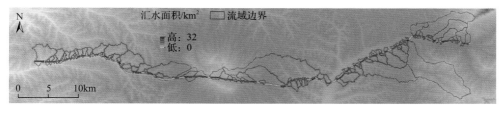

图 8-5　陕京三线山西临县段管道穿河点汇水面积分布图

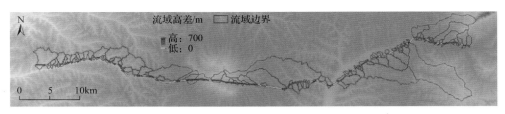

图 8-6　陕京三线山西临县段管道穿河点流域高差分布图

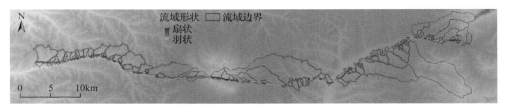

图 8-7　陕京三线山西临县段管道穿河点流域形状分布图

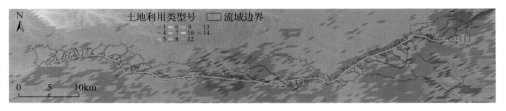

图 8-8　陕京三线山西临县段沿途土地利用分布图

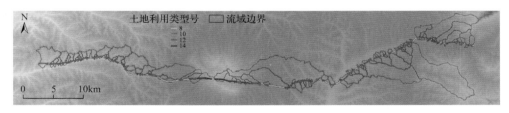

图 8-9　陕京三线山西临县段管道穿河点汇水区土地利用分布图

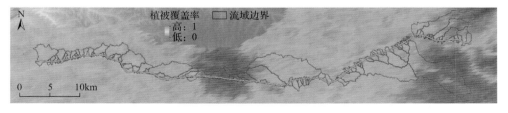

图 8-10　陕京三线山西临县段植被覆盖分布图

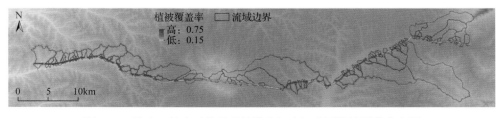

图 8-11　陕京三线山西临县段管道穿河点汇水区植被覆盖分布图

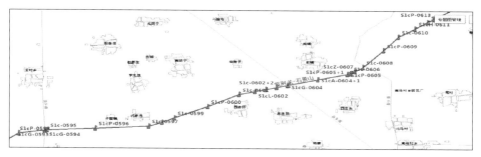

图 10-2 长输管线位置分布道路、交通、村庄网络图

图 10-3 人员活动网格离散图

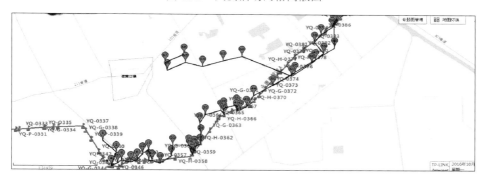

图 10-4 位置大数据沿管线离散参考点图

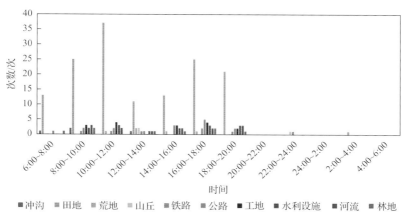

图 10-6 第三方人员活动与时间关系图